U0231275

地下压力容器

——储气井

石坤　段志祥　陈祖志　刘再斌　著

化学工业出版社

·北京·

内 容 简 介

本书在总结"十二五"科技攻关课题"储气井失效模式、失效机理及预防措施研究"、质检公益性行业科研专项"储气井关键技术标准研究"等科研项目研究成果的基础上，结合储气井及油气井的相关技术标准，以及储气井近 20 年的使用经验积累，对地下压力容器特点、油气井历史、储气井发展状况进行了概述，从储气井材料、结构设计、制造、检测、腐蚀防护、使用维护与检验、在线监测、典型案例等方面对储气井的技术进展进行了详细介绍，并对储气井等地下压力容器的发展前景进行了展望。

本书适宜从事储气井相关领域工作的技术人员使用，也可供压力容器检测人员参考。

图书在版编目（CIP）数据

地下压力容器：储气井/石坤等著.—北京：化学工业出版社，2021.6

ISBN 978-7-122-38931-2

Ⅰ.①地… Ⅱ.①石… Ⅲ.①地下储气-气井 Ⅳ.①TE972

中国版本图书馆 CIP 数据核字（2021）第 067742 号

责任编辑：邢　涛　　　　　　　　　　装帧设计：韩　飞
责任校对：张雨彤

出版发行：化学工业出版社（北京市东城区青年湖南街 13 号　邮政编码 100011）
印　　装：北京建宏印刷有限公司
710mm×1000mm　1/16　印张 17　字数 329 千字　2021 年 6 月北京第 1 版第 1 次印刷

购书咨询：010-64518888　　　　　　　售后服务：010-64518899
网　　址：http://www.cip.com.cn
凡购买本书，如有缺损质量问题，本社销售中心负责调换。

定　　价：158.00 元　　　　　　　　　　　　　　版权所有　违者必究

前　言

地下压力容器是压力容器的一种，因其安装在地面以下或土层以下而得名，与地上压力容器相比具有明显的安全性和经济性优势。储气井是一种中国特色地下压力容器设备，它具有占地面积小，失效影响范围小，无静电、避雷效果好，非焊接结构、制造不易产生缺陷，受地面活动破坏概率低，地下环境温度恒定、金属壁温和气体温度变化小等优点，在天然气储存等方面占有重要地位，已大量用于汽车加气站储存压缩天然气，在民用调峰站和企业储气库中也有较多应用，并在氢能利用领域有逐渐发展的趋势。

作为一种竖向置于地下用于储存压缩气体的井式管状设备，储气井综合了油气井技术和承压类特种设备技术，制造时参照油气井技术，完成后具备压力容器功能，兼有油气井、压力容器、压力管道、气瓶的特点。但是储气井的材料、结构、制造工艺、失效模式、检测方法等方面都有别于常规的地上压力容器，常规压力容器的生产、检验方法不能照搬用于储气井。

针对储气井在材料、结构、检测等方面的关键技术难题，笔者所在团队开展了多项关于储气井的国家级和省部级科研课题，包括"十二五"科技攻关课题"储气井失效模式、失效机理及预防措施研究"、质检公益性行业科研专项"储气井关键技术标准研究"、质检公益性行业科研专项"深埋井式容器检测关键技术与评价方法研究"、质检总局计划类项目"储气井检测监测关键技术研究"以及质检总局计划类项目"储气井螺纹结构安全评定技术研究"等。基于以上科研课题的研究成果，结合储气井及油气井的相关技术标准，以及储气井近20年的使用经验积累，形成了本书的主要内容。

全书共分为10章。第1章为概论，主要介绍地下压力容器特点、油气井历史、储气井特点；第2~9章介绍了储气井材料、结构设计、制造、检测、腐蚀防护、使用维护与检验、在线监测、典型案例等内容；第10章介绍储气井的发展前景。

本书由中国特种设备检测研究院组织撰写，其中第 1 章、第 10 章主要由石坤撰写，第 3 章、第 7 章、第 9 章主要由段志祥撰写，第 2 章、第 4 章主要由陈祖志撰写，第 5 章、第 6 章、第 8 章主要由刘再斌撰写。

　　书中不足之处，请广大读者指正。

石　坤

2021 年 3 月

目　录

第1章

地下压力容器与储气井

　　人们常见的压力容器都是安装在地面以上的，但也有在地下使用的压力容器，如储气井。地下压力容器是压力容器的一种，因其安装在地面以下或者土层以下而得名。随着工业的发展和技术的进步，地下压力容器发挥着越来越多的独特作用。

1.1　压力容器

　　压力容器是指盛装气体或者液化气体且具有一定压力的密闭设备。在中国，压力容器是八大类特种设备之一，属于承压类特种设备范畴。压力容器在工业、民用、国防等领域具有重要的地位和作用，广泛应用于化工、石油、冶金、电力、海洋、交通、航运、航空等行业，更密切服务于人民的衣、食、住、行，是国家工业体系和经济发展中非常重要的设备。以下对压力容器的管理及分类做一简单概述。

1.1.1　压力容器管理规范

　　由于压力容器内有高压、高温、深冷或者易燃易爆、腐蚀一种属性或者多种属性的介质，一旦发生泄漏或者燃爆，将发生严重的后果，因此压力容器是一种危险性很高的设备。世界各国对压力容器都有非常严格的管理制度，但由于各个国家的国情、技术、文化等方面存在较大差异，因此管理的方式也有所不同。

1.1.1.1　国外简况

　　（1）美国

　　美国是世界上最早制定压力容器规范的国家，但美国没有管理全国压力容器标准化的专门机构，压力容器标准体系具有分散性和自愿性的特点。美国与压力容器规范密切相关的主要机构有美国国家标准学会（ANSI）、美国机械工程师学会（ASME）、美国国家锅炉压力容器检验师协会（NBBI）、美国石油学会（API）等。

由 ASME 出版的锅炉和压力容器规范标准是在欧洲以外使用最广泛的压力容器标准。整个 ASME 规范由 12 卷组成，分为 4 个层次，即规范（Code）、规范案例（Code Case）、条款解释（Interpretation）及规范增补（Addenda）。该规范涵盖了各种类型的承压设备，包括锅炉、压力容器、核动力装置，以及相应的焊接、材料、无损检测等内容。ASME 规范第 Ⅱ 卷（材料）、Ⅴ 卷（无损检测）、Ⅸ 卷（焊接工艺评定）、第 Ⅹ 卷（玻璃纤维增强塑料压力容器）以及第 Ⅷ 卷的第 1、2、3 分篇构成了美国压力容器标准体系的主要内容。第 Ⅷ 卷给出了压力容器建造设计规则，它分为三个分篇：

——ASME Ⅷ 第 1 分篇 给出了钢或有色金属压力容器设计规则；

——ASME Ⅷ 第 2 分篇 给出了分析设计规则；

——ASME Ⅷ 第 3 分篇 给出了高压容器另一规则。

此外，美国交通运输部（DOT）制定了很多关于移动式压力容器（包括气瓶）的标准。

（2）欧洲

欧盟法规分为四种：条例、指令、决定、建议和意见。其中条例、指令、决定具有约束力，建议和意见没有约束力。欧洲标准化组织（CEN）等技术组织负责制定协调标准，作为支持指令的技术文件。协调标准前标有"EN"，这些标准根据欧盟指令中规定的基本安全要求来制定具体的技术要求。欧盟指令对于设备的基本安全要求有以下一些特点：

① 只涉及设计和制造环节；

② 通过风险分析提出基本安全要求；

③ 只规定安全目标和需要消除的风险，采取的具体技术方法、实现途径和参数指标留待协调标准解决；

④ 对人员资格和必要信息等方面提出了强制要求。

对于欧盟国家，压力容器的管理主要依据压力设备指令（PED 2014/68/EU）、可移动压力设备指令（TPED 2010/35/EU）和简单压力容器指令（SPVD 2009/105/ED）。

1.1.1.2　国内简况

我国将压力容器纳入特种设备的范畴，而对于特种设备，我国颁布了《特种设备安全法》《特种设备安全监察条例》，这两部法律法规是我国管理特种设备的最高的上位法。

按特种设备目录作为支撑上位法的重要文件对特种设备的范畴和类别做了详

细的规定，其中压力容器是指盛装气体或者液体，承载一定压力的密闭设备，其范围规定为最高工作压力大于或者等于0.1MPa（表压）的气体、液化气体和最高工作温度高于或者等于标准沸点的液体、容积大于或者等于30L且内直径（非圆形截面指截面内边界最大几何尺寸）大于或者等于150mm的固定式容器和移动式容器；盛装公称工作压力大于或者等于0.2MPa（表压），且压力与容积的乘积大于或者等于1.0MPa·L的气体、液化气体和标准沸点等于或者低于60℃液体的气瓶；氧舱。

按安全技术监察规程的不同管理，压力容器分为"固定式压力容器""移动式压力容器""气瓶"和"氧舱"，见表1-1。

表1-1 不同规程的比较

	固定式压力容器	移动式压力容器	气瓶	氧舱
定义	安装在固定位置使用的压力容器。对于为了某一特定用途、仅在装置或者场区内部搬动、使用的压力容器，以及移动式空气压缩机的储气罐等按照固定式压力容器进行监督管理；过程装置中作为工艺设备的按压力容器设计制造的余热锅炉依据本规程进行监督管理	由罐体或者大容积钢质无缝气瓶与行走装置或者框架采用永久性连接组成的运输装备，包括铁路罐车、汽车罐车、长管拖车、罐式集装箱和管束式集装箱等。具有充装与卸载介质功能，并且参与铁路、公路或者水路运输	盛装公称工作压力大于或者等于0.2MPa(表压)，且压力与容积的乘积大于或者等于1.0MPa·L的气体、液化气体和标准沸点等于或者低于60℃液体的压力容器	采用空气、氧气或者混合气体等可呼吸气体为压力介质，用于人员在舱内进行治疗、适应性训练的载人压力容器
工作压力	≥0.1MPa	≥0.1MPa（按移动规设计）；≥0.2MPa（按气瓶规设计）	0.2～35MPa，$PV \geq 1$MPa·L	医用氧舱：≤0.35MPa（空气），≤0.2MPa（氧气）；高压氧舱：工作压力依据产品标准
适用温度	设计温度：−269～900℃（GB/T 150）	根据产品标准确定	环境温度：−40～60℃	没有规定。一般为常温
容积与内直径	容积≥0.03m³，内直径≥150mm	≥450L(按移动规设计)；≥1000L(按气瓶规设计)	0.4～3000L	—
盛装介质	盛装介质为气体、液化气体以及介质最高工作温度高于或者等于其标准沸点的液体	盛装介质为气体以及介质最高工作温度高于或者等于其标准沸点的液体	气体、高(低)压液化气体、低温液化气体、溶解气体、吸附气体、标准沸点等于或者低于60℃的液体以及混合气体	空气、氧气或者混合气体(氧气与其它按比例配置的可呼吸气体)

	固定式压力容器	移动式压力容器	气瓶	氧舱
特种设备目录分类	超高压容器、第三类压力容器、第二类压力容器、第一类压力容器	铁路罐车、汽车罐车、长管拖车、罐式集装箱、管束式集装箱	无缝气瓶、焊接气瓶、特种气瓶	医用氧舱、高压氧舱

注：表中内容摘自相关安全技术监察规程及特种设备目录。

到目前为止，国内外还没有专用的地下压力容器的标准和规范。

1.1.2 压力容器分类

1.1.2.1 按用途

固定式压力容器按照在生产工艺过程中的作用原理，可以划分为反应压力容器、换热压力容器、分离压力容器、储存压力容器；而移动式压力容器、气瓶、氧舱具有一定的专属特性，因此它们的应用范围较单一。具体划分如下：

① 反应压力容器（代号 R），主要是用于完成介质的物理、化学反应的压力容器，例如各种反应器、反应釜、聚合釜、合成塔、变换炉、煤气发生炉等；

② 换热压力容器（代号 E），主要是用于完成介质的热量交换的压力容器，例如各种热交换器、冷却器、冷凝器、蒸发器等；

③ 分离压力容器（代号 S），主要是用于完成介质的流体压力平衡缓冲和气体净化分离的压力容器，例如各种分离器、过滤器、集油器、洗涤器、吸收塔、铜洗塔、干燥塔、汽提塔、分汽缸、除氧器等；

④ 储存压力容器（代号 C，其中球罐代号 B），主要是用于储存或者盛装气体、液体、液化气体等介质的压力容器，例如各种型式的储罐。气瓶在用途上也属于此类；

⑤ 运输压力容器（代号 T），主要是用于介质运输的移动式压力容器，例如铁路罐车、汽车罐车、长管拖车、罐式集装箱、管束式集装箱；

⑥ 移动供气压力容器（代号 G），主要指气瓶；

⑦ 供氧环境压力容器（代号 O），主要指氧舱。

以上①～④来自《固定式压力容器安全技术监察规程》，⑤～⑦为作者根据实际情况进行的总结归纳。另外，在一种压力容器中，如同时具备两个以上的工艺作用时，应当按照工艺过程中的主要作用来划分。

1.1.2.2 按安装位置

压力容器不但用途多、应用十分广泛，而且可以根据需要安装在不同的空间，包括地面、水下、高空、地下等。由于人类的生活场所主要在地面上，因此

压力容器作为一类特殊的设备也就被主要安装在地面上使用

① 地面压力容器，是指安装于地表以上或者在地表移动的压力容器，外部环境为大气，绝大部分压力容器都属于这类；

② 水下压力容器，是指安装在水面以下或者在水面以下移动的压力容器，该类压力容器有内压容器但主要是外压容器，例如深潜器；

③ 高空压力容器，是指安装在高（深）空中飞行器内的压力容器，外部环境接近真空，例如载人飞船和空间站上的低温气体贮罐、火箭上的推进剂贮罐等；

④ 地下压力容器，是指安装于地面或土壤以下的压力容器，外部环境可能是土壤、水泥或气体等，例如储气井、瓶式储气井、埋地 LNG 储罐等。

1.1.2.3　按使用方式

一般根据工艺、设计和使用的需要，压力容器可以采取立式、卧式、移动、临时固定等方式。

1.1.2.4　按材料

压力容器使用的材料有很多种，形式也多样，可以分为单一材料和复合材料。单一材料又可以分为金属和非金属，金属包括铸铁、碳钢、合金钢、有色金属等；非金属包括石墨、塑料、纤维等。复合材料可以分为金属复合和组合复合材料，金属复合材料包括复合钢板、堆焊层、喷涂层、夹套类等；组合复合材料包括衬里（如塑料、搪玻璃）、纤维增强复合材料、水泥加固等。

1.1.2.5　按设计方法

压力容器的设计可以采用规则设计方法或者分析设计方法，必要时也可以采用试验方法、可对比的经验设计方法或者其它设计方法。在中国，大部分压力容器都是采用 GB/T 150 进行规则设计；也有的压力容器因考虑疲劳、复杂载荷、轻量化等因素而采用 JB 4732 进行分析设计。对于气瓶类设备，则是采用基本设计加试验验证的方法；而对于一些特殊材料和特殊结构的容器一般采用试验反推的方式进行设计，如压缩空气铸铁缓冲罐。

1.1.2.6　按结构

根据功能、工艺和设计的需要，压力容器会有多重结构形式，最常见的就是单层单腔结构，另外还有单层多腔结构，如塔器、热交换器；多层单腔结构，如多层包扎容器、纤维缠绕容器；多层多腔结构，如夹套容器。

1.1.2.7　按几何形状

常用的压力容器主要为圆筒形（圆柱形），大型储罐一般采用球形。也有一部分为矩形（如消毒柜）、瓶式（如气瓶、大型瓶式容器）、管式（如超高压管式反应器、储气井）、组合式（如圆筒加锥筒结构的旋风分离器）。

1.1.2.8 按壁厚

在进行压力容器设计时，壁厚是最主要的参数。一般而言，对于内压容器，当外径与内径的比值＞1.2 时认为是厚壁容器，当比值≤1.2 时认为是薄壁容器；对于外压容器，当外径与壁厚的比值 $K \geqslant 20$ 时认为是薄壁容器，当 $K < 20$ 时一般认为是厚壁容器。

1.1.2.9 按受压情况

多数常规压力容器主要承受内压，但也有很多承受外压的容器如载人深潜器、激波风洞真空罐等。另外，还有组合式的，如 LNG 储罐［内容器承受内压，而外容器（夹套）承受外压］。

1.1.2.10 按压力等级

压力容器的设计压力（p）划分为低压、中压、高压和超高压四个压力等级：

① 低压（代号 L），$0.1\text{MPa} \leqslant p < 1.6\text{MPa}$；
② 中压（代号 M），$1.6\text{MPa} \leqslant p < 10.0\text{MPa}$；
③ 高压（代号 H），$10.0\text{MPa} \leqslant p < 100.0\text{MPa}$；
④ 超高压（代号 U），$p \geqslant 100.0\text{MPa}$。

1.1.2.11 按制造许可分级

根据《特种设备生产和充装单位许可规则》，压力容器生产单位的制造许可分为 A1（大型高压容器）、A2（其它高压容器）、A3（球罐）、A4 级（非金属压力容器）、A5（氧舱）、A6（超高压容器）、B1（无缝气瓶）、B2（焊接气瓶）、B3（特种气瓶）、C1（铁路罐车）、C2（汽车罐车、罐式集装箱）、C3（长管拖车、管束式集装箱）、D（中、低压容器）。其中，A1、A2、A3、A4、A6 和 D 属于固定式压力容器，C1、C2、C3 属于移动式压力容器，B1、B2、B3 属于气瓶，A5 属于氧舱。

1.1.2.12 按制造方法

压力容器根据材料、结构及使用要求可以采用不同的制造工艺，做成焊接容器、铸造容器（如空气缓冲器、烘缸）、锻造容器（如等静压压力容器、超高压水晶釜）、热套容器（如 CO_2 脱氢反应器、氨合成塔）、多层包扎容器（如尿素合成塔、高压氢氮气瓶）、绕带容器（如高压氢气储罐）、纤维增强容器（如塑料容器、金属内胆纤维缠绕容器）、水泥加固容器（如储气井、钢筋水泥储罐）、粘接组装容器（如石墨容器）等。

1.1.2.13　按连接方式

因为金属材料是压力容器最主要的基材，而焊接结构具有易操作、成型快、强度高、韧性良、致密性好等优点，成为压力容器最主要的连接方式。除此之外，压力容器还有螺纹连接（如储气井）、粘接（如石墨容器）、法兰连接（如潜液泵、高压釜、热交换器）、机械连接（如快开门消毒柜）等连接方式。

1.1.2.14　按特定形式

（1）非焊接瓶式容器

是指采用高强度无缝钢管（公称直径大于500mm）旋压而成的压力容器。

（2）储气井

是指竖向置于地下用于储存压缩气体的井式管状设备。

（3）简单压力容器

同时满足以下条件的压力容器称为简单压力容器：

① 压力容器由筒体和平盖、凸形封头（不包括球冠形封头），或者由两个凸形封头组成；

② 筒体、封头和接管等主要受压元件的材料为碳素钢、奥氏体不锈钢或者Q345R；

③ 设计压力小于或者等于1.6MPa；

④ 容积小于或者等于1m^3；

⑤ 工作压力与容积的乘积小于或者等于1MPa·m^3；

⑥ 介质为空气、氮气、二氧化氮、惰性气体、医用蒸馏水蒸发而成的蒸汽或者上述气（汽）体的混合气体；允许介质中含有不足以改变介质特性的油等成分，并且不影响介质与材料的相容性；

⑦ 设计温度大于或者等于-20℃，最高工作温度小于或者等于150℃；

⑧ 非直接受火焰加热的焊接压力容器（当内直径小于或者等于550mm时允许采用平盖螺栓连接）。

危险化学品包装物、灭火器、快开门式压力容器不在简单压力容器范围内。另外，简单压力容器一般组批生产。如果数量少不进行组批生产时，应按照GB/T 150设计制造（不需进行型式试验）。

1.1.2.15　按集成程度

一般来说，多数压力容器都是单体设备，仅有少许的附件，如吊耳、支座等，但有的时候根据需要会将压力容器组合在一起或安装在一个拖橇上使用。例如，组合式的压力容器有两个分体但组合使用的热交换器、内外层结构的 LNG 储罐、多个容器集成在一个罐体内的 LNG 子母罐等；拖橇式压力容器有橇装加气站中的承压设备系统，除了主体储罐外，还有潜液泵、汽化器、拦蓄池、管路系统等，为了便于管理，橇装式承压设备系统中的压力管道可以随压力容器一起办理使用登记，作为压力容器的一部分。

其实，压力容器的分类方法还有很多，对压力容器的理解也有不同。各个国家根据自己的实际情况，出于管理、分责、研究等目的，对压力容器赋予了相对的概念，给出了狭义的定义。而如果从广义的角度看，作者认为只要容器承受的内压或外压不同于外部环境（大气、地层等）或内部环境，或者说容器的腔体壁承受了不对称受力状态，那么这些容器都可以称之为压力容器。

1.2 地下压力容器

根据分类原则，有一部分压力容器是属于地下压力容器。根据有些特定的需要、特别的考虑、特殊的场所或特殊的设计，有些压力容器需被安置在地下使用，从而改变了所处的环境，因此有不同于地上压力容器的特殊性。

1.2.1 简述

1.2.1.1 定义

本书是指安置于地面（或土层）以下使用的压力容器。这类容器可以与地（土）层接触，也可以不接触。

1.2.1.2 目的

从现有的地下压力容器看，人们将有些压力容器安置于地下有以下几种目的。

① 经济性。如加气站中的储气容器，无论是球罐、小型瓶组、大型瓶组还是低温储罐都会占用较大的地面空间，对于处于城市中心的加气站来说地面空间意味着很大的经济成本。

② 安全性。首先，压力容器也是一类具有高能量的设备，其所包含的物理势能随着压力的增大或温度的提高而增大，如果内部的介质具有易燃易爆属性，那其所蕴含的化学能量更是其物理能量的很多倍，十分巨大。压力容器安装在地面上，一旦发生爆炸，具有三维的冲击方向，而如果将其置于地下，那将大大减少压力容器失效后的冲击面；其次，压力容器安置于地下受干扰少，可以显著降低发生事故的概率；再次，地下空间可以形成有效的围堰或防护堤，防止介质的

溢出扩散，可以有效监测和控制失效范围。另外，压力容器安置于地下非常有利于静电导流。

③ 隐蔽性。如军事用途的压力容器。

1.2.1.3 种类

按照与地层（含土壤、沙土等）的接触与否，分为接触式和非接触式两类。

1.2.2 典型地下压力容器

目前来看，典型的地下压力容器主要是接触式的较多。一般满足这样的条件：容器主体位于地面或土层以下，容器本体外表面或覆盖层直接与土壤或中间体（如水泥）接触，并且符合压力容器定义中的工作压力、容积、直径和介质等要求。有一些压力容器虽然安装在地表以上，但基本具备地下压力容器的特征，从广义范围来讲，也属于地下压力容器范畴，比如覆土式储罐。

地下压力容器根据与地层、土壤或沙土的距离，可分为接触式和非接触式，直埋、间接埋设等都属于接触式。

1.2.2.1 接触式

接触式压力容器是指将压力容器安装在地下的坑穴中，并用土壤、沙土或者水泥"掩埋"，地层与容器之间没有空隙。这样的安装或者制造方式，具有受地面干扰小、占地面积小、安全距离短、安全性高等优点。

（1）储气井

储气井是从油气井技术转化而来，主体使用石油套管，裸眼井与井筒之间的环空采用水泥固井，因此储气井属于与地层接触的地下压力容器。见图1-1。

图1-1　储气井示意图及实景图

（2）埋地高压管式容器

有一种地下压力容器虽然也是采用的钢管结构，但与储气井有很多不同，更像是埋地压力管道，或者说就是埋地管道变身而来。从材料到连接方式、敷设方式、防腐方式等几乎都与埋地压力管道一样，最大的不同是用于气体的储存而不是输送。

这种埋地高压管式容器的优点是几乎不占地面空间，也不受地面干扰，成本低；缺点是不易检验和维修。

（3）地下 LPG 储罐

我国在 20 世纪 90 年代就出现了地下液化石油气（LPG）储罐，设计压力一般不小于 1.78MPa。储罐安装在地下罐坑的鞍座上，并用沙土填充罐坑、覆盖储罐，外部不加绝热层。和地上储罐相比，一方面环境温度低，设计压力小，在同样的条件下壁厚薄；另一方面，填充的沙土可以降低罐体的轴向应力和周向应力，还可以对管体下半部起到支撑作用，因此地下储罐的受力状况要好一些。

根据 GB 50156—2012《汽车加油加气站设计与施工规范》（2014 年版，以下简称 GB 50156），埋地 LPG 储罐是指罐顶低于周围 4m 范围内的地面，并采用直接覆土或罐池充沙方式埋设在地下的卧式 LPG 储罐。对于在加油加气合建站和城市建成区内的加气站，LPG 储罐应埋地设置。储罐之间的距离不应小于 2m，应采用防渗混凝土墙隔开，覆土厚度不应小于 0.5m，还要采取抗浮措施。如果采用罐池，还应考虑排水要求。地下 LPG 储罐（图 1-2，图 1-3）结构简单、强度可靠，成本低，占地面积小，防火防爆效果好、安全性高，在欧美等国家也有这种设备。

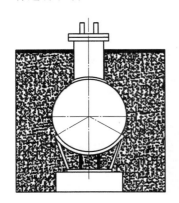 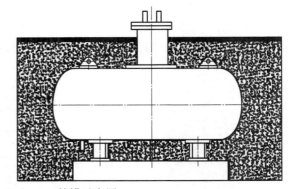

图 1-2 埋地 LPG 储罐示意图

（4）埋地 LNG 储罐

根据 GB 50156 标准的定义，埋地 LNG 储罐（图 1-4）是指罐顶低于周围 4m 范围内的地面，并采用直接覆土或罐池充沙方式埋设在地下的卧式 LNG 储罐。

图 1-3　埋地 LPG 储罐实景图

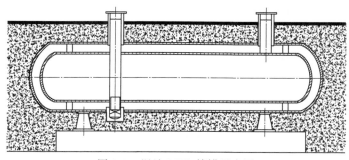

图 1-4　埋地 LNG 储罐示意图

　　埋地 LNG 储罐一般埋设在地下罐池内，池壁（防护堤）使用钢筋混凝土建造，并填充防渗液材料；罐池内使用珠光砂填充，可有效隔绝大气的热量侵入。

　　LNG 储罐埋地设置有几个明显的优点：一是储罐在地下，LNG 罐车与罐体进口存在一定的高度差，不但省去了增压器，也有利于液体卸出；二是管口位于罐体上方，无泵工作时，液体不会向上流动，可以防止泄漏；三是储罐主体的底部可设置有方向向下的结构，可将潜液泵放置于该部件内，可以最大限度的抽干净液体；四是泵一直处于预冷状态，可以减少降温预冷的次数，节能节耗；五是整个罐体四周设置有防护堤，并埋在地下，可以防止 LNG 流出，并减少蒸发；六是整个体系的占地面积小，安全距离短。

　　（5）覆土式液化烃储罐

　　无论国内外，将液化烃储罐采用覆土的方式设计已经有几十年的应用实践。在国外，德国于 1959 年就建造了覆土储罐，并于 1971 年用于储存高压常温的 LPG、丙烷等液化烃；法国在 2000 年禁止在地面上建造 $500m^3$ 以上的球罐。国外使用这种覆土储罐的公司还有 BASF、Deutsche Shell、Esso、Mobil Oil、Bayer 等。在中国，江苏的一些公司使用覆土储罐储存丁二烯和成品介质等。

　　覆土储罐（Mounded Storage Tank or Mounded Vessel）是一种安装在地面或地下，外部使用土层覆盖的长筒型压力容器。从土层的角度看，这种设备也应看作是地下压力容器。从技术层面看，安装在地面下主要受地下水的影响，存在抗浮的问题；而安装在地面上也会受到雨水或洪水的影响，存在冲垮的问题。

　　图 1-5 展示了常用的覆土式储罐，开发覆土式储罐主要是为了替代地面的大型储罐，所以它们的容积也比较大，可达几千立方米。为了利于排水，储罐基座要有一定的坡度；为了避免不均匀沉降，储罐的长度不宜过长，一般不超过罐体直径的 8 倍。从长远发展看，覆土式储罐会向地下"走"，进入罐池中，采用全埋地方式，只要解决好地下水的排水问题，全埋地的肯定比覆土式的更安全。

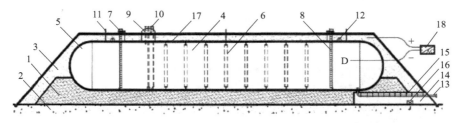

(a) 长度方向截面结构示意图

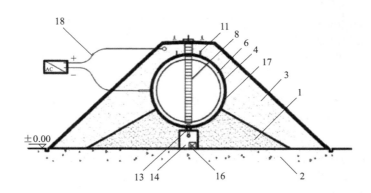

(b) 横截面结构示意图

图 1-5　一种典型的覆土式储罐整体示意图

1—沙床；2—平整地面；3—覆土层；4—筒体；5—球形封头；6—罐内加强圈；7—人孔；8—罐内梯子；
9—气室；10—工艺管接口；11—沉降监测；12—吊耳；13—罐底接管；14—检修空间；
15—管道吊架；16—气体浓度检测装置；17—防腐涂层；18—阴极保护系统

　　和地面球罐相比，使用覆土式液化烃储罐具有受地面干扰小，占地面空间少、安全距离短、安全可靠性高等优点。储罐顶部的覆土具有很强的隔热能力，可有效抵御外部火灾的热辐射。此外，覆土式储罐一旦发生泄漏，不容易产生蒸气云爆炸后果。国外在 20 世纪 50 年代建设的覆土式储罐至今没有出现严重事故，因此对于特殊地区或特殊需要，用覆土式储罐替代地上储罐有很好的前景。

1.2.2.2　非接触式

（1）瓶式储气井

与常规的储气井不同，瓶式储气井采用的是大容积气瓶，但也是竖直安装在井内。主体并不与井壁接触，井壁可以采用金属钢管，也可以采用水泥管或塑料管。这样设计的储气井同样具有占地面积小、安全距离短、失效后果小等优点。见图 1-6。

（2）地下 LNG 储罐

随着我国工业规模和城镇建设的快速发展，我国对天然气的需求量越来越大，除了一部分国产外，大部分是通过进口获得的。一般气态天然气都是通过管道输送，如中哈管道、中缅管道、中俄管道等，而液化天然气（LNG）主要通过远洋运输。

因为储气密度大（相当于常压气态的 625 倍），现在很多加气站都选择 LNG 作为储气方式。有的加气站会将 LNG 储罐安置在地下罐坑内，储罐本身与地上储罐并没有区别，这样做的目的主要是将罐坑作为围堰，一旦发生泄漏不至于造成 LNG 的四溢而产生严重的后果。

根据 GB 50156 标准的定义，地下 LNG 储罐（图 1-7）是指罐顶低于周围 4m 范围内地面标高 0.2m，并设置在罐池中的 LNG 储罐。储罐应采用卧式罐，安装在罐池中，罐池应为不燃实体防护结构，应能承受所容纳液体的静压及温度变化的影响，而且不渗漏。如果罐池较深，池壁顶部应高出地面。此外，储罐应要采取抗浮措施。

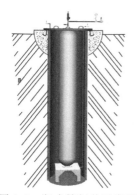

图 1-6　瓶式储气井示意图

图 1-7　地下 LNG 储罐实景图

（3）核设施及军事用途容器

在核工业中，有的核电站安全壳系统就安装在地下，安全壳中的压力容器同样也是在地下使用。在军事领域，根据特定的要求，有些压力容器需要安置在地下，如装载导弹推进剂的压力容器。

（4）其它地下压力容器

在工业和民用设施中，有些压力容器也安装在了地下建筑中，这主要是基于工艺流程、整体布局、空间运用以及安全管理等方面的需要。

从上面的介绍可以看出，地下压力容器一直在发挥着重要的作用。地下压力容器不但具有经济性、安全性、隐蔽性的特点，而且有些方面是地上压力容器无法比拟的。随着城市的发展，地面空间也在不断减少，向地下开发不失为一个明智的选择。

1.3 井

世界上最早的井，类似于现代的探槽或探坑，是人类使用简单的工具挖掘而成的，最原始的目的是为了寻找水源和食用盐（咸水）。后来，人类在凿井过程中发现了天然气和石油，进而出现了以开采油气为目的的井。到了 20 世纪 90 年代，又出现了以存储压缩气体为目的的井——储气井，从而将井的用途由气体或液体流动的通道转变为储存气体的封闭式地下压力容器，使其功能发生了本质的变化。

1.3.1 水井

在水井出现之前，人类为了获取水源，往往逐水而居，沿江沿河的台地，是人类理想的栖息地。水井的发明使人类活动范围扩大。凡是人烟曾经密集过的地方，其地下一般都会有水井的遗存。中国是世界上开发利用地下水最早的国家之一。中国已发现最早的水井是浙江余姚河姆渡古文化遗址水井，其年代为距今约5700 年。由此推断，原始形态的井的出现，还要早得多。见图1-8。

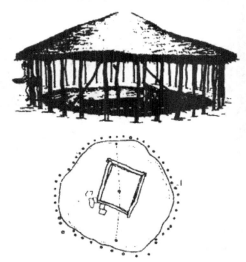

图 1-8　河姆渡遗址水井复原图及水井平面图

河姆渡人汲水之井，是一个圆中含方的两层水塘。近年在湖南澧县城头山古文化遗址的考古发掘中，发现距今 6500 年的古稻田遗迹，稻田配有用于灌溉的水塘，那也应该是水井的雏形。

清人李斗《工段营造录》记有"井工"一节，开列了挖井所得的工具名称和用工情况：落井桶、掌罐掏泥水则用杉槁、文席、扎缚绳、井绳、榆木滑车，职在井工、拉罐用壮夫。参见图 1-9。

早期的水井一般是土井。但是，由于泥土井壁经水浸泡后极易坍塌，使井水浑浊，井水变浅，先民们为了保持井水清澈，井壁经久耐用，发明了多种保护井壁的方法，筑井的技术也日趋完善。从考古发掘的实物资料分析，筑井的发展过程大体上有土井、竹井、木井、陶井、石井和砖井。

图 1-9 四川出土汉画像砖（局部）掘井图

1.3.2 盐井

1.3.2.1 古代凿井技术

中国井盐开采历史始于公元前 255～前 251 年，秦昭襄王任命李冰为蜀守，揭开了中国井盐开发历史的序幕。巴蜀地区社会经济的繁荣，冶铁业的发展和铁工具的使用，以及劳动人民对挖掘井技术的掌握，促成了中国第一口盐井——广都盐井的开凿。

中国井盐生产主要集中在四川和云南。井盐凿井技术的起源，始于李冰穿广都盐井。据《华阳国志·蜀志》记载："周灭后，秦孝文王❶以李冰为蜀守，冰能知天文地理……又识齐水脉，穿广都盐井、诸陂池，蜀于是盛有养生之饶焉"。

在治水过程中，与引水工程配套，亦开凿了大量水井，使得人们发现了地下浅部的天然卤水。

从大口盐井和水井的比较来看，由于地下水一般都距地表较近，而卤水则较深，因此盐井一般都较水井为深，这就导致了盐井向地下更深处开凿的必然发展趋势。特别是进入唐代以后，一批数十丈深的盐井的开凿，使大口井的开凿技术发展到较高的水平。

1.3.2.2 古代钻井工艺的完善

在明代盐井钻井技术进步和清代盐业生产繁荣的基础上，中国盐井钻井

---

❶ 应为秦昭襄王。

工艺在四川地区逐步发展，最终在四川自贡臻于完善。这种完善的盐井钻井工艺，包括周密的凿井工序、钻头和钻具的进步、测井技术的应用、纠正井斜的办法，以及补腔、打捞、修治木柱和淘井等一整套修治井技术的形成。

在生产规模扩大的同时，生产单位内部分工也十分细密，除井、灶、笕这种大型的部门分工外，各部门中还有着复杂的技术分工。川东、川北各场的工种有几种至十余种。

1.3.3　石油天然气井

中国是世界上最早进行石油天然气钻井的国家之一。中国古代对于发现石油天然气的文字记载极为丰富，在史书、地方志、奏章和私家著述中屡见不鲜。中国石油的发现可追溯到距今几千年之前。晋代王嘉所辑的《拾遗记》中记载，两千多年以前，在渤海的一个岛屿上，有"……膏血如水流。膏色黑者，著草木及诸物如淳漆也。膏色紫光，著地凝坚"的物质，这种物质就是石油。"泽中有火"见之于《周易》，历史上对此研究甚多，认为是天然气燃烧的自然现象。古人发现天然气田的记载首见于《山海经·南山经第一》"……令丘之山，无草木，多火。"距今已有两千多年。在掘凿盐井的过程中，发现了石油天然气，开始有目的地掘凿石油天然气井。

中国近代第一口油井在陕西延长钻成。据《中国石油工业发展史》第二卷记述，延长石油厂成立于光绪三十三年（1907 年）。第 1 井井位定在延长县城西门外，于是年四月二十七日（公历 6 月 7 日）正式开钻。七月二十九日（公历 9 月6 日）见油，至八月初三日（公历 9 月 10 日），钻至井深 81m 完钻，八月初五日（公历 9 月 12 日）投产，初日产原油 1～1.5t。这是用近代钻机钻成的中国大陆第一口工业油井。光绪三十四年七月（1908 年 8 月），陕西省石油总局成立，延长石油厂为积极扩大产量，在第 1 井下双管汲油。

新中国成立前，石油钻井技术的基本情况为：顿钻与旋转钻并用；刮刀与牙轮钻头并用，以刮刀钻头为主；钻井液为初级的细分散体系；开始下套管注水泥固井；所钻井全部是直井浅井；钻井主要装备、专用管材及井下工具仪器全部靠进口。这时中国石油钻井尚处于旋转钻井的起步阶段，技术基础十分薄弱。中华人民共和国成立后，开拓了中国现代石油钻井的新局面，石油钻井技术不断提高，到 20 世纪末，已接近国际先进水平。

通过半个世纪的努力，中国石油钻井技术进步的成果总体上较好地满足了国内勘探开发对钻井的要求，支撑了中国石油钻井进入国际钻井市场，大幅度缩短了与世界先进水平的差距，提高了科技研发能力，为实现跨越式发展打下了坚实基础。

1.4　储气井

在中国乃至世界众多的压力容器中，储气井是一个非常特别的品种。首先，它极具中国特色，是完全由中国人发明创造的，并且到目前为止也仅在中国使用的压力容器；其次，储气井是油气井技术与压力容器技术的经典融合，它属于压力容器，但它的技术又几乎都来自于油气井；再次，储气井是油气井、管道、容器、气瓶的"合体"，其身上无不体现这几类设备的技术特点；再有，储气井将水泥防护作为设备的一部分，这为压力容器设计增添了新理念；最后，储气井是地下压力容器的鲜明代表，为人类探索资源存储向地下纵深发展提供了新思路。

储气井最早问世于 20 世纪 90 年代初，然后就在较长一段时间处于"自由发展"的状态，储气井制造企业一方面在积极为我国交通能源做贡献，另一方面也在不断思考自身存在的问题。到了 21 世纪初，储气井制造企业认识到储气井属于压力容器，应该被纳入国家强制性管理，因此陆续申请了压力容器制造许可证。随着储气井制造企业的不断"归队"，储气井真正进入了国家行政管理的范畴。但因为储气井的"四像""四不像"，这给后续的国家监管带来了一定的"小麻烦"。2005 年前后，储气井接连出了一些事故，逐渐引起各方的高度重视。2008 年，原国家质量监督检验检疫总局发布了《关于加强地下储气井安全监察工作的通知》（质检办特［2008］637 号），开启了储气井快速而规范发展的新阶段。

1.4.1　背景概述

1.4.1.1　公路交通工具燃料

储气井是加气站中重要的设备，是汽车燃料之一的载体。目前，我国公路交通使用的能源燃料有汽油、柴油、液化石油气、甲醇、乙醇、生物质燃料、二甲基醚、天然气（压缩天然气、液化天然气）以及氢气等。到目前为止，使用最多的主要是汽油、柴油和天然气。由于汽油、柴油以及其它液体燃料基本都是高组分碳氢（C—H）的烃类混合物，因此这类燃料汽车的碳化物排放较高。

（1）天然气

从广义的定义来说，天然气是指自然界中天然存在的一切气体，包括大气圈、水圈、生物圈和岩石圈中各种自然过程形成的气体。而人们长期以来通用的"天然气"的定义，是从能量角度出发的狭义定义，是指天然蕴藏于地层中的烃类和非烃类气体的混合物，主要成分是烷烃，其中甲烷占绝大多数，另有少量的乙烷、丙烷和丁烷，此外一般有硫化氢、二氧化碳、氮和水及微量的惰性气体，如氦和氩等。在标准状况下，甲烷至丁烷以气体状态存在，戊烷以上为液体。

天然气的主要成分是甲烷，甲烷是单碳分子结构，含碳量很低。压缩天然气（CNG）在注入汽车前会进行严格的过滤和纯化，这样经过燃烧排放的各类化合物相比汽、柴油来说少很多，对环境的污染也轻。液化天然气（LNG）沸点非常低，约−162.5℃，在如此"深冷"的温度条件下，除甲烷以外的其它组分和杂质很容易与甲烷分离，所以甲烷的纯度最高可达99.999%，因此以LNG作为燃料的汽车的污染物的排放比CNG汽车还少。

与汽油相比，因为天然气汽车尾气中不含铅、苯等致癌物质，基本不含硫化物，各种有毒有害物的排放综合降低约85%，其中一氧化碳（CO）排放量减少90%，碳氢化物（HC）减少72%，氮氧化物（NO_x）减少40%，二氧化碳（CO_2）减少24%，二氧化硫（SO_2）减少70%，颗粒杂质减少41%，噪声降低40%。

在我国，把天然气作为汽车燃料已经走过了60多年的历程。由于我国早期石油资源非常匮乏，汽车用汽、柴油非常短缺。为了解决这个难题，人们开始积极寻找可替代能源，不久后便开始尝试煤层气和天然气的利用，从而把天然气汽车搬上了历史舞台，于是在20世纪下叶"气包车"（图1-10）在一些城市横空出世，并成为"吸睛一景"。气包车虽然在一段历史时期为很多地区解决了汽车燃油短缺的状况，但这种车在效能、安全性以及形象等方面都存在着很多突出的问题。随着我国能源产业的不断发展，气包车最终于本世纪初在使用最广泛的四川地区退出了历史舞台。实际上，在气包车发展的后期，就逐渐出现了气瓶车（以气瓶替代气包存储天然气），并得到了快速发展。进入21世纪以来，我国为了大力推广清洁能源，减少汽车尾气对环境的污染，天然气汽车迎来了快速增长的黄金发展期，也为我国交通运输行业和汽车产业带来一些显著的变化，并逐渐形成小型汽车以CNG为主、大型客车和重型卡车以LNG为主的发展格局。图1-11为CNG汽车加气站加气流程图。

除了环保因素外，很多人选择使用天然气作为汽车燃料还有另外一个重要原因：就是单位里程燃料成本比汽、柴油低。

图1-10　气包车

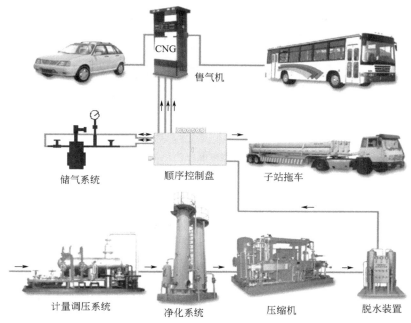

图 1-11　CNG 汽车加气站加气流程

（2）氢能

氢是地球资源中普遍存在的，存量非常丰富的元素，海水中所蕴含的氢，其能量相当于地球上所有化石能源总和的 9000 多倍。

氢气是双原子分子组成的单质形态的气体，是最轻的气体，而且氢气的热值非常高，可达 1.43×10^8J/kg，是汽油的 3 倍。氢气更是一种清洁、高效、可循环利用的二次能源，在替代传统化石能源方面具有十分卓越的优势，可广泛应用于交通、电力、冶金等行业。工业制造的高纯氢和超纯氢气中的杂质微乎其微，是最纯净的能源之一，能够有效减少能源系统的污染物和温室气体排放，是世界未来能源体系转型升级的重要发展方向。

近年来，世界各国都在大力发展氢能产业，研制先进的制氢工艺、燃料电池技术和储运氢设备，建设加氢站，开发氢能交通运输工具，通过燃料电池将氢能转化为电能，为设备提供持续不断的能源供给。目前，已在小型汽车、客车、叉车、重型卡车以及火车、无人机上得到了非常好的应用。这些车辆或设备上储氢的设备主要是高压氢瓶，氢气密度小，容易被压缩，为了增加储氢量，往往采用增大储氢压力的方式，现在使用的氢瓶压力主要有 35MPa 和 70MPa 两种，这在所有车载气瓶中已经是压力最高的。目前，中国还没有建设商用的液氢加气站，也没有开展车载液氢气瓶的使用。氢燃料电池汽车加氢站见图 1-12。

图1-12 氢燃料电池汽车加氢站

1.4.1.2 汽车加气站储气设备

建设汽车加气站必然离不开储气设备，但在我国改革开放初期，工业技术水平还比较落后，存储高压（≥10MPa）气体、容积又比较大（≥1m³）的压力容器很少，所以人们将目光投向了常规的设备，比如气瓶和球罐。

图1-13 小型储气瓶组

人们首先容易想到的是气瓶，因为气瓶很常见技术也很成熟，成本也不高，而且灵活好用，因此在天然气汽车加气站建设早期，很多人采用了数量较多的小容积气瓶（≤150L）作为储气装置。具体做法就是将所有气瓶通过瓶阀和管路连接起来，形成储气瓶组（图1-13）。虽然这样建造储气装置周期短、花费低，但这样做的缺点也是很明显的：首先是人为地制造出很多连接点，潜在的漏点多，如果连接点的密封得不到保证，就容易引发天然气泄漏，乃至造成事故。1993年，中石油下属四川自贡富顺加气站就发生了一起气瓶爆炸事故，事故气瓶最远飞出300多米；其次是由于管路很多，而且管路很细，这样造成系统气阻较大，不利于充放气。如果天然气中水含量较多，还容易造成冰堵；另外就是维护不方便，要求消防间距大。

人们想到的第二种设备就是球罐（图1-14）。球形设备因其受力均匀、承载量大，成为存储类压力容器的首选。但由于加气站一般建设在市区，占地面积都不大，不适合大型球罐（≥500m³）的应用，人们就将创新点放在球罐的小型化上，设计制造了只有三四立方米大小的球罐。然而即使是这种小球罐也存在诸多缺点：首先，体积小但要提升存储能力只能提高压力（25MPa），因此使得球罐的壁厚变大，这就增加了制造难度，也大大增加了检测难度；其次，虽然单个球罐的体积不算大，但多个球罐放在一起还会占据较大的空间；再次，这种球罐一且失效，其破坏力相当大，必须加大安全间距；最后，这种球罐的综合成本高。

图 1-14　小型球罐

　　第三种加气站常用储气设备是储气井。本书后面将详细论述储气井的技术，在此省略。

　　近年来，有一种设备在气体储运市场上发展非常迅速，那就是大型储气瓶组（图 1-15）。21 世纪初，中国从国外引进了长管拖车大型储气瓶的制造技术，这种设备制造工艺简单，材料和制造成本低，且可以进行批量化生产，因此很快受到天然气运输企业的青睐，并大量装备了长管拖车，目前我国长管拖车保有量15000 多台。有了大型储气瓶在长管拖车上的成功应用，制造企业便将其向加气站储气设备领域延伸。因为站用的工况条件没有长管拖车苛刻，几乎不用做任何技术调整，安全性能便能得到进一步保证，因此市场也在逐渐扩大，不仅成为天然气的重要储气设备，而且也成为加氢站的重要储气设备。

图 1-15　大型储气瓶组

　　另外，还有一种设备是多层结构压力容器（参见图 1-16，图 1-17），制造工艺主要有卷板式和缠绕式两种。这类站用储气设备的出现主要跟氢能源的发展密切相关，由于氢能汽车配置的气瓶压力一般为35MPa，这样就要求加气站的储气设备的压力要高于车载瓶的压力，按照其它国家的做法，一般采用45MPa的储存压力。如果车载瓶的压力为70MPa，则存储压力要达到88MPa左右。在这种高压的情况下，单层设备要想满足要求，壁厚要增加很多，总体成本也提高很多，而且往往容积不能太大。因此，多层结构是高压容器常用的一种形式。但多层压力容器也有缺点，比如制造成工艺复杂、装配难度大、成本也不低，而且对焊接质量要求非常严格，一是这种复杂结构的内层壁板不容易检测和修理，二是焊缝一旦失效轻则产生泄漏，重则造成裂爆。

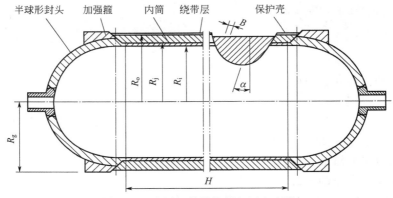

图 1-16　多层钢带错绕储氢压力容器

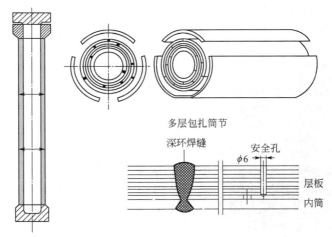

图 1-17　多层包扎储氢压力容器

　　对以上五种汽车加气站储气设备做一简单的对比，可以看出储气井属于风险低且很经济的储气设备。见表1-2。

表 1-2　五种储气设备的部分内容对比

	气瓶组	球罐	储气井	大瓶组	多层容器
材料成本	一般	较贵	低	一般	贵
结构形式	无缝、圆柱	有缝、球形	无缝、圆柱	无缝、圆柱	有缝、圆柱
连接方式	螺纹	焊接	螺纹	螺纹	焊接
环境腐蚀	弱	弱	重	弱	弱
防护措施	简单	简单	复杂	一般	一般
设计难度	一般	一般	较难	一般	难
制造难度	低	难	一般	低	很难
运维难度	繁琐	一般	较大	一般	较难
防火间距	大	很大	小	较大	很大
检验检测	一般	较难	一般	一般	较难
失效风险	较高	较高	低	一般	较高
失效后果	严重	非常严重	一般	严重	非常严重
综合成本	很低	高	较低	低	很高

1.4.2　储气井

在 20 世纪 90 年代初期，川西南矿区部分技术人员从天然气气井的钻采过程中获得灵感，他们使用传统的气井技术、油套管材料、钻井工艺以及固井方法，只是将传统的气井缩短至 300m 以内，在井筒底部加装封头，这样就将一个本来用作气井的采气通道变成了封闭腔体的压力容器，从而设计出了最早的储气井。1994 年，在四川荣县天然气加气站建造了第一口储气井。

经过近 30 年的发展，储气井应用的范围不断拓展。除了大部分应用到压缩天然气（CNG）汽车加气站外，还被应用到城市燃气调峰、工业储气、实验室储气以及氢能等领域。到目前为止，全国储气井保有量在 1 万口以上，已经成为我国能源行业一类重要的储能设备。世界最大的储气井群见图 1-18。

图 1-18　世界最大的储气井群——天津塘沽燃气调峰与加气站

1.4.2.1 储气井的定义

根据《固定式压力容器安全技术监察规程》（以下简称固容规）TSG 21—2016 附录 A2.2 的定义，储气井是"竖向置于地下用于存储压缩气体的井式管状设备"。这个定义虽然只有短短的 21 个字，但却阐明了储气井的显著特征。"竖向"，是指区别于横向，一般在地下横向敷设的设备主要是埋地管道、常压储罐（卧式）或者小型管式地下容器。"置于"，是指既可直埋，像一般的储气井；也可以不是直埋，如双层筒储气井，或者放在预制的井、坑内的储气井。"地下"，这是储气井体现"井"的显著特点，其主体除了井口装置几乎全部置身地下。"压缩气体"，因为容积、材料和结构等因素局限，储气井一般不利于存储液化气体。"井式"，这是最直接标明储气井的来源和特征，也说明储气井是区别于所有其它压力容器的最大特点。"管状"，说明储气井是一种钢管组合结构，也指明储气井与埋地管道有诸多共同点，如阴极保护。另外，定义中没有表述储气井的连接方式，说明组成储气井的钢管既可以采用传统的螺纹连接结构，也不排除如果钢管采用的是可焊性好的材料也可以采用焊接方式；也没有提到固定方式，说明储气井可以采用传统的水泥固井方式，也可以采用其它固定方式。

1.4.2.2 储气井的特点

储气井系统结构如图 1-19 所示，主要由井筒、井口装置、井底装置、排污管、固井水泥环、表层套管、扶正器等组成。井筒是由多根无缝钢管通过接箍依靠螺纹连接的管串，是压缩气体存储的主要载体。井口装置与油气井的采油树有些相似，上面设计有进出气管和排污管，以便于气体的进出和污液的排放，井口装置也是储气井唯一可以重复拆装的部件，有利于检验检测仪器的置入。井底装置是储气井区别于油气井的重要标志，有不开口和开口两种形式，这主要与固井工艺有关，不开口的井底封头类似于管帽，而开口的井底封头要复杂很多，至少要装设单向阀。排污管是排放储气井内部污液的通道，一般采用不锈钢材料，排污管上端排放口处一般只能装设具有缓慢调节流量功能的阀

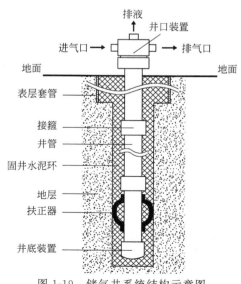

图 1-19 储气井系统结构示意图

门，比如针阀，这样可以防止排污管失稳或冰堵。固井水泥环是固井水泥形成的环状结构，其作用一个是分隔储气井与地层，保护储气井免受腐蚀；另一个是可以加固储气井井筒，防止储气井的串动，甚至飞出。表层套管一般使用普通钢管，管径比储气井大，其主要作用是固定表层地层，防止垮塌、变形。扶正器有很多种，在储气井下放至裸眼井时，为了防止井筒的偏离，采用扶正器使井筒更好地居中。此外，一般储气井的深度在 40～300m 之间；井筒钢管常用的有两种规格，分别为 D_O 177.8mm×10.36mm 和 D_O 244.5mm×11.99mm。

综合储气井各个方面，可以将储气井的显著特点归纳如下：

① 兼具多类设备特征。储气井具有油气井、固定式压力容器、埋地管道和气瓶的综合特征。储气井的材料、制造技术、钻井技术以及固井技术等都来源于油气井领域；从压力、容积和存储介质等要素考虑时，储气井属于压力容器范畴；储气井井筒属于钢管组合的管式结构，与埋地管道相似之处在于埋在地下，而且需要施加隔离或者阴极保护措施；此外，储气井反复充放气的特征又具有气瓶的特点。

② 是金属加水泥组合体。储气井的内层结构是金属材料，而外层结构是水泥环，这种将水泥与金属"白加黑"的巧妙组合在压力容器领域是一种创新。然而，无论是储气井本体使用的金属材料，还是固井用的水泥材料，乃至螺纹密封材料，都来自于油气井领域，而非传统压力容器用材。就井筒而言，储气井一直以来都在使用石油套管，而石油套管是油田中作为采油、采气的通道，具有一定的抗内压和抗挤压的能力，并不是作为压力容器用材设计的，能使用到压力容器上，应该是一个重要突破。

③ 使用油气井技术制造压力容器。储气井是从油气井演变而来，可以说"全身上下"都有油气井的"痕迹"。虽然套管、井口装置等属于压力管道元件，但除此之外的技术几乎完全来源于油气井领域。从压力容器的角度看，在储气井的制造技术方面，无论是钻井工艺、组装工艺还是固井工艺，都和常规压力容器毫不相关。另外值得一提的是，储气井和大型球罐、大型塔器等相似，都是在现场组装完成。

④ 采用螺纹连接。储气井在组装时，无论是钢管之间，还是井筒与井口装置以及井底装置之间采用的都是螺纹连接，而非焊接。储气井采用螺纹连接有几方面原因：一是井管螺纹是在车间预制好的，现场组装时非常方便、易于操作；二是井管一般都采用石油套管，这是一种低合金热处理高强钢，这种钢的焊接性不佳，容易产生焊接缺陷，而且现场组对及焊接条件不容易满足要求；三是在下套管过程中如遇裸眼井垮塌、卡钻等故障，螺纹连接较焊接更易于拆卸。然而，虽然螺纹连接有很多优点，但也存在很多不足之处。表1-3给出了两种连接方式的对比。

表 1-3　螺纹连接与焊接的对比

连接方式	螺纹连接	焊接连接
装备工具	复杂,需要液压大钳、卡盘等	较复杂,需要焊机、焊材等
装配难度	容易,越紧密静强度和连接强度越好,但应力集中越大	较难,对条件要求苛刻,且容易产生埋藏缺陷
装配效率	非常快	很慢
接头性质	可拆卸	永久接头
连接强度	较好	很好
致密性	一般	很好
应力集中部位	螺纹根部、接箍端部外露螺纹和不完全螺纹部分	主要集中在焊接热影响区(HAZ)
抗变形能力	差	好

⑤ 整体受力不均匀。第一,储气井的井管不是通过焊接连接,没有增加焊接残余应力,但由于采用了接箍连接,会在接箍或法兰连接部位产生较大的应力集中,从而带来较大的装备应力。第二,储气井的井筒直径小、壁厚薄,属于薄壁压力容器,可简化认为只承受局部拉应力。第三,由于裸眼井井身很难做到笔直、等径、光滑,这样会使井筒局部产生弯曲应力;最后,储气井埋在地下,通过水泥环与地层相连,有可能还会承受来自地层的挤压力。

⑥ 外部环境是地层。储气井与常规压力容器有很多非常显著的区别,其中之一就是常规压力容器基本上都是安装在地面以上,所处的外部环境为大气空间,大气因其各类组分含量不同而有不同的腐蚀性,但总体而言腐蚀性非常弱,所以常规容器的腐蚀主要来自于内部介质。而储气井身处地下,基本都与地层接触,其外部的浅表地层中有土壤、水、沙石、暗流以及多种化合物和细菌等,这些因素一方面可能会对储气井造成物理损伤,另一方面可能会对储气井造成严重的电化学腐蚀,多年中对万余台储气井的检测实践充分证明了这些推断。另外,中国幅员辽阔,地质地貌复杂多样,表层地质也是千差万别,地层的地质情况对储气井的固井质量和安全有重要的影响。实践证明,喀斯特地貌、严重沙化区域、黄土地层、地下水充沛等地质区域对于储气井的建造影响最大,既不利于钻井、固井等施工,也容易导致各类事故发生。

⑦ 整体不是等温体。众所周知,不同深度的地层其温度也不一样,一般深度越深温度越高,形成了一个从地表向地核延伸的"增温带",浅表地层的增温梯度一般有 2～7℃/100m。储气井是从地表向地下"伸展"的设备,目前最深的储气井将近 300m,在不考虑外部气温影响的情况下,地上部分与地下部分有 6～21℃ 的温差。在夏季,整体差异不大,但是到了冬季,井底装置与井口装置的温差最大可达 50℃。此外,储气井在充气或放气过程中会产生放热或吸热现

象，引起井口装置以及上部气体温度的变化，但是由于储气井是一种细长管体，一端的温度变化很难传导到另一端，这样也造成了储气井的温度总是上下不一致。

⑧ 利用水泥防腐。储气井的腐蚀防护措施也与常规压力容器大相径庭，一般压力容器会常采用化学涂层或其它防腐层来抵御外部腐蚀，而采用堆焊层、衬里、喷涂或复合材料的方式防止内部腐蚀。对储气井而言，在气体质量得以保证的前提下，腐蚀侵害主要来自于外部环境。因为没有对储气井防腐进行系统的设计，其防腐的方式主要是借用了油气井技术——水泥固井。水泥虽然在客观上起到了防腐作用，而且效果良好，但是在油气井上水泥固井的主要目的是分隔地层，并不是用于防腐。表1-4给出了储气井与常规压力容器在防腐方面的差别。

表1-4　储气井与常规压力容器在防腐方面的差别

设备类别	储气井	常规压力容器
外部环境	地层	大气
内部介质	一般为单一的压缩气体	复杂多样
腐蚀主因	内腐蚀很轻 地层中的氧、卤化物、硫化物、SO_4^{2-}、细菌等是主因	外腐蚀很轻 内部介质是主因
防腐设计	没有系统设计，一般采用传统工艺	有系统设计，并采取有效措施
腐蚀裕量	一般≤1mm	一般≥1mm
防腐措施	水泥	涂层、堆焊、复合材料、衬里
工艺措施	±12.5%δ，偏差大，不利	一般为正公差，有利
防腐效果	较好	好

⑨ 可分段设计。一是从温度角度考虑，根据"最低设计金属温度不得高于历年来月平均最低气温的最低值"的要求，在高寒地区压力容器的金属壁温应该按低温设计。但由于储气井存在"增温带"及其带来的热传导，实际情况往往是储气井的通体运行温度不低于-9℃（根据1月份在黑龙江实地测试的数据），整体可以不按低温设计。即使从保守的角度考虑，地层以上或第一根井管以上部分可以采取低温设计，使用低温性能好的材料；而地层以下或第二根井管以下部分完全可以按常温设计。二是从防腐角度考虑，不同的井段地质状况往往不一样，腐蚀性也会不一样。对于腐蚀性强的井段可以增加井管腐蚀裕量，增加水泥环厚度，选择带防腐层的钢管或增加阴极保护。此外，在材料、连接方式等方面也可以采取不同的设计。总之，采取分段设计既科学合理，也节省资源。

⑩ 要求一次性合格率高。虽然储气井采用的是可拆卸的螺纹连接结构，为可能出现的质量问题进行整改或修理提供了较为便利的条件，但这并不意味对储气井质量要求不严格，实际情况恰恰相反。原因之一，储气井是现场制造，条件比较差；原因二，因为储气井安装在地下，一旦出现质量问题需要起吊、拆卸，

过程非常繁琐、困难，工作量也很大；原因三，钢管和其它装置的连接都需强力组装，一个连接头如果多次拆卸会严重影响螺纹质量，引起连接强度和密封性下降，甚至损伤、报废；原因四，如果在固井后发现质量问题，鉴于储气井通径狭小、距离长、不直观、不易在井下维修等因素，将很难处理。综上所述，为了避免不必要的麻烦和损失，必须对储气井一次性制造质量严格要求。

⑪ 损伤模式多元。按照 GB/T 30579—2014《承压设备损伤模式识别》的分类，结合储气井的实际情况和多年的案例，可以准确判断储气井最多发的损伤模式是腐蚀减薄，有很少一部分环境开裂和机械损伤，而材质劣化几乎不会发生。经对多年储气井失效案例的统计分析可以看出，除了井筒腐蚀外，还有地下水冲蚀、焊接开裂、接箍和井口装置泄漏、排污阀振脱、井体上冒下沉、井筒断裂飞出以及排污管失稳、断裂、冰堵等，而大部分都是储气井所特有的失效形式。

⑫ 单维度失效。对于地面上的压力容器来说，一旦发展爆炸，释放的能量冲击波是立体的。由于储气井"身"处地下，周围通过水泥环与地层紧密结合，所以储气井一旦发生严重失效（比如井下断裂，储气井很难发生爆炸），只有向上的一个逃逸方向，影响面很小。如果再采取加固的措施，则可以有效杜绝储气井上冲带来的危害。因此，在这方面，储气井比地上压力容器具有明显的优势，这也是很多加气站选用储气井的原因之一。

1.4.2.3 储气井的近状

（1）规范标准存在不足

① TSG 21—2016《固定式压力容器安全技术监察规程》（以下简称固容规）是我国固定式压力容器安全管理最高层级的技术规范，基本涵盖了所有在用的压力容器。虽然在材料和监督检验章节中补充了储气井相关内容，但总体来说，固容规还是基于传统的理论体系，面向主流的压力容器。比较突出的问题有：缺少系统性的指导，缺少地下压力容器专用技术要求，储气井仍然面临"超规范"的窘境。

② GB/T 150《压力容器》主要为包括储气井在内的压力容器的规则设计提供了非常翔实的技术指导。但对于储气井而言，该标准在材料、螺纹连接等方面还存在很多不足，既未将储气井使用的 N80、C95、P110 等中碳低合金热处理高强钢的材料体系纳入其中，也没有提供更完整的螺纹连接设计。此外，随着氢能产业的发展，35MPa 的适用范围远远不适用于储氢容器 45MPa 或者更高压力的设计。

③ JB 4732《钢制压力容器—分析设计标准》是我国压力容器分析设计重要的标准。同样对于储气井而言，除了与 GB 150 有类似的问题外，还有一个重要的问题是，没有给出储气井材料的设计疲劳曲线。

④ T/DYZL 019—2020《储气井》由中国特种设备检测研究院联合东营质量

协会等单位制定，并于 2020 年 4 月发布。该标准总结了大量的工程实践和科研成果，对储气井的材料、设计、制造、检验和验收等方面做出了科学、系统、严谨的规定，是目前为止指导性最强的储气井产品标准。

⑤ GB 50156《汽车加油加气站设计与施工规范》支持了分段设计，但刻意回避了储气井地下部分的建造、检验和验收要求，也没有对固井质量检测做出规定，要求所有的储气井采取加固处理缺乏充分依据。此外，该标准直接引用了存在很大争议和技术问题的行业标准 SY/T 6535—2002《高压气地下储气井》。

⑥ SY/T 6535—2002《高压气地下储气井》已经实施了近 20 年，其中存在很多问题：部分引用标准已经报废；没有结构设计、强度设计、疲劳设计、防腐设计和腐蚀裕量说明；缺少选址详细技术要求；未考虑今后的检测和维护要求；没有井管壁厚偏差技术要求；没有材料性能详细技术要求；指定单一材料 TP80CQJ，且其非 API 5CT 钢级；没有固井质量检测技术要求；SY/T 5587.8《油水井常规修井作业 找串封串和验串作业规程》不是针对金属腐蚀进行修复的标准；"严密性试验压力和介质，压力试验压力，一般检测周期为 2 年、全面检测周期为 6 年，使用 25 年报废"等都不符合固容规要求；标准编制也不符合压力容器规范体系。此外，规定"最大井斜不大于 2 度，强度试验及严密性试验合格后应对井筒内进行干燥，无游离水为合格"等都不具操作性，无实际意义。

（2）材料的适用性需进一步研究

材料是承压设备最重要的"躯体"，可以说既是设备的骨骼又是设备的肌肉，其性能好坏直接关乎设备质量优劣和安全性能。储气井虽然早已被纳入压力容器，但一直以来使用的材料还都是石油套管。表 1-5 对比了储气井井管用钢和常规压力容器壳体用钢在一些方面的不同。

表 1-5　石油套管标准与固容规对材料要求的差别

项目	储气井井管用钢	常规压力容器壳体用钢
代号	使用钢级,没有牌号	使用牌号
熔炼要求	无要求	要求氧气转炉、电炉,必要时进行炉外精炼
化学成分	对 C 及合金元素限制不严,对 S、P 有限制	对主要元素如 C,S,P 以及 C_{eq} 都要求严格
合金系	一般为中碳低合金钢	种类很多
强度限制	标准对屈服强度设定了上下限	压力容器的材料标准一般对抗拉强度设定上下限;此外,对使用抗拉强度大于 540MPa 的材料要求严格
强化方式	采用中碳低合金钢热处理强化	种类多,依靠合金元素与热处理的综合作用
80 以上钢级的断后伸长率	$A \geqslant 15\%$	$A \geqslant 17\%$

	储气井井管用钢	常规压力容器壳体用钢
80 以上钢级的冲击功	$KV_2 \geqslant 41J$	$KV_2 \geqslant 31J$
侧向膨胀量	$LE \geqslant 0.53$	一般只对 $R_m > 630MPa$ 的材料要求,$LE \geqslant 0.53$
抗疲劳性能	没有要求	有设计疲劳曲线
工艺措施	厚度允许有 $\pm 12.5\%$ 的公差	一般为正公差
无损检测	对 N80Q 以上级别要求	对三类容器用材要求
功能	同时抗内压和外压	主要抗内压

从表 1-5 的对比来看,总体而言储气井对材料各方面的要求要远低于常规压力容器,这是因为石油套管的原始设计和使用是面向油气井的,因为使用量非常大,而且对性能不做太高要求,所以在保证一定强度的同时,更多的要兼顾经济性,因此一般多采用较经济的 C-Mn 钢系材料,只有对更高性能要求的才采用 Cr-Mo 钢系。这类材料一般不对材料的熔炼、成分、性能等做过高要求,与地面上的长管拖车气瓶以及站用大型储气瓶组类似。但是在地下,由于地层会对储气井造成挤压和摩擦作用,因此当套管受内压膨胀时地层就会对套管产生压应力和拘束力,从而能抵消一部分内载和拉应力。而且,井管都是无缝钢管,几乎没有缺口效应和严重应力集中现象。这些因素都是套管能用于储气井作为压力容器的主要原因,也是"合于使用评价"的重要参考。但总体而言,石油套管作为地下压力容器壳体材料使用还需进一步研究。

(3)设计存有局限

设计是保障储气井安全的首要环节,也是保证设备"优生优育"的关键点。严格地说,早期绝大部分储气井的制造都未经严谨的设计或未经科学、合理和完整的设计。储气井使用的钢管都是批量生产的,其规格和结构形式也是标准化的,并不是按照个性化设计在车间制造出来的。通常来说,储气井制造企业会委托设计方提供一个"通用"的设计,可能是规则设计也可能是分析设计。其中,主要提出整体结构、井筒钢级和规格、强度计算以及其它技术要求等,除此之外其它方面多是简单照搬油气井技术,而对于防腐、组装工艺、抗疲劳、抗弯曲、防窜动、防水泥环剥离、加固等方面没有充分的考虑。2008 年以后,国家相关部门加强了对储气井的安全监察,储气井的设计状况有所改善,但仍存在较多不足之处。

① 缺乏专用理论 储气井经过三十年的发展,人们对它的认识逐渐深入、完整,把储气井作为压力容器进行管理已经无可争议。但是,最初创造储气井的理念并非来自于压力容器,它所采用的建造技术、使用的材料也都是来源于石油技术。而且,它不同于一般的压力容器,储气井身处地下,它的外部环境发生了显著变化,储气井的材料、结构、连接方式、防腐形式以及试验手段、检验方式

等都与常规容器不同，因此现有的压力容器理论不能完全适用于储气井，比如非对称阴极保护，水泥的防腐、加固、加强作用还没有成熟的理论。应该针对储气井的特点，结合使用条件和所处环境，从材料、结构、连接、防腐、失效等几方面入手，建立一套适用于储气井的理论体系。

② 数据支撑不够　现在人们普遍认为储气井也是一种疲劳设备，但到目前为止，对其疲劳载荷的认识还不够充分，主要原因有三点，一是储气井是通过螺纹连接的结构；二是储气井的直线度较差；三是储气井井筒不同井段所受的外部载荷往往不一样。另外，储气井所使用的是石油套管，而这种材料是一种以强度为主的低合金高强度的热处理强化钢，这种钢的优点是以较低成本便可获得很高的强度，但缺点是塑性和韧性不理想、焊接性更差，而且由于是经过热处理强化的，所以材料强度的均匀性也欠佳。再有，经过大量的检验实践和事故案例分析发现，储气井的腐蚀问题一直很严重，但是至今也没有权威的地质勘查和防腐研究的有关资料和数据。总之，储气井在很多方面还存在证据不足或缺乏数据的问题。

③ 标准体系不健全　前面分析了与储气井相关的部分标准，这些标准对储气井的设计、制造、检验等方面具有重要的指导作用，也能满足目前的最基本的需要，支撑了储气井"存在即合理"的特征。但是总体而言仍然存在很多不足，比如在分段设计、螺纹结构设计、抗疲劳设计、水泥强化设计、防腐设计、阴极保护设计、双井管结构设计、大直径短井身设计、螺纹加焊接连接、水泥固井工艺、腐蚀检测、螺纹损伤检测、井斜检测、井下泄漏检测、阴极保护有效性检测和井下修复等方面还缺乏系统的研究和标准支撑。

④ 缺少地质勘测和防腐设计　由于储气井是建造在地下，因此地质环境将直接影响储气井的安全性能和使用寿命。众所周知，对于建筑工程和埋地管道工程建造，地质勘测是设计的前提条件，只有在实际建造前获得翔实的地质特性资料，才会对下一步的施工起到重要的指导作用。由于我国幅员辽阔，地质情况差别很大，而不同的地层环境就具有不同的构成和不同的腐蚀特性，因此在进行储气井建造前在设计的同时就应对地质条件进行勘测，以便为防腐设计提供有力的依据。然而，根据多年的调查，以往建造的储气井都没有做过地质勘测，也没有进行有针对性的防腐设计。从大量的检验实践中发现的诸多的储气井腐蚀情况来看，也证明了这一点。

⑤ 基础设计有缺陷　固容规提出了设计方法，并明确了风险评估要求。规则设计是基于弹性失效准则，不考虑温差应力、边缘应力、交变应力，因此安全系数大；而应力分析设计是基于单项应力分析和塑性失效准则，并借助有限元计算，可对各部位的受力情况精确分析，但对材料性能要求高。由于储气井的材料还没有丰富的设计疲劳曲线，加之螺纹连接的有限元分析难度大，都使得目前的分析设计"名不副实"。一部分储气井还有一个奇怪的现象：按规则设计，但按分析设计取安全系数；或者是走分析设计的形式，但是却回避了如螺纹连接等很

多实质性问题。另外，有的设计比较随意，对于同样的工作压力 25MPa，却出现了 27.5MPa、26.5MPa、26.25MPa 等诸多不同的设计压力。

（4）在制造方面几个突出的问题

储气井的制造包括选址、地质勘察、钻井、组装下管、耐压试验、固井、固井质量检测、气密性试验等技术环节，然而在实际的工程实践中很多都没有做详细的地质勘察。

① 选址不够科学　一般来说，由于储气井埋在地下，地层对储气井的影响很大。一些结构复杂或不稳定的地层根本不适合建造储气井，如断裂带、易滑坡地带、地下有暗河或孔洞的地层等。这些地层要么因为经常发生地震、地质滑坡会对储气井的整体结构造成影响；要么因为地质构造有缺陷对固井不利，造成水泥的流失或者水分的流失；要么因为有暗河容易冲蚀井管；要么因为腐蚀物含量多容易造成井筒的腐蚀，这些因素在贵州的喀斯特地貌、新疆的砂石地层等都已得到了验证。因此，选择合适的地质条件制造储气井，对保障储气井的安全非常重要。

然而实际情况是，一方面加气站往往建设在人群密集区，也就是乡、镇、县、市的中心地带，占地有限，而且可选择的余地不大；另一方面是加气站建设方一般根据当地的规划或市场开发情况进行选址，并不是经过地质勘察后确定站址。

② 钻井工艺不完善　储气井不同于常规容器的一个显著特点就是身处地下，地层就是储气井的基础。钻井相当于给储气井建造"巢穴"，钻井的好坏会直接影响裸眼井井身质量，而裸眼井的井身质量又会影响井筒的垂直度和固井质量。储气井的钻井技术借鉴于油气井工程，但由于制造企业对浅地层的研究不足，又过多地考虑成本，使得储气井的钻井工艺完全没有油气井工程中的钻井工艺成熟，钻井质量往往不很理想。

③ 缺少钢管组装工艺评定　对于绝大多数常规压力容器来说，焊接是必不可少的连接方式，焊接工艺评定是保证焊接质量的前提和措施。同样道理，螺纹连接对保证储气井的强度、刚度、致密性也是十分重要的，应通过调整上扣扭矩、旋合速度、机紧圈数、外露螺纹数、密封脂等来评定连接强度、密封性、抗内压能力等性能。但遗憾的是，至今也没有制造企业开展过螺纹连接工艺评定。

④ 缺少固井工艺评定　通过研究和检验实践发现，固井对于储气井十分重要。好的固井质量能起到隔离地层、防止腐蚀、提高整体强度、遏制井筒窜动飞出等作用。根据调查，制造企业采用过的固井工艺有"井口灌浆法""外插管法""捆绑胶带法""坐固法"和"正循环法"。事实证明，前三种工艺根本无法有效保证固井质量，因此已被淘汰。后两种工艺虽较前者有了很大进步，但还不够成熟，仍然经常存在固井质量检测不合格的情况。究其原因，在于储气井的制造站址遍布东西南北，地质情况千差万别，而制造企业没有针对不同的地域开展相适应的固井工艺设计及评定，来确定水泥材料、水泥浆密度、添加剂、注水泥工艺以及水泥候凝指标等。

（5）在检验检测方面

① 对固井质量检测重视不够　在"质检办特〔2008〕637号"文件发布前，对储气井缺乏严格的管理规定，此前新制造的储气井都没有要求进行固井质量检测，导致储气井的质量参差不齐，质量无法保证。有些储气井腐蚀非常严重，各种故障和事故也频发，而且还诱发了弄虚作假的行为。经过一段时间的规范管理，各项工作纳入正轨，使储气井的质量大幅提升，安全保障也大大改善。2018年，国家发布了GB/T 36212—2018《无损检测 地下金属构件水泥防护层胶结声波检测及结果评价》，对储气井固井质量检测技术、仪器设备、校验方法给出了明确的规定，可以说，无论在储气井的管理方面，还是在储气井的技术方面都取得了重要的进步。然而，个别标准依然推行"去固井质量检测化"，给储气井的安全保障和产业发展引来了不确定性。还有，实际工作中多数压缩机的最高工作压力往往达不到25MPa，满足不了密封性试验不能低于设计压力或者工作压力的要求。

② 定期检验技术有待完善　定期检验是保障储气井安全的一道屏障，更是国家对特种设备安全的一项强制性要求。但由于种种原因，在"质检办特〔2008〕637号"文件发布前一直未能真正地对储气井进行定期检验，主要有三方面原因：一是对储气井的安全不够重视；二是储气井井口结构绝大多数均为不可拆卸形式，影响了检验检测；三是检测技术的缺位。油气井中虽有一些检测深井的技术，但无法直接应用于储气井，而且，有些缺陷检测技术在油气井工程中也没有。如今，随着中国特种设备检测研究院在储气井定期检验工作方面的不断拓展和深入，储气井的定检工作取得了重大进步。但是仍然存在一些尚未解决的问题：应对储气井检验设立什么样的专项资质和条件？对于"超规范、超标准"应如何制定检验方案？以及对于螺纹连接质量、阴极保护效果、疲劳性能、除险措施等还没有非常成熟的解决办法。

③ 监督检验不全面　固容规对储气井的监督检验提出了简单的专项要求，主要集中在材料、组装和固井质量检测三个环节，缺少对设计、地质勘察、钻井、固井、试验等方面的要求，全链条管理存在可能的漏洞。

（6）合于使用评价

储气井属于压力容器，但却使用石油套管材料，采用油气井制造工艺，几乎在各个方面都与常规容器差别很大，因此与其关联的失效风险也大不相同。为了制定科学、合理、有效的安全评估策略，开展风险分析是必不可少的前提条件。中国特种设备检测研究院经过长期的探索、研究和实践，运用风险分析手段，发现储气井的损伤模式有腐蚀、冲蚀、机械划伤、挤压损伤、焊接损伤、上冒下沉以及排污管断裂、冰堵等情况，失效模式也有腐蚀穿孔、腐蚀断裂、机械断裂、接箍泄漏、排污管失稳等情况（图1-20），这些损伤模式和失效模式为科学、系统地评估储气井的安全状况提供了有力依据。

此外，为了准确评估储气井的安全风险和剩余寿命，对于储气井存在的"资

井管腐蚀

焊接开裂

储气井上冒

断裂上冲

图 1-20　储气井失效图例

料缺失、资料与实物不一致、材料适用性、设计缺陷、腐蚀减薄、硬度偏低、金相组织不符、土壤腐蚀性强、强度不足、抗疲劳性能差"等诸多问题都需要进行科学、严谨的分析。然而，储气井的理论体系还不够健全，用于支撑相关技术的规范和标准也十分有限，提供不了完整的解决措施，因此运用"合于使用评价"理念，客观评价储气井的合理性和适用性是一种实事求是的解决办法。

　　为了做好合于使用评价，中国特种设备检测研究院开展了大量的调研、科研、试验及检验实践工作。首先，对全国的浅表地层做了地质调研，并对土壤腐蚀性进行了布点埋片监测；其次，对 2000 多台储气井的材质资料进行了统计分析，对 500 多个接箍进行了抗疲劳和低温冲击等试验测试；其次，对螺纹连接结构进行了有限元计算和仿真分析，对不同结构和材质的储气井进行了整体模拟疲劳和爆破试验。通过以上工作，中国特种设备检测研究院开发了材料数据库、腐蚀数据库以及制定了材料评价、强度评价、疲劳评价、土壤腐蚀性评价等方法。运用这些研究成果，中国特种设备检测研究院已经完成 10000 多台次在用储气井的检验工作，发现并消除了大量隐患，使储气井得以在合理的范围内安全运行，得到了广大使用单位的认可。

第2章

储气井材料

2.1 基本知识

2.1.1 压力容器选材原则

压力容器选材主要考虑以下几方面的因素：

① 容器的使用条件，如温度、压力、介质、操作特点和结构特点；

② 材料的力学性能；

③ 材料的耐腐蚀性能，包括选材、防腐蚀结构、腐蚀裕量、条件控制等；

④ 材料的加工性能，如可焊性、冷热加工成型性；

⑤ 材料的价格及来源；

⑥ 不同元件之间材料的相容性。

从使用性能方面考虑，压力容器用钢，尤其是承压元件的用钢应有较大的塑性储备，较高的韧性，较好的成型性能和焊接性能。

TSG 21—2016《固定式压力容器安全技术监察规程》（简称《固容规》）规定了压力容器的基本安全技术要求，在法规标准体系中属第四层次（安全技术规范），钢质材料性能方面，《固容规》有以下主要规定。

① 压力容器受压元件用钢　应当是氧气转炉或者是电炉冶炼的镇静钢。对标准抗拉强度下限值大于或者等于 540MPa 的低合金钢板或者奥氏体-铁素体不锈钢钢板，以及用于设计温度低于 $-20℃$ 的低温钢板和低温钢锻件，还应当采用炉外精炼工艺（《固容规》第 2.2.1.1 条）。

② 用于焊接的钢材料　用于焊接的碳素钢和低合金钢材：$C \leqslant 0.25\%$、$P \leqslant 0.035\%$、$S \leqslant 0.035\%$（《固容规》第 2.2.1.2.1 条）。

③ 压力容器用钢化学成分　压力容器专用钢中低碳素钢和低合金钢材（钢板、钢管和钢锻件），其磷、硫含量应当符合以下要求。

a.碳素钢和低合金钢材基本要求，P 的含量 $\leqslant 0.030\%$、S 的含量

≤0.020%。

b. 标准抗拉强度下限大于或者等于 540MPa 的钢材，P 的含量≤0.025%、S 的含量≤0.015%。

c. 用于设计温度低于−20℃并且标准抗拉强度下限值小于 540MPa 的钢材，P 的含量≤0.025%、S 的含量≤0.012%。

d. 用于设计温度低于−20℃并且标准抗拉强度下限值大于或者等于 540MPa 的钢材，P 的含量≤0.020%、S 的含量≤0.010%。

④ 碳素钢和低合金钢冲击功　厚度小于 6mm 的钢管、直径和厚度可以制备厚度为 5mm 小尺寸试样的钢管、任何尺寸的钢锻件，按照设计要的冲击试验温度下的 V 形缺口试样冲击功指标应当符合表 2-1 的规定（《固容规》第 2.2.1.3.1 条）。

表 2-1　碳素钢和低合金钢（钢板、钢管和钢锻件）冲击功指标

材料标准抗拉强度下限值 R_m/MPa	3 个标准试样冲击功平均值 KV_2/J
≤450	≥20
450～510	≥24
510～570	≥31
570～630	≥34
630～690	≥38 （且侧膨胀值 LE≥0.53mm）
＞690	≥47 （且侧膨胀值 LE≥0.53mm）

注：1. 试样取样部位和方法应当符合相应钢材标准的规定。

2. 冲击试验每组取 3 个标准试样（宽度为 10mm），允许一个试样的冲击功数值低于表中所列，但不得低于表中所列数值的 70%。

3. 当钢材尺寸无法制备标准试样时，则应当依次制备 7.5mm 和 5mm 的小尺寸冲击试样，其冲击功指标分别为标准试样冲击功指标的 75% 和 50%。

4. 钢材标准中冲击功指标高于本表中规定的，还需要符合相应钢材标准的规定。

⑤ 压力容器受压元件　压力容器受压元件用钢板、钢管和钢锻件的断后伸长率应当符合相应钢材标准的要求（《固容规》第 2.2.1.3.2 条）。

2.1.2　金属材料性能

压力容器的选材应考虑材料的力学性能、化学性能、物理性能和工艺性能。

（1）力学性能

金属材料力学性能是指在一定的温度和外力作用下所表现出来的抵抗某种变形或者破坏的能力，常规力学性能有以下几项。

① 屈服强度　对材料作拉伸试验，记录应力 σ 随应变 ε 的变化的拉伸曲线，

图 2-1 为低碳钢的拉伸曲线，脆性材料呈现不同的拉伸特性。

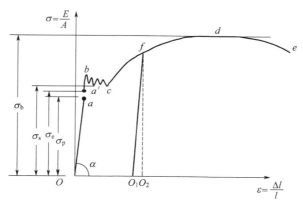

图 2-1　低碳钢的拉伸曲线

σ_p—比例极限；σ_e—弹性极限；σ_s—屈服强度；σ_b—抗拉强度

图 2-1 中，当应力超过 a' 点后，变形增加较快，此时除了产生弹性变形外，还产生部分塑性变形。当应力达到 b 点后，塑性应变急剧增加，曲线出现一个波动的小平台，这种现象称为屈服。这一阶段的最大、最小应力分别称为上屈服点和下屈服点。由于下屈服点的数值较为稳定，因此以它作为材料抗力的指标，称为屈服点或屈服强度。

② 抗拉强度　图 2-1 中，当钢材屈服到一定程度后，由于内部晶粒重新排列，其抵抗变形能力又重新提高，此时变形虽然发展很快，但却只能随着应力的提高而提高，直至应力达最大值。此后，钢材抵抗变形的能力明显降低，并在最薄弱处发生较大的塑性变形，此处试件截面迅速缩小，出现颈缩现象，直至断裂破坏。钢材受拉断裂前的最大应力值（d 点对应值）称为强度极限或抗拉强度。

屈服极限 σ_s 和强度极限 σ_b 是代表材料强度性能的主要指标。

③ 伸长率　在拉伸试验中，还可以测得表示材料塑性变形能力的两个指标：伸长率和断面收缩率。伸长率的定义为：

$$\delta = \frac{l_1 - l}{l} \times 100\% \tag{2-1}$$

式中，l 为试验前在试样上确定的标距；l_1 为试样断裂后标距的长度。

根据伸长率的范围可以进行塑性材料和脆性材料的划分，工程上一般将 $\delta \geqslant 5\%$ 的材料称为塑性材料，如：钢、铜、铝、化纤等材料；将 $\delta < 5\%$ 的材料称为脆性材料，如：灰铸铁、玻璃、陶瓷、混凝土等。

④ 断面收缩率　断面收缩率的定义是：

$$\psi = \frac{A - A_1}{A} \times 100\% \tag{2-2}$$

式中，A 为试验前试样的横截面面积；A_1 为断裂后断口处的横截面面积。

断面收缩率也是塑性指标，数值愈大，材料的塑性越好。断面收缩率能更好地反映材料的塑性。

⑤ 硬度　硬度是指材料表面能抵抗较硬物体划刻或压入的能力。以不同的方法在不同仪器上测定的硬度有不同的表达方法，如下所示。

HB——采用压球加载，测压痕的直径；

HR——采用 120°角的锥体加载，测压痕的深度；

HV——采用 120°角的小锥体加载，测压痕的对角线，用以表示显微硬度；

碳素钢中抗拉强度与硬度之间有一定的对应关系，经验公式为：

低碳钢　$\sigma_b = 0.36$ HB(MPa)；

中碳钢　$\sigma_b = 0.35$ HB(MPa)。

⑥ 冲击韧性　冲击韧性是指材料在受到外加冲击载荷的作用下，断裂时消耗的功除以试样缺口断面面积而得到的值。冲击韧性是强度和塑性的综合指标，冲击韧性高的一般都有很好的塑性，但塑性好的材料不一定有高的冲击韧性，这是因为在静载荷下，能够缓慢塑性变形的材料在冲击载荷下不一定能迅速发生塑性变形。

⑦ 持久强度和蠕变极限　持久强度是在给定的温度下，使材料经过规定的时间发生断裂时的应力叫做持久强度，反映了材料在高温长期负荷下抵抗断裂的能力。蠕变极限是在高温下经过 10 万小时产生 1% 的变形时的应力，是高温长期作用下材料对塑性变形抗力的指标。

⑧ 断裂韧性　断裂韧性 K_{IC} 为第一类裂纹尖端应力强度因子的临界值，又称为平面应变条件下的断裂韧性。断裂韧性反映材料抵抗裂纹失稳扩展的能力，即抵抗脆性断裂的能力。

⑨ 疲劳极限　材料的疲劳极限 σ_{-1} 为材料承受无限次应力循环（对钢材约为 10^7）而不破坏的最大应力值。

⑩ 脆性转变温度　具有体心立方结构的金属都有冷脆性，随着温度的降低，断裂从韧性转变为脆性，这一转变称为材料的脆性转变温度 T_c。材料在脆性转变温度下，材料的冲击韧性值会发生波动。

⑪ 刚度和稳定性　刚度是指在外载荷的作用下结构抵抗变形的能力；稳定性是指结构在外力作用下突然丧失其原有形状的抗力。稳定性一般发生在结构内应力为压应力时，一旦发生，除去外力后变形不能恢复。

（2）化学性能

金属材料在室温或高温下，抵抗介质对它化学浸蚀的能力，称为金属材料的化学性能。金属材料的化学性能一般包括抗氧化性和抗腐蚀性等。

① 抗氧化性　是指金属材料在高温时抵抗氧化性气氛腐蚀作用的能力。许多金属都能与空气中的氧进行化合而形成氧化物，在金属表面形成一层氧化膜。如果金属表面形成的氧化物层比较疏松，这时，外界氧气便可以继续与金属作

用，使金属材料受到破坏，这种现象就叫作金属的氧化。如果金属表面形成的氧化物层比较致密，而且牢固地覆盖在金属表面上，于是就形成了一层保护层，使氧气不能再与金属接触，阻止了金属的继续氧化，金属就得到了保护，这样的金属抗氧化性能好，如铝在空气中那样。

② 抗腐蚀性能 金属由于环境介质的化学或电化学作用而遭受的破坏称为腐蚀。按腐蚀机理分类，腐蚀可分为电化学腐蚀和化学腐蚀；按腐蚀破坏形式分，腐蚀分为均匀腐蚀和局部腐蚀两大类；按腐蚀环境分，分为高温腐蚀、湿腐蚀、土壤腐蚀、沉淀腐蚀、碱腐蚀、酸腐蚀、钒腐蚀、氧腐蚀、盐腐蚀、环烷酸腐蚀、氢腐蚀、硫化氢腐蚀、连多硫酸腐蚀、海水腐蚀、硫化氢-氯化氢-水型腐蚀、硫化氢-氢型腐蚀等。

a. 电化学腐蚀 把金属材料浸入水或其它电解质中，因金属不同部位电极电位不同，形成阳极区和阴极区，在局部电池作用下便发生腐蚀，电化学腐蚀不只是发生在两种材料之间，材料内部的化学或物理不均匀性，例如成分偏析、金相组织差异，以及焊接、冷作变形加工等都会导致材料产生电位差。电化学腐蚀也不只是发生在浸入溶液的材料，空气中的水分和杂质凝结在材料表面也会发生电化学腐蚀。压力容器常见电化学腐蚀类型有点蚀、缝隙腐蚀、电偶腐蚀、颈间腐蚀、应力腐蚀破裂、氢致腐蚀、氢腐蚀和高温氢损伤、腐蚀疲劳、磨损腐蚀、硫酸露点腐蚀等。

b. 化学腐蚀 化学腐蚀是指材料在非导电性介质直接作用下发生纯化学作用而引起材料的破坏，化学腐蚀过程中，无电流产生。常见的化学腐蚀有高温氧化、高温硫化、渗碳、脱碳。

c. 应力腐蚀破裂 应力腐蚀是受拉应力的材料和特定的腐蚀介质的共同作用而产生的一种脆性破坏。应力腐蚀机理一般倾向于电化学-机械复合作用原理，金属在腐蚀介质中首先发生电化学腐蚀，一定时间内金属表面产生较长的微裂纹，裂纹端部应力集中及渗入裂纹内部吸附物质的楔入作用，促使裂纹扩展，从而暴露了新鲜的表面，机械在介质中腐蚀，其过程重复进行，直到材料断裂为止。金属材料只在特定的腐蚀环境中才会发生应力腐蚀破裂。

（3）物理性能

材料的物理性能是指材料的密度、熔点、热传导性、导电性、热膨胀性、磁性和耐磨性等。物理性能也是材料的重要性质，在很多场合都要考虑材料的物理性能。如在航空制造、宇航、人造卫星等设计制造中，为减轻自重，应选用密度小、强度高的材料，如铝合金、钛合金等；锅炉高温部件、汽轮机叶片、电热丝等耐热零件选材时应考虑材料的熔点；换热元件的选材应考虑材料的热传导性；电气元件的选材应考虑材料的导电性等。

（4）工艺性能

金属材料是要经过一系列加工以后，才能制成符合要求的结构件。所以金属材料还要满足加工工艺方面的要求。金属材料的工艺性能一般包括铸造性、焊接性、可锻性、切削加工性等。

① 铸造性 液体金属铸造成型时所具有的一种性能，叫铸造性。铸造性能的优劣一般是用液体的流动性、铸造收缩率及偏析趋势来表示。流动性是指液体金属充满铸型的一种能力；铸造收缩率是指金属在结晶和凝固后，发生体积变化的程度。对于铸件来说，要求金属的收缩率要小；偏析是指铸件凝固后，其内部化学成分或金属组织不均匀的一种现象，由于偏析会造成金属材料各部分的力学性能不一致，影响材料使用性能。

② 可焊性 金属的焊接性又叫可焊性，一般是指两块相同的金属材料或两块不同的金属材料，在局部加热到熔融状态下，能够牢固地焊合在一起的性能。焊接性能好的金属，在焊缝部位不易产生裂纹、气孔、夹渣等缺陷，同时焊接接头具有一定的力学性能。否则就认为焊接性能不好。金属材料焊接性能的好坏决定于材料的化学成分、焊接工艺等。通常，低碳钢的焊接性能较好，高碳钢和铸铁较差。

③ 可锻性 可锻性是指金属材料在进行压力加工时，能改变形状而不产生裂纹的性能。可锻性的好坏取决于材料的化学成分和加热温度。通常碳钢具有良好的可锻性，以低碳钢的可锻性最好，中碳钢次之，高碳钢较差。铸铁、硬质合金不能进行锻压加工。加热温度对金属可锻性的影响较大，温度提高，金属的可锻性提高。

④ 切削加工性 切削加工性是指金属材料在用切削刀具进行加工时，所表现出来的一种性能。它主要用切削速度、加工表面光洁度和刀具耐用度来衡量。通常，灰铸铁有良好的切削加工性，钢的硬度（HB）在160～200范围内时，具有良好的切削加工性。

2.1.3　金属材料热处理

金属热处理是机械制造中的重要工艺之一，与其它加工工艺相比，热处理一般不改变工件的形状和整体的化学成分，而是通过改变工件内部的显微组织，或改变工件表面的化学成分，赋予或改善工件的使用性能。其特点是改善工件的内在质量，而这一般不是肉眼所能看到的。

为使金属工件具有所需要的力学性能、物理性能和化学性能，除合理选用材料和各种成形工艺外，热处理工艺往往是必不可少的。钢铁是机械工业中应用最广的材料，钢铁显微组织复杂，可以通过热处理予以控制，所以钢铁的热处理是金属热处理的主要内容。另外，铝、铜、镁、钛等及其合金也都可以通过热处理改变其力学、物理和化学性能，以获得不同的使用性能。

① 金属热处理的工艺 热处理工艺一般包括加热、保温、冷却三个过程，有时只有加热和冷却两个过程，这些过程互相衔接，不可间断。

加热是热处理的重要步骤之一。金属热处理的加热方法很多，最早是采用木炭和煤作为热源，进而应用液体和气体燃料。电的应用使加热易于控制，且无环境污染。利用这些热源可以直接加热，也可以通过熔融的盐或金属，以至浮动粒子进行间接加热。

金属加热时，工件暴露在空气中，常常发生氧化、脱碳（即钢铁零件表面碳含量降低），这对于热处理后零件的表面性能有很不利的影响。因而金属通常应在可控气氛或保护气氛中、熔融盐中或真空中加热，也可用涂料或包装方法进行保护加热。

加热温度是热处理工艺的重要工艺参数之一，选择和控制加热温度，是保证热处理质量的主要问题。加热温度随被处理的金属材料和热处理的目的不同而异，但一般都是加热到相变温度以上，以获得需要的组织。另外转变需要一定的时间，因此当金属工件表面达到要求的加热温度时，还须在此温度保持一定时间，使内外温度一致，使显微组织转变完全，这段时间称为保温时间。采用高能密度加热和表面热处理时，加热速度极快，一般就没有保温时间或保温时间很短，而化学热处理的保温时间往往较长。

冷却也是热处理工艺过程中不可缺少的步骤，冷却方法因工艺不同而不同，主要是控制冷却速度。一般退火的冷却速度最慢，正火的冷却速度较快，淬火的冷却速度更快。但还因钢种不同而有不同的要求，例如空硬钢就可以用正火一样的冷却速度进行淬硬。

② 金属热处理工艺分类　金属热处理工艺大体可分为整体热处理、表面热处理、局部热处理和化学热处理等。根据加热介质、加热温度和冷却方法的不同，每一大类又可区分为若干不同的热处理工艺。同一种金属采用不同的热处理工艺，可获得不同的组织，从而具有不同的性能。钢铁是工业上应用最广的金属，而且钢铁显微组织也最为复杂，因此钢铁热处理工艺种类繁多。

整体热处理是对工件整体加热，然后以适当的速度冷却，以改变其整体力学性能的金属热处理工艺。钢铁整体热处理大致有退火、正火、淬火和回火四种基本工艺。

① 退火　退火是将工件加热到适当温度，根据材料和工件尺寸采用不同的保温时间，然后进行缓慢冷却，目的是使金属内部组织达到或接近平衡状态，获得良好的工艺性能和使用性能，或者为进一步淬火做组织准备。

② 正火　正火是将工件加热到适宜的温度后在空气中冷却，正火的效果同退火相似，只是得到的组织更细，常用于改善材料的切削性能，也有时用于对一些要求不高的零件作为最终热处理。

③ 淬火　淬火是将工件加热保温后，在水、油或其它无机盐、有机水溶液等淬冷介质中快速冷却。淬火后钢件变硬，但同时变脆。

④ 回火 为了降低淬火钢件的脆性，将淬火后的钢件在高于室温而低于710℃的某一适当温度进行长时间的保温，再进行冷却，这种工艺称为回火。淬火与回火关系密切，常常配合使用。把淬火和高温回火结合起来的工艺，称为调质。

"四把火"随着加热温度和冷却方式的不同，又演变出不同的热处理工艺。为了获得一定的强度和韧性，某些合金淬火形成过饱和固溶体后，将其置于室温或稍高的适当温度下保持较长时间，以提高合金的硬度、强度或电性和磁性等，这样的热处理工艺称为时效处理。把压力加工形变与热处理有效而紧密地结合起来进行，使工件获得很好的强度、韧性配合的方法称为形变热处理。在负压气氛或真空中进行的热处理称为真空热处理，它不仅能使工件不氧化，不脱碳，保持处理后工件表面光洁，提高工件的性能，还可以通入渗剂进行化学热处理。

表面热处理是只加热工件表层，以改变其表层力学性能的金属热处理工艺。为了只加热工件表层而不使过多的热量传入工件内部，使用的热源须具有高的能量密度，即在单位面积的工件上给予较大的热能，使工件表层或局部能短时或瞬时达到高温。表面热处理的主要方法有激光热处理、火焰淬火和感应热处理，常用的热源有氧乙炔或氧丙烷等火焰、感应电流、激光和电子束等。

化学热处理是通过改变工件表层化学成分、组织和性能的金属热处理工艺。化学热处理与表面热处理不同之处是后者改变了工件表层的化学成分。化学热处理是将工件放在含碳、氮或其它合金元素的介质（气体、液体、固体）中加热，保温较长时间，从而使工件表层渗入碳、氮、硼和铬等元素。渗入元素后，有时还要进行其它热处理工艺如淬火及回火。化学热处理的主要方法有渗碳、渗氮、渗金属、复合渗等。

2.2 井管与接箍

2.2.1 钢管材料制造许可

我国目前对钢管按压力管道元件进行制造许可管理，执行 TSG 07—2019《特种设备生产和充装单位许可规则》。

压力管道元件制造许可按照产品类别、品种、许可级别和产品范围确定许可范围，《压力管道元件制造许可规则》中对钢管的许可划分如表 2-2 所示。

储气井井管长期采用油气井用的油（套）管，我国对油（套）管也实行制造许可管理制度，按照表 2-2 的要求，制造单位应具有 A 级压力管道元件制造许可资质。

国家市场监管总局统一管理境内、境外压力管道元件制造许可工作，并且颁发特种设备制造许可证。压力管道元件制造许可的申请、受理、产品试制、形式试验、鉴定评审、审批、发证程序执行《特种设备生产和充装单位许可规则》。

表 2-2　钢管许可划分

设备类别（品种）	许可参数级别（除紧急切断阀外同品种 A 级覆盖 B 级）	
	A 级	B 级
压力管道管子（无缝钢管、焊接钢管、非金属材料管）	1. 公称直径大于或者等于 150mm 且公称压力大于或者等于 10MPa 用于压力管道的无缝钢管 2. 公称直径大于或者等于 800mm 用于输送石油、天然气的焊接钢管 3. 公称直径大于或者等于 450mm 用于输送燃气的聚乙烯管	除 A 级以外的其它无缝钢管、焊接钢管、聚乙烯管；非金属材料管中的其它非金属材料管

2.2.2　油（套）管

　　油（套）管是油管和套管的统称。在油气井中，油管是将油气从地下输送至地面的通道，其规格一般小于 $4\frac{1}{2}$ in.❶，规格在 $4\frac{1}{2}$ in. 到 $10\frac{3}{4}$ in. 也可应购方要求用作油管；套管是一口井的主要结构组成部分，用于保持井壁稳定，防止油层侵害，封隔产层中油水层等，套管规格通常大于 $4\frac{1}{2}$ in.。

　　API SPEC 5CT、ISO 11960《石油天然气工业——油气井套管或油管用钢管》、SY/T 6194、GB/T 19830 等标准规定了油（套）管钢管（套管、油管、平端套管衬管和短节）、接箍毛坯及附件的交货技术条件，其中后三个标准是在 API SPEC 5CT 的基础上编写的。API SPEC 5B《套管、油管和管线管螺纹的加工、测量和检验规范》等标准规定了套管螺纹和接箍螺纹的加工、测量及螺纹检验的要求。

　　目前，储气井井管和接箍用材主要为 N80-Q、P110、TP80CQJ，规格主要为 7in. 和 $9\frac{5}{8}$ in. 两种，个别加气站储气井采用 C95 或 T95 钢级。TP80CQJ 是按天津钢管集团股份有限公司的企业标准制造的材料，在储气井中的应用也非常广泛。

　　下面结合 API SPEC 5CT、石油行业有关标准及相关文献资料，着重对储气井所用钢级钢级的油（套）管材料作一介绍，供技术人员审查材质证明内容时作参考。

2.2.2.1　油（套）管类型

　　API 规范将油（套）管进行不同组别、不同钢级、不同类型的划分，划分方法如表 2-3 所示。表中第一组为一般强度油（套）管，第二组为限定屈服强度油（套）管，具有一定的抗硫腐蚀性能，钢级代号字母后面的数字乘以 1000psi（6894.757kPa）即为油（套）管以 psi 为单位的最小屈服强度，如 N80 钢级的最

---

❶　1in. = 2.54cm。

小屈服强度为 $6894.757 \times 80 = 552$ MPa。

表 2-3 油（套）管的类型划分

组别	第 1 组					第 2 组							
钢级	H40	J55	K55	N80	N80	M65	L80	L80	L80	C90	C90	C95	T95	T95
类型	—	—	—	1	Q	—	1	9Cr	13Cr	1	2	—	1	2

组别	第 3 组	第 4 组			
钢级	P110	Q125	Q125	Q125	Q125
类型	—	1	2	3	4

储气井常用的 N80 和 P110 钢级分别位于上述的第 1 组和第 3 组，其中 N80 又分为 N80-1 和 N80-Q 两种，主要区别是热处理工艺不同，N80-1 要求全长正火或正火＋回火，N80-Q 要求全长淬火＋回火。

油（套）管的螺纹连接形式有短圆螺纹套管（STC）、长圆螺纹套管（LC）、偏梯形螺纹套管（BC）、直连型套管（XC）、不加厚油管（NU）、外加厚油管（EU）、整体接头油管（IJ）。

目前储气井主要采用长圆螺纹（LC），短圆螺纹一般不建议采用。目前也有一些密封性能更好、连接强度更高的特殊螺纹连接形式，但由于成本较高，还没有在储气井上的应用范例。

2.2.2.2 油（套）管制造方法

油（套）管有两种工艺制造：一种是压力加工；另一种是电阻焊。压力加工是一种无缝工艺（S），工艺过程如图 2-2 所示，在这个工艺过程中，高质量钢棒通过心轴穿孔，形成穿孔管，然后穿孔管反复被轧制，直到达到要求的尺寸。电

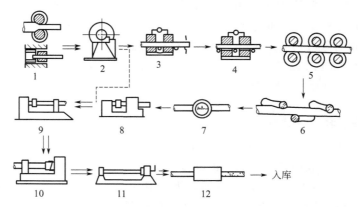

图 2-2 压力加工工艺过程

1—轧管（挤压管）；2—切管；3—钢管加热、淬火；4—钢管回火；5—钢管定径；6—钢管矫直；
7—无损探伤；8—切管；9—钢管车丝；10—拧上管接头；11—水压试验；12—涂防锈剂

阻焊工艺（EW）过程如图 2-3 所示，钢锭首先被热轧成卷板，然后冷却，接着展开卷板，拉直并加侧压，电阻焊接开口，连续焊缝并切成特定长度。

不同钢级的管子应按表 2-4（只列出储气井目前用到的钢级）的要求选用制造工艺和热处理方法，接箍、接箍毛坯及油（套）管附件的材料应采用无缝工艺制造，未经适当热处理的冷拔管材产品是不能接受的。各种钢级和组别的管子应进行晶粒细化处理。

N80 钢级分为 N80-1 和 N80-Q 两种，

图 2-3　电阻焊工艺过程

N80-1 的热处理要求是正火或正火＋回火，N80-Q 的热处理要求是淬火＋回火，两种热处理方式对钢材组织状态和性能影响的差别是明显的，储气井属于高压容器，其用材应具有良好的塑性和韧性，当采用高强钢，一般应采用淬火＋回火的热处理状态。

表 2-4　油（套）管管子制造工艺和热处理方法

组别	钢级	类型	制造方法[①]	热处理	最低回火温度℃
1	N80	1	S 或 EW	[②]	—
	N80	Q	S 或 EW	Q&T	—
2	C95	—	S 或 EW	Q&T	538
	T95	1	S	Q&T	649
	T95	2	S	Q&T	649
3	P110	—	S 或 EW[③,④]	Q&T	

①S——无缝工艺；EW——电焊工艺。
②由制造厂选择进行全长正火或正火＋回火。
③对 P110 钢级电焊套管化学成分的特殊要求见 API SPEC 5CT 表 C.5 规定。
④仅对 P110 和 Q125 钢级电焊管才有的特殊要求见 API SPEC 5CT 附录 A.5（SR11）规定。

管子的加厚、矫直工艺等方面的要求应符合 API SPEC 5CT 的规定。

接箍应采用无缝工艺制造，除表 2-5 所示的情况外，其余情况下，接箍的钢级、类型和热处理方法均应与管子相同。

表 2-5　接箍的钢级、类型和热处理要求

管子钢级及类型	接箍钢级、类型和热处理要求
N80-1	①经正火的 N80-1 管子应匹配 N80-1 或 N80-Q 接箍 ②经正火加回火的 N80-1 管子应匹配正火加回火的 N80-1 或 N80-Q 接箍 ③若订单上有规定，则 N80-1 外加厚油管应匹配 P110 特殊间隙接箍 ④若订单上有规定，则 N80-1 偏梯形螺纹套管应匹配 P110 接箍

续表

管子钢级及类型	接箍钢级、类型和热处理要求
N80-Q	①若订单上有规定,则 N80-Q 外加厚油管应匹配 P110 钢级特殊间隙接箍 ②若订单上有规定,则 N80-Q 偏梯形螺纹套管应匹配 P110 接箍
P110	若订单上有规定,则 P110 钢级偏梯形螺纹套管应匹配 Q125 接箍

2.2.2.3 油（套）管材料性能要求

（1）化学成分

API SPEC 5CT 标准中对各钢级的化学成分的要求见表 2-6。

表 2-6　各钢级的化学成分要求（质量分数,％）

组别	钢级	类型	碳		锰		钼		铬		镍	铜	磷	硫	硅
			min	max	min	max	min	max	min	max	max	max	max	max	max
1	N80	1	—	—	—	—	—	—	—	—	—	—	0.030	0.030	—
	N80	Q	—	—	—	—	—	—	—	—	—	—	0.030	0.030	—
2	C95	—	—	0.45①	—	1.90	—	—	—	—	—	—	0.030	0.010	0.45
	T95	1	—	0.35	—	1.20	0.25②	0.85	0.40	1.50	0.99	—	0.020	0.010	—
	T95	2	—	0.50	—	1.90	—	—	—	—	0.99	—	0.030	0.010	—
3	P110	③	—	—	—	—	—	—	—	—	—	—	0.030③	0.030③	—

①若产品采用油淬,则 C95 钢级的碳含量上限可增加到 0.55％。

②若壁厚小于 17.78mm,则 T95 钢级 1 类的钼含量下限可减少到 0.15％。

③对于 P110 钢级的电焊管,磷的含量最大值是 0.020％;硫的含量最大值是 0.010％。

从表 2-6 中看出,API SPEC 5CT 与我国的压力容器规范对材料化学成分的控制要求不同,对于储气井常用材料 N80-Q 和 P110,API SPEC 5CT 中规定的硫、磷含量不满足《固容规》的要求。

（2）力学性能

① 拉伸性能　API SPEC 5CT 标准对各钢级材料拉伸性能要求的规定如表 2-7 所示。表中的屈服强度是载荷作用下试样标距段产生表中规定伸长率时所需的拉伸应力。对于第 1 组和第 2 组材料,屈服强度是总伸长率为 0.5％时的拉伸应力,第 3 组和第 4 组材料,屈服强度是总伸长率为 0.65％时的拉伸应力。我国压力容器规范中采用的是 R_{eL} 或材料拉伸曲线中 0.2％塑性应变对应的应力作为屈服强度,两者有所不同。此外,API SPEC 5CT 中没有关于屈强比的要求。

表 2-7　各钢级拉伸性能及硬度要求

组别	钢级	类型	加载下的总伸长率/％	屈服强度/MPa		抗拉强度(min)/MPa	硬度①(max)		规定壁厚/mm	允许硬度变化②(HRC)
				min	max		HRC	HBW		
1	N80	1	0.5	552	758	689	—	—	—	—
	N80	Q	0.5	552	758	689	—	—	—	—

续表

组别	钢级	类型	加载下的总伸长率/%	屈服强度/MPa min	屈服强度/MPa max	抗拉强度(min)/MPa	硬度[1](max) HRC	硬度[1](max) HBW	规定壁厚/mm	允许硬度变化[2](HRC)
2	C95	—	0.5	655	758	724	—	—	—	—
	T95	1、2	0.5	655	758	724	25.4	255	≤25.40	3.0
	T95	1、2	0.5	655	758	724	25.4	255	12.71~19.04	4.0
	T95	1、2	0.5	655	758	724	25.4	255	19.05~25.39	5.0
	T95	1、2	0.5	655	758	724	25.4	255	≥25.40	6.0
3	P110	—	0.6	758	965	862	—	—	—	—

①若有争议时，应采用试验室的洛氏硬度作为仲裁方法。

②未规定硬度极限，但按 API SPES 5CT 7.8 和 API SPES 5CT 7.9 规定限制最大变化量可作为生产控制依据。

② 伸长率　API SPEC 5CT 标准中采用式(2-3)计算确定不同钢级和规格材料的最小伸长率要求。

$$e = k \frac{A^{0.2}}{U^{0.9}} \tag{2-3}$$

式中　e——标距为 50.8mm 时的最小伸长率，以百分数表示，小于 10% 时圆整到最接近的 0.5%，大于等于 10% 时圆整到最接近的单位百分数；

k——常数：取 1944；

A——拉伸试样的横截面积，单位为 mm²，根据规定外径或试样的名义宽度和规定壁厚计算，圆整到最接近的 10mm²，A 值取计算值或 490mm² 的较小者；

U——规定的最低抗拉强度，单位为 MPa，对于两种圆棒拉伸试样（标距内直径为 8.9mm、标距长度为 35.6mm 和标距内直径为 12.7mm、标距长度为 50.8mm），其最小伸长率均应由面积为 130mm² 确定。

伸长率是表征材料塑性的参数，在压力容器材料标准中，一般都是针对一个具体的牌号提出一个伸长率要求，确定伸长率指标时一般都考虑了钢级因素，而不考虑规格因素，相比较而言，压力容器的规定更为刚性，另外，压力容器标准规范和 API SPEC 5CT 对材料的伸长率要求值也有所不同。

③ 冲击性能　API SPEC 5CT 标准对油（套）管管子、接箍毛坯、接箍半成品、接箍及附件的冲击性能分别作了规定，标准中采用夏比 V 形缺口冲击试验方法，管体和接箍的冲击吸收能要求分别如表 2-8 和表 2-9 所示。

储气井所用的这几个钢级材料冲击试验温度均为 0℃。对于任何钢级，替换性较低的试验温度可在订单上规定或由制造厂选择，试验温度允许偏差应为 ±3℃。

冲击试验试样尺寸、试验结果的评价方法等在 API SPEC 5CT 中均有相关规定。

比对 API SPEC 5CT 和压力容器标准规范可知，两规范体系对材料冲击功的要求上存在较大的差异，主要表现在以下几个方面：

a. 冲击功指标要求不同　API SPEC 5CT 对多数钢级规定的冲击功指标均不满足《固容规》的要求；

b. 冲击试验执行标准不同　油（套）管冲击试验执行标准为 ASTM A370 或 ISO 6892（对应的有效版本），我国压力容器材料标准冲击试验执行 GB/T 229（对应的有效版本），两标准对冲击试验试样尺寸、冲击试验机性能指标、试验过程参数等的规定上都存在差异；

c. 计算方法不同　压力容器材料标准一般都是针对一个牌号的材料提出一个冲击功指标，考虑强度指标（抗拉强度下限值）的不同，但一般不考虑规格的不同，而 API SPEC 5CT 是根据屈服强度和管子壁厚计算冲击功指标。

表 2-8　各钢级油（套）管管子冲击试验最小吸收能要求

钢级	冲击试验最小吸收能要求 C_v/J	
	横向	纵向
N80-1	不要求进行冲击试验；需方附加要求时，执行 API SPEC 5CT 附件 A.9	
N80-Q、C95、T95	$C_v=YS_{min}(0.00118t+0.01259)$ 与 14J 相比取大者	$C_v=YS_{min}(0.00236t+0.02518)$ 与 27J 相比取大者
P110	$C_v=YS_{min}(0.00118t+0.01259)$ 与 20J 相比中的大者	$C_v=YS_{min}(0.00236t+0.02518)$，与 41J 相比取大者

注：YS_{min}——规定最低屈服强度；t——规定壁厚。

表 2-9　各钢级油（套）管接箍冲击试验最小吸收能要求

钢级	冲击试验最小吸收能要求 C_v/J	
	横向	纵向
N80-1、N80-Q 和 C95、T95、P110 钢级	$C_v=YS_{max}(0.00118t+0.01259)$ 与 20J 中的大者	$C_v=YS_{max}(0.00236t+0.02518)$ 与 41J 中的大者

注：YS_{max}——规定最高屈服强度；t——按规定接箍尺寸的临界壁厚。

④ 硬度　API SPEC 5CT 对各钢级油（套）管管子、接箍、附件和短节材料硬度的要求作出了规定，但对储气井常用钢级材料 N80-1、N80-Q、P110 均未做规定。

（3）工艺控制

对于 C90、T95 和 Q125 钢级，所有单独热处理的接箍半成品、短节或附件都应进行表面硬度试验，以验证工艺控制的有效性。对于 C90 和 T95 钢级，该硬度试验结果应用来选取全壁厚硬度试验用试件。除非订单上另有规定，制造厂或加工厂不需要提供工艺控制硬度试验结果。

（4）淬透性

① C90 和 T95 钢级。对每一规格、质量、化学成分以及奥氏体化及淬火组合，全壁厚硬度试验应在每一生产流程的淬火后、回火前的产品上取样进行试验，以测定淬透性响应。这些试验应在产品的管体上进行，若是加厚产品或附件，试验应在加厚部位或设计最大壁厚部位进行。平均硬度值应等于或大于由公式确定的、相对应于最小 90％马氏体的硬度值，如式（2-4）所示。

$$HRC_{min} = 58 \times (C) + 27 \qquad (2\text{-}4)$$

式中　（C）——碳的百分含量，％。式（2-4）在碳含量在 0.15％～0.50％范围内有效。

② 除 C90 和 T95 钢级外的所有钢级。对每种规格、质量、化学成分以及奥氏体化及淬火的组合，作为文件化程序的一部分即淬火后、回火前的产品都应进行全壁厚硬度试验，以证实充分淬透。这些试验应在产品的管体上进行，若是加厚产品或附件，试验应在加厚部位或设计最大壁厚部位进行。平均硬度值应等于或大于由公式（2-5）确定的、相对应于最小 50％马氏体的硬度值，如式（2-5）所示。

$$HRC_{min} = 52 \times (C) + 21 \qquad (2\text{-}5)$$

（5）晶粒度

对于 C90 和 T95 钢级，原始奥氏体晶粒度应为 ASTM 5 级或更细（按 ISO 643 或 ASTM E112 确定）。

（6）表面状态

对于 L80 钢级 9Cr 类和 13Cr 类，管子的内表面在最终热处理后应无氧化皮。

（7）压扁

由电焊工艺生产的所有产品应符合 API SPEC 5CT 表 C.23 或 E.23 所列压扁要求。

2.2.2.4　油（套）管尺寸、质量、偏差、管端和缺陷

（1）直径

油（套）管管子的外径允许偏差应符合表 2-10 的规定。

表 2-10　油（套）管管子的外径允许偏差

规格	管子外径（D）偏差
＜4½	±0.79mm
≥4½	−0.5％D～＋1％D

（2）壁厚

油（套）管管子壁厚的允许偏差为−12.5％，油（套）管任何部位的壁厚不

应小于规格壁厚 t 减去 $12.5\%t$。

（3）直度

油（套）管子偏离直线或弦高不应超过下列规定之一。

① 对于 $4\frac{1}{2}$ 及更大规格（代号 1）的管子，从管子一端测量至另一端总长度的 0.2%，如图 2-4(a) 所示；

② 在每端 $1.5m$（$5.0ft.$）长度范围内的偏离距离不应超过 $3.18mm$（$1/8in.$），如图 2-4(b) 所示。

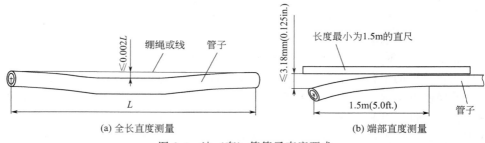

(a) 全长直度测量   (b) 端部直度测量

图 2-4　油（套）管管子直度要求

（4）通径要求

每根成品或半成品套管和油管都应进行全长通径试验。由非管子制造厂进行螺纹加工的套管和油管，应在距套管装接箍端 $0.6m$（$24in.$）范围内及距油管装接箍端 $1.1m$（$42in.$）范围内进行通径检验。通径棒尺寸（长度和直径）应符合表 2-11 的要求。

表 2-11　标准通径棒尺寸要求

产品和代号 1	标准通径棒最小尺寸/mm	
	长度	直径
套管[①] 和衬管		
$<9\frac{5}{8}$	152	$d-3.18$
$\geqslant 9\frac{5}{8}\sim\leqslant 13\frac{3}{8}$	305	$d-3.97$
$>13\frac{3}{8}$	305	$d-4.76$
油管[②]		
$\leqslant 2\frac{7}{8}$	1067	$d-2.38$
$>2\frac{7}{8}$	1067	$d-3.18$

[①] 直连型套管用通径棒的最小直径应按 API SPEC 5CT 表 C.26 中第 12 和 13 栏规定。

[②] 整体接头油管在加厚前应使用所规定的通径棒进行试验，加厚后，应用长度为 1067mm、直径为 $d_m-0.38mm$（d_m 见 API SPEC 5CT 表 C.28 第 6 栏）的圆柱形通径棒对外螺纹端进行通径试验。

（5）质量

油（套）管的质量偏差应符合表 2-12 的规定。

表 2-12　油（套）管质量偏差

数量	质量偏差
单根	+6.5%～−3.5%
18144kg 或 18144kg 以上的车载量	−1.75%
少于 18144kg 的车载量	−3.5%
18144kg 或 18144kg 以上的订货量	−1.75%
少于 18144kg 的订货量	−3.5%

（6）端部

半成品管子是指未加工螺纹供货的管子，它可以是加厚的也可以是不加厚的。管子螺纹、螺纹测量和检验方法应符合 API SPEC 5B 的要求。管端不允许用锤圆来满足螺纹加工要求。

（7）缺陷

所有管子和附件不应有如下所列的缺陷：

① 任何淬火裂纹；

② 可证实使净有效壁厚减小到规定壁厚 87.5% 以下的任何表面开裂缺陷；

③ 无损检验探测出的面积大于 $260mm^2$ 的任何非表面开裂缺陷；

④ 可证实使净有效壁厚减小到规定壁厚 87.5% 以下的焊缝两侧 1.6mm 以内的任何焊缝非表面开裂缺陷；

⑤ 内、外表面上任何方向、深度大于表 2-13 所示数值的任何线性缺陷；

表 2-13　管子缺陷要求

钢级	深度与规定壁厚比	
	外表面	内表面
符合 API SPEC 5CT 附录 A.10（SR16）的 H40、J55、K55、M65、N80、N80Q、L80、C95、P110	12.5%	12.5%
C90—T95—P110—Q125	5%	5%
符合 A.10(SR16)和 A.3(SR2)的 P110	5%	5%

⑥ 加厚管表面深度大于 API SPEC 5CT 附表 C.34 或附表 E.34 所示数值、任何方位的任何表面开裂缺陷；

⑦ 所有加厚产品的内加厚轮廓上可引起 90°钩挂工具脱挂的尖角或截面突变。

接箍除了不应有上述缺陷外，所有接箍毛坯应没有深度大于制造壁厚 5% 以上或可造成其外径或壁厚减少到规定偏差壁厚以下的任何表面开裂缺陷，或应明确地标示出这类缺陷。

2.2.2.5 油（套）管的检验和试验

（1）化学成分分析

① 接箍、短节和附件　对于接箍、短节和附件，所要求的化学分析结果应由钢厂或加工厂提供，应从管子或棒坯材料上取样。

② 熔炼分析　对于第1、2和3组，购方要求时，制造厂应提供用于制造订单上所供管子、接箍毛坯和接箍的每炉钢的熔炼分析报告。按购方要求，还应提供制造厂用以控制力学性能的其它元素的定量分析结果。对于 Q125 钢级，制造厂应提供用于制造订单上所供管子、接箍毛坯和接箍的每炉钢的熔炼分析报告。该报告应包括制造厂用以控制力学性能的其它元素的定量分析结果。

③ 产品分析　产品分析应在每炉钢的两根成品管上进行。产品分析应由制造厂在终加工产品上进行。对于电焊产品，其化学分析可在制管的钢板坯料上进行。产品分析应包括表 2-6 中所列的所有元素的定量分析结果，以及制造厂用来控制力学性能的其它元素的定量分析结果。

第 1、2 和 3 组的产品分析结果按购方要求可以提供，第 4 组的产品分析结果应提供给购方。

④ 分析方法　化学成分应采用通常用来测定化学成分的任何一种方法（如发射光谱、X 射线发射、原子吸收、燃烧技术或湿法分析方法）进行。选用的校准方法应溯源到所建立的标准。在结果出现不一致的情况下，化学分析应按照 ISO/TR 9769 或 ASTM A751 进行。

⑤ 产品分析的复验——所有组　若代表一炉产品的两根管的化学成分分析结果都不符合规定要求，则由制造厂选择，或该炉产品报废，或将该炉剩余管子逐根检验，以确定是否符合规定要求。若两个试样中仅有一个试样不符合规定要求，则由制造厂选择，或该炉产品报废，或从该炉产品中再取两根管子进行复验。若复验用两个试样符合规定要求，则除最初分析不合格的那根管子外，该炉产品合格。若一个或两个复验用试样不符合规定要求，则由制造厂选择，或该炉产品报废，或将剩余的每根管子逐根检验。在逐根检验任一炉的剩余管子时，只检验不合格的元素或需要检验的元素。产品分析复验用试样的取法应与规定的产品分析取样方法相同。若订单上有规定，所有产品分析复验结果应提供给购方。

（2）拉伸试验

① 试样　对于表 2-3 中的第 1、第 2 和第 3 组钢级管子生产用钢，API SPET 5CT 要求每一炉钢应至少进行一次拉伸试验。

套管和油管的试验频率和取样位置应符合 API SPEC 5CT 附表 C.40 的要求，试验用管应随机抽取，当要求进行多次试验时，抽样方法应保证所取的样品能代表该热处理循环（若适用）的始、末及管子的两端。当要求进行多次试验时，除加厚管试样可从一根管子的两端截取外，试样应从不同的管子上截取。

　　产品管体拉伸试样可由制造厂选择，或是全截面试样，或是条形试样，或是圆棒试样，如图 2-5 所示。从无缝管和接箍坯料截取的条形试样应取自管子圆周上任一位置，由制造厂选择。圆棒试样应取自管壁中间。若能使用适当曲面的试验夹具，或将试样两端部经过机加工或冷压平，从而减少夹紧面的曲率，则所有条形试样标距长度内的宽度应约为 38mm（1.500in.）。否则，对于规格（代号 1）小于 4 的管子，试样宽度应约为 19mm；对于规格 4～7⅝ 的管子，其宽度约为 25mm；对于规格大于 7⅝ 的管子，其宽度约为 38mm。

　　除圆棒拉伸试样外，所有的产品管体拉伸试样应代表所截取管子的整个壁厚，且试验时应不将试样压平。若使用圆棒试样，则当产品规格允许时，应采用直径为 12.7mm 的圆棒试样，其它规格的产品应采用直径为 8.9mm 的圆棒试样。当管子规格太小而取不出 8.9mm 的试样时，不允许使用圆棒拉伸试样。记录或报告伸长率时，当采用条形试样时该记录或报告应给出试样的名义宽度，当采用圆棒试样时该记录或报告应给出其直径和标距长度，当采用全截面试样时，应在记录或报告中说明。

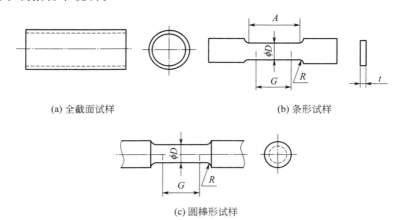

(a) 全截面试样　　　　　　　　　　　(b) 条形试样

(c) 圆棒形试样

尺寸	条形试样/mm(in.)	圆棒形试样/mm(in.)	
		D=12.7(0.500)	D=8.9(0.350)
标距长度，G	50.8±0.13 (2.000±0.005)	50.8±0.13 (2.000±0.005)	35.6±0.13 (1.400±0.005)
直径或宽度，D	38.1 (1.500) 近似	12.7±0.25 (0.500±0.010)	8.9±0.18 (0.350±0.007)
最小过渡圆角半径，R	25.4 (1.000)	9.5 (0.375)	6.4 (0.250)
最小缩减截面长度，A	57.2 (2.250)	57.2 (2.250)	44.5 (1.750)

图 2-5　拉伸试验试样

② 试验方法 油（套）产品的拉伸性能应在纵向试样上测定，试样应符合图 2-5 和 ISO 6892 或 ASTM A370 的要求。拉伸试验应在室温下进行。拉伸试验过程中的应变速率应符合 ISO 6892 或 ASTM A370 的要求。拉伸试验机应按标准要求校准。

如果任何拉伸试样显示出机加工有缺陷或扩展裂纹缺陷，该试样可报废，并用另一试样代替。

③ 复验 所有产品（除 C90、T95 和 Q125 钢级接箍、接箍毛坯、短节或附件材料外）若代表一批次产品的一次拉伸试验不符合规定要求，则制造厂可以从同一批管中另取 3 根管进行复验。

若所有试样复验均符合要求，则除最初取样的那根不合格管子外，该批管子合格。若最初取样的一个以上试样或复验用一个或多个试样不符合规定要求，则制造厂可以将该批剩余管子逐根检验。

C90、T95 和 Q125 钢级接箍、接箍毛坯、短节或附件材料对以整管热处理的材料，若一个拉伸试样不符合规定要求，则制造厂应从该有问题的管子两端取样试验，或者将该根管报废。不允许追加试验来确定某一件接箍、短节或附件材料是否合格。两个试样试验结果应符合规定要求，否则该根管报废。被判废的那根管可重新热处理，并作为新的一批试验。对以接箍半成品或单件产品热处理的材料，若一个拉伸试样不符合规定要求，则制造厂应将有问题的该批重新热处理，或是从有问题的该批中另取 3 个试样试验。如果这 3 个试样中有一个或多个试样不符合要求，则该批应报废。制造厂可选择将该批重新热处理，并作为新的一批试验。

（3）硬度试验

各钢级的油（套）管管子、接箍、短节及附件应按 API SPEC 5CT 要求的频次进行硬度试验。

（4）冲击试验

各钢级的油（套）管管子、接箍、附件等应按 API SPEC 5CT 的要求抽样进行冲击试验。

① 试样 纵向和横向冲击试验试样的取向如图 2-6 所示，试样尺寸应符合图 2-7 的要求。冲击试验试样不应用压扁的管子加工。若能满足图 2-7 的要求，经最终机加工的横向试样表面可保留原始管子产品的外径曲面，但应满足 API SPEC 5CT 要求的条件。

无论试验前或试验后，发现试样制备有缺陷或有与试验目的无关的材料缺陷，则该试样可报废，并用从同一件产品上制备的另一试样来代替。

② 试验方法 夏比 V 形缺口冲击试验应按 ASTM A370 和 ASTM E23 规定进行。为确定测得的值是否符合这些要求，观察结果应圆整到最接近的整数。一组试样的冲击功值（即 3 个试样的平均值）应以整数表示，必要时圆整为整数。

圆整应按 ISO 31-0 或 ASTM E29 中的圆整方法进行。

③ 复验 若一个以上试样的结果低于规定最小吸收能要求，或一个试样的结果低于规定最小吸收能要求的 2/3，则应从同一件上另取 3 个试样复验。复验的每一个试样的冲击能都应等于或大于规定最小吸收能要求，否则该件应拒收。

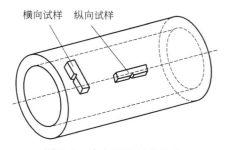

图 2-6　冲击试验试样取向

所有冲击试样应尽可能为 10mm×10mm
缺口取向应垂直于管子轴向（垂直于管子表面）

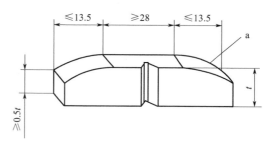

图 2-7　夏比冲击试验试样尺寸

（5）晶粒度测定

晶粒度测定应在每个淬火淬透性试验试样上进行。晶粒度应采用冶金学评定方法测定，如 McQuaid-Ehn 试验或 ISO 643 或 ASTM E112 规定的其它方法。

（6）金相评定

对于 P110 和 Q125 钢级，对每种规格管在焊接过程开始时应进行金相评定，在焊接过程中至少每 4h 及焊接过程任一次实际的间断时都应进行金相评定，应在热处理之前取样。制造厂应有目标准则来评价电焊管焊区是否合格。

（7）静水压试验

① 静水压试验程序 API 规范要求每根油（套）管管子都应在加厚和最终热处理（若适用）后进行整管静水压试验，且至少达到规定的静水压试验压力而不渗漏。全压试验状态保持时间应不得少于 5s。

除非预先已至少按最终管端状态所要求的压力进行了整管试验，否则进行螺纹加工的工厂应对管子进行整管静水压试验（或者为这一试验作出安排）。

② 静水压试验要求 带螺纹管子的静水压试验压力应按式（2-6）计算，或是购方与螺纹加工厂商定的较高试验压力。

$$p = (2fYS_{min}t)/D \qquad (2\text{-}6)$$

式中　p——静水压试验压力，MPa；

　　　f——系数，规格（代号 1）大于 $9\frac{5}{8}$ 的 H40、J55 和 K55 钢级为 0.6，其他钢级和规格为 0.8；

　　YS_{min}——管体规定最低屈服强度，MPa；

　　　D——规定外径，mm；

t——规定壁厚，mm。

计算得到的数值应圆整到最接近的 0.5MPa，其最大值限于 69.0MPa。Q125 与制造厂协商进行试验。

（8）尺寸检验

① 直径测量　对于油（套）管管子和接箍毛坯，制造厂应以每 100 根中至少抽取一根管体或接箍毛坯的频率，在唯一的径向平面内检验管子或接箍毛坯直径是否符合表 2-10 和表 2-11 的要求。

对所订购的平端管或接箍毛坯，制造厂应以每 100 根管中至少抽取一根的频率，测量管子两端的直径。

若任一根管子采用卡尺、千分尺或卡规进行测量时，不符合规定的直径要求，则制造厂可选择从该批管中另外再取 3 根管进行测量。若用卷尺测量的任一根管或接箍毛坯不符合规定的直径要求，除非制造厂能提供影响那根管或接箍毛坯的特定问题的证据，否则应将该批剩余的管子或接箍毛坯逐件测量其是否符合要求。

若重新测量的所有管子符合规定的直径要求，则除最初测量的那根管子外，该批管合格。若重新测量的任一根管子不符合规定要求，则制造厂可将该批剩余的管子逐根测量。不能通过规定要求的单根管，可返切后重新检测其是否符合要求。

② 壁厚测量　每根管或接箍毛坯都应测量壁厚以验证其符合要求。壁厚测量应采用机械式测径仪、通止规或经过严格校准的具有一定精度的无损检测仪器进行。

③ 通径试验　通径试验应采用符合表 2-12 的通径棒进行。无论采用人工或机械通径方法，通径棒都应能自由通过管子。在有争议时，应采用人工通径方法。在管内去除所有异物、并适当支承（以防止管子下垂弯曲）的情况下进行通径试验之前，管子通径不过，不应拒收。

④ 长度　当管子带螺纹和接箍供货时，管子的长度应测量到接箍的外侧端面。如果不带接箍测量，应予适当修正，使其包括接箍的长度。对于直连型套管和整体连接油管，其长度应测量至内螺纹端的外侧端面；对于短节和附件，其长度应从两端部测量。

⑤ 直度　所有管子和接箍毛坯均应进行目视直度检查。对有问题的弯曲管子或端部弯曲应进行直度测量，测量方法应符合 API SPEC 5CT 的要求。

（9）无损检验（NDE）

各钢级无缝管、接箍毛坯和电焊管管体应按表 2-14 的要求进行无损检验，无损检验人员、标样、检验设备、检验合格等级等均应符合相关标准的要求。

表 2-14　无缝管、接箍毛坯和电焊管管体无损检验方法概要

钢级	外观检验	壁厚测定	超声检验	漏磁检验	涡流检验	磁粉检验①
N80 1 类	R	N	N	N	N	N
N80Q、C95	R	R	A	A	A	A
P110	R	R	A	A	A	NA
T95	R	R	C	B	B	B
接箍坯料 N80 1 类	R	NA	N	N	N	N
接箍坯料 N80Q、C95、P110、T95	R	R	A	A	A	A

① 允许用磁粉方法进行端部区域检验。允许用磁粉方法结合其它管体检验方法进行管体外表面检验。允许用磁粉方法进行接箍毛坯外表面检验,全长磁粉方法检验的接箍毛坯不再要求检验全长壁厚,但要求对两端进行机械式壁厚测量。

注:N——不要求;

　　R——要求检验;

　　A——应使用一种方法或几种方法结合;

　　B——除用超声方法检验外表面外,还应至少再补充使用一种方法;

　　C——应使用超声方法检验内、外表面;

　　NA——不适用。

2.2.2.6　油（套）管标记

油（套）管制造厂及螺纹加工厂应对产品作出标记。一般采用模印标记,或同时采用模印和锤压印标记。标记不应重叠,且不应损伤管子。API SPEC 5CT 标准对标记的项目、顺序、形式作出了规定。

（1）锤压印标记

允许的锤压印标记方法如表 2-15 所示,不同钢级的油（套）管可根据订单的要求选用表 2-15 的一种或几种锤压印的标记,部分钢级标记后,应进行热处理。图 2-8(b) 为锤压印标记示例。

表 2-15　锤压印标记方法

序号	方法	序号	方法
1	热滚压印或热锤压印标记	4	使用圆面模具的冷模压印
2	使用标准模具的冷模压印	5	振动法
3	使用断续的点面模具的冷模压印		

（2）漆模印标记

漆模印标记应印在每根管子的外表面上,且在距接箍端或内螺纹端、或平端管任一端、或"外螺纹-外螺纹"管的任一端不小于 0.6m 处开始。对长度小于 1.8m 的附件和短节,所要求的漆模印标记可以移画法贴印到距管端 0.3m 范围内的外表面上。这些标记应用短横线隔开,或留有适当的间距。螺纹标记应在制造厂认为方便的位置处。图 2-8(a) 为漆模印示例。

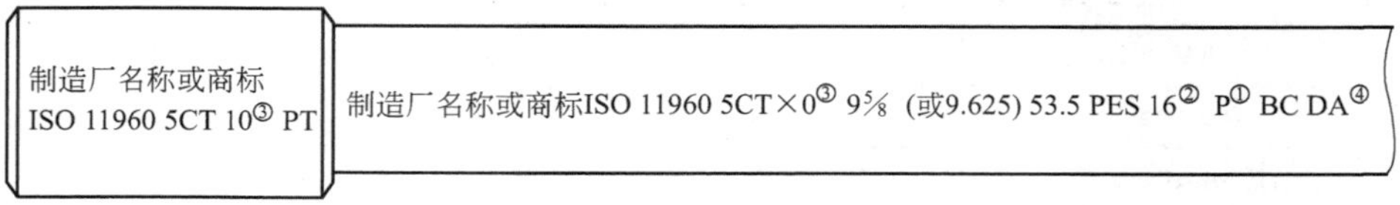

(a) 漆模印标记［起始处距接箍不小于0.6m(2ft.)］

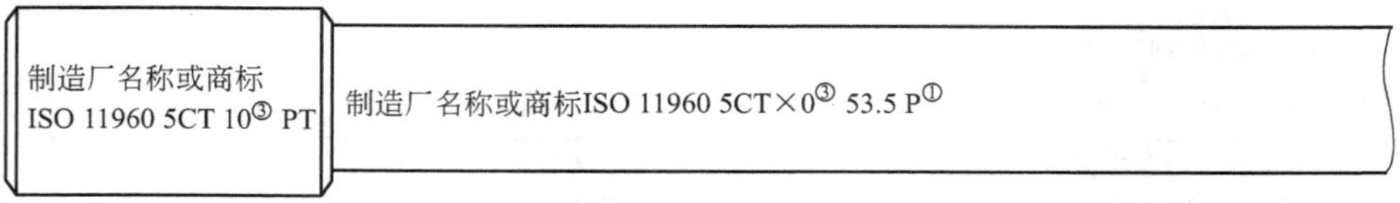

(b) 锤压印标记——可选择［距接箍大约0.6m(2ft.)］

图 2-8　标记示例［规格 9⅝（53.5）、P110 钢级、电焊管］

① 按国际单位制制造的管子用兆帕（MPa）表示压力；按美国惯用单位制造的管子用磅每平方英寸（psi）表示压力。

② 按国际单位制制造的管子用焦耳（J）表示 CVN 要求，用摄氏度（℃）表示温度；按美国惯用单位制制造的管子用英尺磅（ft-lb）表示 CVN 要求，用华氏度（℉）表示温度。

③ 生产日期：本示例的产品是按 ISO 11960 现行版生产的，处于与原先版的交叠期间。注意"×"表示生产年份的最后一个数字，这是普适的示例，不会因本标准后续版本而变动。

④ 对于按国际单位制制造的管子，以毫米为单位表示替换性通径棒直径，对于按美国惯用单位制制造的管子，以英寸为单位表示替换性通径棒直径。接箍中心的标记可沿纵向或横向。

（3）色标

储气井常用各钢级的管子、接箍、短节等应按相关规定打印色标（表 2-16）。

表 2-16　色标要求

钢级	类型	管子、接箍毛坯和长度 1.8m 及以上的短节的色带数量及颜色	接箍颜色	
			整个接箍	色带
N80	1	一条红色带	红色	无
N80	Q	一条红色带、一条明亮绿色带	红色	绿色带
T95	1	一条银色带	银色	无
T95	2	一条银色带、一条黄色带	银色	一条黄色带
C95		一条橙色带	棕色	无
P110		一条白色带	白色	无

注：特殊间隙接箍应有一条黑色带。

（4）螺纹或端部加工标记

螺纹加工厂应对套管或油管的螺纹进行标识，API SPEC 5CT 中对螺纹的标识作出了详细的规定。

（5）涂层和保护层

除订单上另有规定外，管子和接箍应有外涂层，以防止运输过程中生锈。宜采取措施使涂层光滑、致密，并尽可能不脱落。涂层的等级应具保护管子至少 3 个月的能力。除订单上另有规定外，所供应的接箍毛坯可以无外涂层（裸露），在模印标记上可能使用的保护涂层除外。如果要求裸管或特殊涂层时，宜在订单上注明。对要求特殊涂层的，订单上宜进一步注明：管子全长涂层还是距管端一定距离内不涂层。除另有规定外，未涂层的管端通常涂上一层油，以防止运输中生锈。

经购方与制造厂协商，对长期贮存，尤其在海洋环境中贮存的管子可要求内、外保护涂层，以防止腐蚀。

① 在购方和制造厂商定的长期贮存海洋环境中，涂层的防腐蚀保护应是有效的；长期贮存海洋环境中，较小的表面褪色应是可接受的。

② 在管子下井之前，不必将保护涂层去掉。

③ 正确地涂覆涂层很重要，应对下列参数进行评价：

a. 管子的干燥度；

b. 管子的清洁度；

c. 涂覆温度；

d. 涂膜厚度。

2.2.3　储气井标准对井管和接箍的要求

SY/T 6535—2002 是目前储气井仅有行业或国家标准。SY/T 6535—2002 中规定 TP80CQ J 为储气井井筒唯一可选材料，TP80CQ J 是企业标准 Q/TGGB27—2008《高压储气井用无缝钢管》中的材料。作为行业标准，SY/T 6535—2002 将一种企标材料直接纳入其中并强制推广的做法值得商榷。由于 SY/T6535 的推荐，TP80CQ J 在储气井的设计制造中得到了较为广泛的应用，Q/TGGB27—2008 中还提出了 TP80CQ J/M 、TP80CQ J/S、TP95CQ J、TP95CQ J/S、TP110CQ J，其中TP80CQ J/M 和 TP110CQ J 在储气井中也有大量应用。

Q/TGGB27—2008 是在 API SPEC 5CT 基础上提出一些附加要求而制定的，虽然其仍存在较多与压力容器标准规范不协调之处，但其中很多思路值得借鉴，主要表现如下。

① 提出了屈强比的要求　N80-Q 及 P110 等材料的强度级别都较高，都属于高强钢，对它们的屈强比进行控制，有利于保证韧性和塑性指标，提高材料的综合性能，从而提高储气井的安全可靠性；

② 提高了冲击功要求　API SPEC 5CT 中 N80-Q 等材料的冲击功要求不满足《固容规》的要求，Q/TGGB27—2008 在 API SPEC 5CT 基础上提高了冲击功要求，虽然对有些钢级规定的冲击功指标仍然与压力容器安全技术规范不协调，但可保证材料韧性总体水平将与压力容器更为接近；

③ 提出了抗疲劳性能要求　储气井承受交变内压载荷，疲劳失效是潜在的失效模式，因此应考虑材料的抗疲劳性能；

④ 提高了化学成分控制要求　API SPEC 5CT 中对 N80-Q、P110 钢级的 S、P 含量要求均为≤0.030%，Q/TGGB 27—2008 对 S、P 含量的要求为 P≤0.020%，S≤0.015%，保证了与《固容规》的要求相协调；

⑤ 提高了对材料晶粒度的要求　API SPEC 5CT 只对 C90 和 T95 两种钢级提出了晶粒度要求：原始奥氏体晶粒度应为 ASTM 5 级或更细（按 ISO 643 或 ASTM E112 确定），而 Q/TGGB27—2008 对所有钢级均提出了晶粒度要求，并且要求为 7 级或更细。晶粒度越细，材料的综合性能将越好，特别是韧性和抗疲劳性能将得到较大改善。

以上原则在新储气井井管和接箍材料标准中可以借鉴。

2.3　井口和井底装置

2.3.1　锻件基本知识

锻件是通过锻造获得的物件。对金属材料施加冲击和压力，使之产生塑性变形，以改变其原有尺寸、形状和力学性能的金属工艺方法，称为锻压。锻压成型按生产方式可分为：锻造和冲压；而锻造又可分为自由锻、模锻和胎模锻。承压设备中常用的锻件形状有如图 2-9 所示的七种。

金属材料经过锻打或加压，会使内部组织结构和力学性能得到很大提高，成

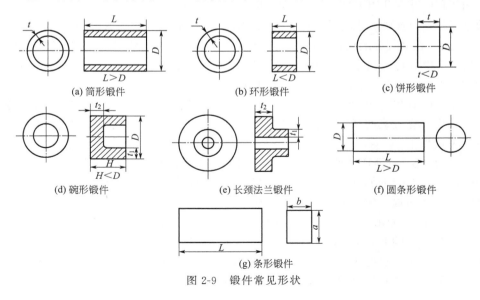

(a) 筒形锻件　　(b) 环形锻件　　(c) 饼形锻件

(d) 碗形锻件　　(e) 长颈法兰锻件　　(f) 圆条形锻件

(g) 条形锻件

图 2-9　锻件常见形状

分将变得更加均匀，组织更加致密，晶粒得到细化，强度和韧性都将得到提高，内部裂纹和疏松也得到消除。

2.3.2　锻件质量要求及管理

按材料分类，锻件有碳素钢和低合金钢锻件、不锈钢锻件等。标准方面，有 NB/T 47008—2017《承压设备用碳素钢和合金钢锻件》、NB/T 47009—2017《低温承压设备用低合金钢锻件》、NB/T 47010—2017《承压设备用不锈钢和耐热钢锻件》，《固定式压力容器安全技术监察规程》中也非常注重对锻件的质量管理，对锻件质量提出了明确的要求。目前，储气井井口装置和井底装置主要采用的是 35CrMo，属低合金钢锻件，下面主要结合 NB/T 47008—2017《承压设备用碳素钢和合金钢锻件》和《固容规》对锻件的质量要求及管理方法进行介绍。

（1）锻件冶炼方法

碳素钢和低合金钢锻件应采用电炉、氧化转炉或平炉冶炼的镇静钢，低温压力容器用低合金钢锻件应采用电炉或氧化转炉冶炼的镇静钢，不锈钢锻件应采用电炉冶炼的镇静钢。

（2）化学成分

表 2-17 所示为储气井常用的 35CrMo 钢锻件的化学成分要求。另外，《固容规》提高了对 P、S 含量的控制要求，因此储气井用锻件还应满足《固容规》的要求。

表 2-17　锻件化学成分

钢号	化学成分/%										
	C	Si	Mn	Mo	Cr	V	Nb	P	S	Ni	Cu
								≤			
35CrMo	0.32~0.38	0.17~0.37	0.40~0.70	0.15~0.25	0.80~1.10	—	—	0.030	0.020	0.30	0.25

注：对真空碳脱氧钢，允许 Si 含量小于或等于 0.12%。

（3）锻造

① 锻件使用的钢锭、钢坯或轧材应有熔炼单位提供的质量证明书；

② 锻件使用的钢锭头尾应有足够的切除量，以确保锻件无缩孔及严重偏析等缺陷；

③ 采用钢锭或钢坯锻造时，锻件主截面部分的锻造比应不得小于 3，采用轧材锻造时，锻件主截面的锻造比不得小于 1.6；

④ 锻件应在压机、锻锤或轧机上经加热加工成型，整个截面上的金属应锻透，并尽可能锻至接近成品零件的形状和尺寸。

（4）锻件级别

锻件的级别是基于检验项目进行的划分，常用压力容器用锻件分为Ⅰ、Ⅱ、Ⅲ、Ⅳ四个级别，低温压力容器低合金钢锻件分为Ⅱ、Ⅲ、Ⅳ三个级别。各级锻件的检验要求如表2-18所示。

表 2-18 各级锻件检验要求

锻件级别	检验项目	检验数量
Ⅰ	硬度（HB）	逐件检查
Ⅱ	拉伸和冲击（σ_b、σ、δ_5、A_{KV}）	同冶炼炉号、同炉热处理的锻件组成一批，每批抽检一件
Ⅲ	拉伸和冲击（σ_b、σ、δ_5、A_{KV}）	
	超声检测	逐件检查
Ⅳ	拉伸和冲击（σ_b、σ、δ_5、A_{KV}）	逐件检查
	超声检测	逐件检查

（5）热处理

压力容器用碳素钢和低合金钢锻件的热处理方式有 N-正火、Q-淬火、T-回火几种，储气井常用锻件材料 35CrMo 的热处理及力学性能要求如表2-19所示。不锈钢锻件大多需要进行固溶处理。

表 2-19 压力容器用碳素钢和低合金钢锻件热处理及力学性能要求

钢号	公称厚度/mm	热处理状态	回火温度/℃ ≥	拉伸试验			冲击试验		硬度试验
				σ/MPa	σ/MPa ≥	δ_5/% ≥	试验温度/℃	A_{KV}/J ≥	HB
35CrMo	≤300	Q+T	580	620～790	440	15	20	34	185～235
	>300～500			610～780	430	15	20	34	180～223

（6）力学性能

储气井常用材料 35CrMo 锻件经热处理后的常温力学性能应符合表2-19的规定并同时满足《固容规》的规定，表2-19中冲击功为三个试样试验结果的平均值，允许一个试样的冲击功低于规定值，但不得低于规定值的70%。表中硬度值系三次测定结果算术平均值的合格范围，其中单个值的偏差均不得超过表中规定范围的10HB。

（7）外观质量

锻件经外观检查，应无肉眼可见的裂纹、夹层、折叠、夹渣等有害缺陷。如有缺陷，允许消除，但修磨部位必须圆滑过渡，清除深度应符合下列规定。

① 当缺陷存在于非机械加工表面，清除深度不应超过该公差尺寸下偏差；

② 当缺陷存在于机械加工表面，清除深度不应超过该处余量的75%，锻件

形状、尺寸和表面质量应满足订货图样的要求。

（8）内部缺陷

① 锻件应保证不存在白点；

② 用超声检测锻件内部缺陷，检测表面的表面粗糙度不应大于 $Ra6.3$，锻件的超声检测合格标准按表 2-20 的规定。

表 2-20　压力容器用碳素钢和低合金钢锻件超声检测合格标准

锻件分类		超声检测合格等级		
		单个缺陷	底波降低量	密集区缺陷
筒形锻件	用于筒形	II	I	II
	用于筒件端部法兰	III	III	II
环形锻件		II	II	II
饼形锻件	公称厚度≤200mm	III	III	III
	公称厚度＞200mm	IV	IV	IV
碗形锻件		III	III	II
长颈法兰锻件		III	III	II
条形锻件		III	III	II

注：根据需方要求，对锻件重要区可提高合格等级。

（9）检验和试验

锻件应由供方检查部门按订货合同要求进行检验。碳素钢和低合金钢锻件应进行下列检验和试验。下述执行标准的版本按 NB/T 47008—2017 的规定。

① 化学成分分析：试验方法执行 GB/T 223。

② 硬度试验，试验方法执行 GB/T 231，低温压力容器用低合金钢锻件可不进行硬度试验。

③ 拉伸试验，试验方法执行 GB/T 228，取样数量、取样部位、取样方向、试样尺寸应符合 NB/T 47008—2017 的要求。

④ 冲击试验，试验方法执行 GB/T 229，取样数量、取样部位、取样方向、试样尺寸应符合 NB/T 47008—2017 的要求，不锈钢锻件可不进行冲击试验。

⑤ 超声检测，检测方法执行 NB/T 47013.3。

⑥ 磁粉检测，检测方法执行 NB/T 47013.4。

⑦ 渗透检测，检测方法执行 NB/T 47013.5。

当需方需要进行复验时，供方应提供需方复验的试料，需方在收到锻件起六个月内为锻件有效期。试验不合格的处理办法如下。

① 拉伸试验不合格时，可从被检验锻件原取样部位附近再取两个拉伸试样进行复验，复验结果的所有数据均符合 NB/T 47008—2017 的规定时，则为合格。当拉伸试样断裂面与较近标记端点之间距离小于 $L_0/3$，（L_0 为标距长度）

而伸长率未达到标准要求时，试验无效，允许补做同样数量试样的试验。

② 冲击试验不合格时，可从被检验锻件原取样部位附近再取三个冲击试验进行复验，合格条件为前后共六个试验数据的算术平均值不得低于 NB/T 47008—2017 的要求，允许有两个试验数据低于规定值，其中低于规定值 70% 的只允许有一个。

③ 当力学性能试验或复验不合格时，允许对该批（件）锻件重新热处理后进行检验，但重新热处理的次数不得超过两次。

（10）锻件标志及质量证明书

锻件应进行标记，标志应打在锻件的明显部位或需方指定的部位，打印标志位置和方式应无损于锻件的最终使用。对小型锻件，可在包装箱上贴标志。

① 标志内容包括：制造厂名（或代号）；标准编号；钢号；锻件级别；批号。

② 锻件交货时，应附有质量证明书。其内容包括：制造厂名；订货合同号；图号；标准编号、钢号、锻件级别、批号、锻件数量；各项检验结果，检验单位和检验人员签章；热处理参数：退火和淬火的温度和保温时间；图样或合同上所规定的特殊要求的检验结果；需方采购说明书号。

2.4　储气井用材专项要求

结合多年储气井的使用经验和科研成果，TSG 21—2016 提出了储气井用材的专项要求。

2.4.1　井管和接箍用钢管

力学性能应当符合以下要求：

① 当标准抗拉强度下限值 689MPa$<R_m\leq$750MPa 时，$R_{eL}/R_m\leq 0.90$，断后伸长率 $A\geq 18\%$，设计要求的冲击试验温度下的 $KV_2\geq 41J$（横向取样，下同），$LE\geq 0.53mm$；

② 当 750MPa$<R_m\leq$810MPa 时，$R_{eL}/R_m\leq 0.91$、$A\geq 17\%$、$KV_2\geq 47J$、$LE\geq 0.53mm$；

③ 当 810MPa$<R_m\leq$870MPa 时，$R_{eL}/R_m\leq 0.93$、$A\geq 15\%$、$KV_2\geq 54J$、$LE\geq 0.53mm$。

2.4.2　井口装置与井底装置用钢材

储气井井口装置与井底装置的主要受压元件的材料，应当采用 Cr-Mo 钢锻件，级别为Ⅲ级以上（包括Ⅲ级），符合 NB/T 47008 的要求。

第3章

储气井结构设计

3.1 储气井的结构特性分析

3.1.1 储气井范围的界定及基本结构划分

压力容器的设计、制造、检验以及安全监察都是针对具体的对象进行的，必须对压力容器的范围进行清楚的界定，这样压力容器的安全要求才能得到有效落实，各相关方的工作内容和职责才能明确。本书借鉴常规压力容器的习惯，将储气井的范围分为本体部分和非本体部分，结构图见图3-1。

3.1.1.1 本体

储气井本体界定在下述范围内。

① 储气井的主要受压元件，包括井管、接箍、井口装置、井底装置；

② 井口装置与外部管道或装置焊接连接的第一道环向焊接接头的坡口面、螺纹连接的第一个螺纹接头端面、法兰连接的第一个法兰密封面、专用连接件或管件连接的第一个密封面。

3.1.1.2 非本体部分

本文适用的储气井除本体外，还包括：①表层套管；②扶正器；③排液管；④固井水泥环；⑤第一界面，即固井水泥环与井筒胶结的胶结面；⑥第二界面，即固井水泥环与地层胶结的胶结面。

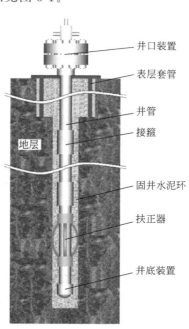

井口装置

表层套管

井管

接箍

地层

固井水泥环

扶正器

井底装置

图 3-1　储气井结构示意图

上述范围定义方法将表层套管、扶正器、固井水泥环以及固井水泥环与地层及井筒之间的胶结面纳入储气井的范围，主要是考虑到这些结构对储气井的安全保障具有较大的作用，相当于常规压力容器的安全附件。其中固井水泥环起固定井筒和预防腐蚀的作用，是重要的安全构件，表层套管对于保证固井质量有重要意义，间接起到固定井筒和预防腐蚀的作用，而表层套管起到强化固井的作用，将这些构件纳入储气井的范围，并对它们提出相应的技术要求，符合储气井的安全需要。

3.1.2 井筒

储气井井筒结构如图 3-2 所示，井筒又可以分为两个基本结构单元：管体和接头。储气井通过增加井管根数来增加井筒长度，从而增大储气容积。

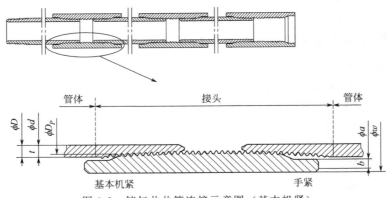

图 3-2 储气井井筒连接示意图（基本机紧）

3.1.2.1 管体

目前用于储气井的井管（一般称为管子）主要有两种规格：$\phi177.8mm \times 10.36mm$ 和 $\phi244.28mm \times 11.05mm$。井管管体的外径和内径的比值分别为 1.13 和 1.09，均小于 1.2。因此储气井井管管体可近似按薄壁圆筒考虑。

3.1.2.2 接头

储气井井筒的接头是由带外螺纹的井管和带内螺纹的接箍拧接在一起组成的，如图 3-2 所示。螺纹一般为按 GB/T 9253.2《套管、油管和管线管螺纹的加工、测量和检验》或按 API SPEC 5B《套管油管管线管螺纹加工测量检测的规范》加工制造，储气井井管螺纹属于圆锥螺纹，螺纹旋向一般为右旋，螺纹线的数目一般为单线，螺纹扣型一般为长圆螺纹。螺纹牙的主要结构参数见图 3-3，螺纹牙顶和牙底均为圆弧形。

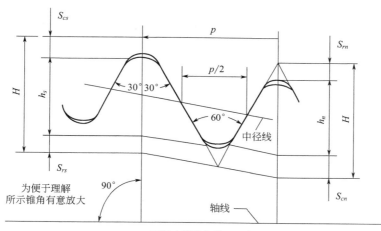

直径上锥度为62.5mm/m

螺纹参数	8牙/25.4mm(p=3.175mm)
H	2.750mm
$h_s=h_n=0.626p-0.178$	1.810mm
$S_{rs}=S_{rn}=0.120p+0.051$	0.432mm
$S_{cs}=S_{cn}=0.120p+0.127$	0.508mm

图 3-3 螺纹牙主要结构参数

注：H、h_s 和 h_n 是根据对称圆柱螺纹而不是对称圆锥螺纹公式计算的，
但其结果偏差对螺距为 3.175mm、锥度为 62.5mm/m 或更小的螺纹来说可忽略不计

圆锥螺纹的密封可以理解为带有螺纹沟槽的特殊锥面密封形式，内外螺纹连接时，通过旋紧螺纹产生轴向位移实现内外螺纹牙结合面处的过盈，扭矩越大，内外螺纹牙实现的接触面积越大，从而形成渗漏通道的可能性越小。储气井制造时，还在螺纹间隙里填充特殊螺纹密封脂，可起辅助密封作用。

螺纹连接具有接头强度高、质量稳定、施工方便、连接速度快、综合经济效益好等优点，因此得到了广泛的工程应用。在油气井工程中，钻具、油管、套管之间都是通过螺纹连接。在机械、建筑、桥梁、铁路、船舶、航空航天等各个领域中，大量采用螺栓、螺柱及螺钉来进行连接和紧固。此外，在流体输送管路、高压容器端盖，也大量采用螺纹连接。

从结构上看，螺纹的牙顶和牙底都有截面变化，从而会形成应力阶差，并且螺纹牙根部圆角半径较小，在螺纹根部就会造成应力集中，这一点对应力集中特别敏感的热处理高强度钢来说，显得作用更为突出。因此，螺纹属于非常容易疲劳的结构。

统计分析结果显示，在钻具失效事故、油管失效事故中，都有80%以上是发生在螺纹连接处因疲劳失效引起的断裂，且绝大多数都发生在与接箍连接的第一啮合齿处，如图3-4所示。关于螺栓失效，统计结果显示有65%的疲劳破坏发生在螺纹牙根处，特别是靠近螺母，主要也是发生在支承表面第一扣的螺纹牙根处。

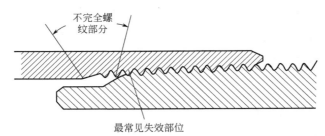

图 3-4　螺纹连接接头常见断裂部位

统计结果指出，在螺栓失效中，还有20%的概率发生在螺纹接头的不完全螺纹区，不完全螺纹区是在螺纹收尾时由于机加工及空间的局限而形成的。在不完全螺纹区，螺纹牙底圆弧要小得多，因此应力集中将更为显著，往往会在这一部位引起疲劳破坏。在钻具、套管、油管及储气井井管的接头部位也都存在不完全螺纹区，如图3-4所示，这一部位也将成为潜在的疲劳源。另外，按SY/T 5412—2016《下套管作业规程》，接箍和井管应旋合至进扣和余扣在2扣范围内，如图3-3所示，图中 D_P 为自管体至螺纹端顺数第二扣的螺纹根部的直径，按照GB/T 9253.2《套管、油管和管线管螺纹的加工、测量和检验》或API SPEC 5B *Threading，Gauging，and Thread Inspection of Casing，and Line Pipe Threads*，对于储气井两种常用规格的井管 ϕ177.8mm × 10.36mm 和 ϕ244.48mm×11.05mm。

按SY/T 5322《套管柱强度计算方法》，油套管管柱采用式（3-1）计算螺纹的断裂强度，其中 A_{jp} 为最末一扣管壁的截面积，用式（3-2）计算。

$$T_O = 9.5 \times 10^{-4} A_{jp} U_p \tag{3-1}$$

$$A_{jp} = 0.785 \left[(D_c - 3.6195)^2 - D_{ci}^2 \right] \tag{3-2}$$

由式（3-1）可见，油气井工程中是通过在管体壁厚中直接减掉因为螺纹造成的减薄作为螺纹连接部位的有效壁厚来考虑螺纹的影响的，螺纹断裂主要是因轴向力的作用，SY/T 5322《套管柱强度计算方法》的计算方法是合适的。储气井主要承受内压载荷，螺纹接头处于三轴应力状态，另外接箍还对不完全螺纹及外露螺纹区域有一定的加强作用，因此，笔者认为不应简单照搬SY/T 5322的方法计算螺纹接头的强度，应对螺纹接头部位的强度通过应力分析的方法进行计算。

3.1.3　井口装置

井口装置安装在井筒最上一根井管或最上一个接箍的端部，起封闭井口，安装进排气管及排污管和仪表等附件的功能，是井管或接箍与外部接管之间的多个元件（法兰、法兰盖、封头、端塞等）的合称。

按 SY/T 6535—2002《高压气地下储气井》的要求，井口装置应位于地面以上 300～500mm。目前，储气井井口装置结构还没有实现标准化，在用储气井井口装置结构主要有如图 3-5 所示的三种，其中（a）一般被称为"死封头式"井口装置；（b）和（c）一般被称为"法兰式"井口装置，（b）为外螺纹法兰式，

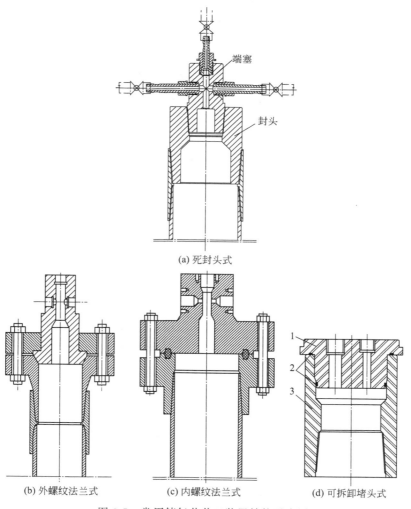

(a) 死封头式

(b) 外螺纹法兰式　　(c) 内螺纹法兰式　　(d) 可拆卸堵头式

图 3-5　常用储气井井口装置结构示意图

(c) 为内螺纹法兰式；（d）为可重复拆卸堵头式。

图 3-5(a) 所示结构的封头与接箍之间，以及封头与端塞之间都是通过按照 API 5B 或 GB/T 9253.2 加工的圆螺纹连接，按照有关标准的要求，圆螺纹连接不可重复拆卸，因为，一方面，API 标准圆螺纹连接是过盈配合，螺纹在旋合拧紧过程可能发生塑性变形，造成永久损伤；另一方面，螺纹在组装时，一般都在螺纹间隙里填充螺纹密封脂，螺纹脂起辅助润滑、密封和保护作用，螺纹脂一般按 API RP 5A3《套管、油管和管线管用螺纹脂的推荐作法》或 SY/T 5199《套管、油管和管线管用螺纹脂》生产，主要是以油基脂为基础脂，各种添加剂和金属铅、锌、铜、石墨粉等固体填料组成，螺纹脂固化后，还起到一定的防止螺纹松动脱扣的作用。按照原质检总局 637 号文件要求，储气井井口装置应可拆卸，以便于进行定期检验和维护，637 号文件发布后，由于结构（a）不可拆卸，基本被淘汰。

结构（a）的封头和端塞都有较大的金属厚度，其主体具有较大的强度和刚度，但是螺纹是该结构的薄弱环节，结构的整体强度主要取决于螺纹的强度。螺纹牙母体的刚性越强，螺纹牙和母体之间越不容易发生变形协调，因此螺纹的应力集中将更为显著，螺纹的抗疲劳性能越差。也就是说螺纹的强度不会随母体厚度的增加而增大，反而有所削弱。文献得出结论：随直径的增大，螺栓的应力集中系数也增大，如图 3-6 所示。在接箍外径和套管内径不变动情况下，计算了螺纹中径对应力集中系数的影响，得出随螺纹中径的增大（井管厚度增大，接箍厚度减小，即图 3-7 中箭头所指位置外移），螺纹的疲劳寿命减小。

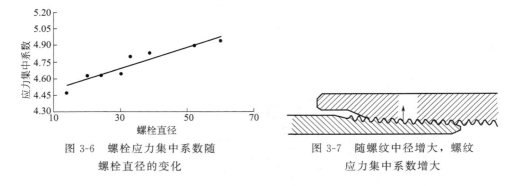

图 3-6 螺栓应力集中系数随 　　　　　图 3-7 随螺纹中径增大，螺纹
　　螺栓直径的变化 　　　　　　　　　　应力集中系数增大

法兰式结构是可拆卸结构，是在 637 号文件发布之后发展起来的。图 3-5(b) 所示的下法兰颈部带圆锥外螺纹的结构，除了用于储气井，至今尚未发现其他的应用场合，也没有类似结构的力学研究报道。图 3-5(b) 所示的密封结构也非常规密封结构，按结构分，其应属于锥面密封，但由于储气井管直径较大，且井口装置所用 35CrMo 材料的硬度高，要保证该结构的密封性能，将需要锥面有极高的加工精度。

图 3-5（c）所示结构的下法兰与 SY/T 5127《井口装置与采油树》中规定的 6B 型螺纹式法兰以及 HG 20620《螺纹钢制管法兰》规定的管法兰的结构类似。HG 20620 对螺纹法兰的 PN 值和 DN 值都作了限制，分别为：PN 2.0～5.0MPa；DN 15～150mm。SY/T 5127 规定的 6B 型螺纹式法兰的额定工作压力可达 34.5MPa。图中的垫环密封结构在油气井中也有成功的应用范例。GB/T 150《压力容器》和 JB 4732《钢制压力容器-分析设计标准》均按刚性失效准则设计法兰，法兰尺寸只要能满足刚度要求，则其强度即可满足要求，但是，对于螺纹法兰，螺纹强度不随法兰尺寸的增大而增强，螺纹是法兰强度的薄弱环节，应对设计时应重点考虑螺纹接头的强度。

图 3-5（d）所示结构为可拆卸堵头式井口结构，具有结构紧凑、密封性好、安装便捷等优势，在 2011 年之后大量应用于在用储气井的井口改造和新制造储气井井口结构中。

3.1.4　井底装置

井底装置安装在储气井最下一根井管的末端，主要起封闭井底的作用，井底装置主要有如图 3-8 所示的三种结构，其中"死封头"结构又有圆底封头和平底封头两种，封头都是通过按照 API 5B 或 GB/T 9253.2 加工的圆螺纹连接。组合件井底装置在封头上开口是为了适应固井时注水泥的需要，组合件井底装置又有多种结构，大多都由制造企业申请了专利保护。井底装置中值得关注的也是螺纹连接部位，尽管有些组件具有足够大的壁厚，但是由于其强度取决于螺纹连接部位，因此设计时必须考虑强度失效准则，对螺纹连接部位的强度应进行校核。

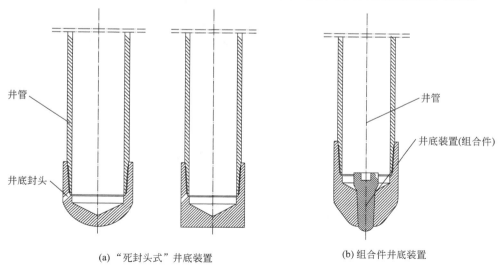

井管

井管

井底封头

井底装置(组合件)

(a)"死封头式"井底装置　　　　　　(b)组合件井底装置

图 3-8　井底装置结构示意图

3.1.5 固井水泥环

固井水泥环对于保障储气井安全的重要性已经得到行业的共识，其主要起两方面的作用，一是固定井筒，预防井筒的松动、窜动（相对于地层，井筒向上窜动一般称为上爬，向下窜动一般称为下沉）以及在井筒发生开裂时由于气体上顶力引起的井筒飞出地面；第二方面是预防井筒的腐蚀。

3.1.5.1 固井水泥环偏心

储气井固井水泥环最理想的结构应是自上而下均匀地包覆在井筒的整个外表面。但是，由于井身结构设计不合理、井身质量差以及扶正器安装间距不合理等原因，固井水泥环很容易呈现如图 3-9 所示的偏心结构。

防止固井水泥环偏心的主要手段是加装足够数量的扶正器。在油气井行业中，扶正器的安装间距按照 SY/T 5334《扶正器安装间距计算方法》计算确定。

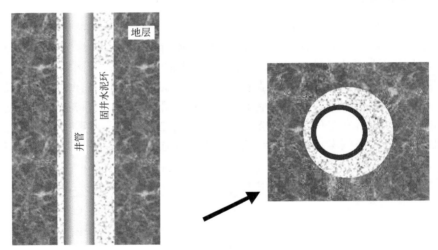

图 3-9　固井水泥环的偏心

SY/T 5334《扶正器安装间距计算方法》是通过理论计算的方法确定扶正器安装间距，确定的安装间距要能满足套管安装最大偏心距小于或等于许可偏心距。套管安装最大偏心距的定义是如图 3-10 所示的 $e_{\max}$，应满足：

$$e_{\max} < [e] \tag{3-3}$$

其中，$[e]$ 为套管许可偏心距，一般根据经验人为规定，SY/T 5334 给定的套管许可偏心距的计算公式为：

$$[e] = u/3 = (D_{\mathrm{h}} - D_{\mathrm{co}})/3 \tag{3-4}$$

式中各符号的含义见图 3-10。

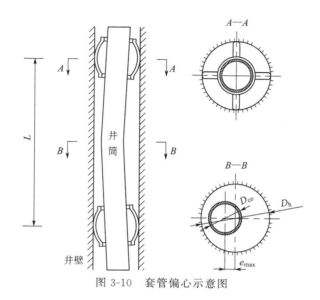

图 3-10　套管偏心示意图

SY/T 5334 主要用于有方位角变化和井斜角变化时扶正器安装间距的计算，需要对井深、井斜角、方位角进行现场测量。目前阶段，储气井制造过程中对储气井的井斜、井径、井方位角等参数还都不测量，因此不宜直接采用 SY/T 5334 计算扶正器安装间距。

储气井深度较浅，在 40～300m 之间，只要钻井技术得当，不会产生大的井斜和方位角变化，可以当作直井处理，再假设：①井壁为刚性；②井眼形状和井管截面形状为理想的圆形，且上下一致；③套管的重力沿轴线方向均匀分布；④所有部件的变形都在弹性范围内；⑤不考虑接头的影响；⑥不考虑井筒轴向力及内压的作用。

先考虑最简单的情况，即套管根数较少，只在最上一根井管和最下一根井管各安装一个扶正器，则井筒的受力模型可以简化为如图 3-11 所示的简支梁模型。井筒轴线在重力作用下将发生偏离，管柱中点偏离的距离最大，可用式（3-5）计算：

$$\delta = \frac{5G\sin\alpha L^4}{6E\pi(D_{co}^4 - D_{ci}^4)} \qquad (3\text{-}5)$$

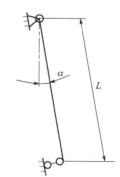

式中　G——井筒管柱单位长度的重力，$G = \rho\pi(D_{co}^2 - D_{ci}^2)/4$；

　　　ρ——钢材密度，取 $7.8 \times 10^3 \, \text{kg/m}^3$；

　　　E——钢材的弹性模量，取 $2 \times 10^{11} \, \text{N/m}^2$。

图 3-11　井筒管柱受力简化模型

当如图 3-11 所示的井管柱由三根井管组成时，下面分别校核常用两种储气井结构的偏心距是否满足要求。

（1）$\phi 241.3$mm 钻头钻井，下入 $\phi 177.8 \times 10.36$mm 规格井管

井斜取最大允许井斜 2°；

$G = 42.48$N/m；

$L = 3 \times 11 = 33$m；

$$\delta = \frac{5 \times 42.48 \times \sin 2 \times 33^4}{6 \times 2 \times 10^{11} \times 3.14 \times [0.1778^4 - (0.1778 - 2 \times 0.01036)^4]} = 0.006\text{m}；$$

$e_{max} = \delta = 0.006$m；

$[e] = (0.241.3 - 0.1778)/3 = 0.02$；

$\because e_{max} < [e]$

$\therefore$ 偏心距满足要求。

（2）$\phi 311.2$mm 钻头钻井，下入 $\phi 244.45 \times 11.05$mm 规格井管

$G = 252.72$N/m；

$L = 3 \times 11 = 33$m；

$$\delta = \frac{5 \times 252.72 \times \sin 2 \times 33^4}{6 \times 2 \times 10^{11} \times 3.14 \times [0.2445^4 - (0.2445 - 2 \times 0.01105)^4]} = 0.0123\text{m}；$$

$e_{max} = \delta = 0.0123$m；

$[e] = (0.311.2 - 0.2445)/3 = 0.0223$m；

$\because e_{max} < [e]$

$\therefore$ 偏心距满足要求。

式（3-5）是在不考虑液柱静压力以及管柱重力在管轴方向上的分量时推导而得的，但不难看出，液柱静压力和管柱重力的在管轴方向上的分量有使管柱偏心距减小的趋势，因此采用式（3-5）计算得到的偏心距偏于保守。

当井筒管柱较长，需要安装多个扶正器时，可以建立如图 3-12 所示的力学模型计算偏心距。不难分析得出，图 3-12 中的每段管柱都会受到其相邻管柱的弯矩作用，弯矩作用的方向是使管柱的偏心距减小的方向。

储气井井深较小，每三根井管加装一个扶正器不会增加工程难度。另外，扶正器数量不宜过少，因为井身质量及井管尺寸还存在一些不确定因素。

综合以上分析，建议储气井井管组装时，每三根井管至少加装一个扶正器。

3.1.5.2 固井水泥环缺陷

由于扶正器加装数量不够，井身结构不合理，井身质量差，水泥浆设计不当，注水泥施工不当等原因，固井水泥环会产生如图 3-13～图 3-15 所示的缺陷，从而使固井水泥环固定井筒的能力和预防腐蚀的能力均大为下降。

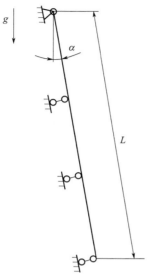

图 3-12　安装多个扶正器时
井筒管柱受力简化模型

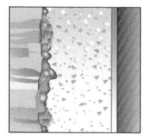

图 3-13　虚泥饼存在时的水泥环

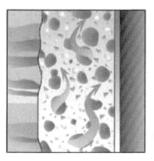

(a) 水泥石渗透性高

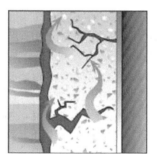

(b) 水泥石体积收缩

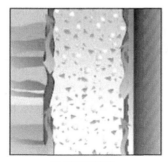

(c) 界面胶结差

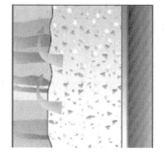

(d) 过度失水

图 3-14　因水泥浆设计不当引起的水泥石缺陷

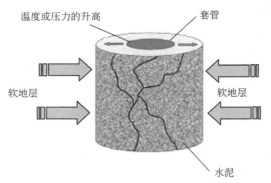

图 3-15   固井水泥环强度和弹性不足从而在压力作用下产生开裂

3.2   储气井运行特性分析

3.2.1   介质特性

储气井主要用于汽车加气站储存车用压缩天然气（CNG）。天然气的主要成分为甲烷，甲烷的分子式为 CH_4，分子量为 16，在标准状态下（温度 20℃，压力 101.325kPa），天然气的相对密度一般为 0.58～0.62；油田伴生气因重组分含量较高，相对密度为 0.7～0.85，均比空气轻。

按照强制性国家标准 GB 50156《汽车加油加气站设计与施工规范》的规定，CNG 加气站进站天然气的质量应符合 GB 17820《天然气》中规定的Ⅱ类气质标准和压缩机运行要求的有关规定，增压后进入储气设施及出站的压缩天然气的质量，应符合现行国家标准 GB 18047《车用压缩天然气》的规定，具体气体技术指标要求如图 3-16 所示。

天然气中潜在的腐蚀性组分有硫化氢、总硫、二氧化碳、游离氧和甲醇。其中甲醇的腐蚀只有在水存在的条件下才会发生，只要对天然气中水的露点进行严格控制，则甲醇腐蚀则不会发生。游离氧混入天然气中，一方面可能形成爆炸性混合物，另一方面氧可能氧化硫醇而形成腐蚀性较强的产物，部分国外的标准对天然气中氧的含量进行了限定，按 ISO 15043 的说法"如果对 CNG 中的水露点严加控制，则对游离氧的浓度就不须另行规定"。天然气中的二氧化碳在有水的条件下会转化为酸性化合物而导致金属材料腐蚀。硫化氢的腐蚀是最引人注目的，就应力腐蚀开裂而言，NACE MR 0175/ISO 15156《石油天然气工业含硫化氢环境中金属材料的要求》中指出，在含水的硫化氢酸性环境中，如果所处理的天然气总压等于或大于 0.4MPa，而天然气中硫化氢分压大于 0.3kPa，所选材料应考虑硫化氢腐蚀，相当于在 101.325kPa 和 20℃下允许的硫化氢分压为 16Pa，

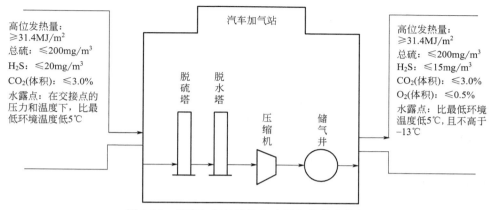

图 3-16　汽车加气站进站和出站气体技术指标

对均匀腐蚀而言，大量研究成果表明，湿天然气中硫化氢的含量不大于 6mg/m^3，是对金属材料无腐蚀作用的，当硫化氢含量不大于 20mg/m^3 时，对钢材无明显腐蚀或此腐蚀程度在工程所能接受的范围之内。对于有机硫化物，一般认为他们对金属材料的腐蚀不是很大。综合看来，天然气气质指标符合 GB 18047 的要求时，不会对金属材料造成腐蚀。

GB 50156 也提出一些相应的保证天然气质量的工艺措施，如要求设置脱硫塔和脱水塔，要求对含硫量和含水量进行在线测定等。因此，为了和 GB 50156 相适应，也为了节省能源，CNG 汽车加气站用储气井的设计制造可不考虑内部天然气的腐蚀作用。

依照 HG 20660—2007《压力容器用化学介质毒性危害和爆炸危险程度分类》的规定，天然气属于易燃无毒介质。天然气的着火温度取决于其在空气中的浓度，也和天然气与空气的混合程度、压力、储气井容器的尺寸以及天然气、空气的温度等因素有关，天然气在空气中的最低着火温度约为 530℃。当天然气中 CH_4 浓度大于 95% 时，天然气的爆炸浓度极限可直接选取 CH_4 爆炸极限（5.0%～15.0%）。

3.2.2　温度

作为压力容器，储气井的设计温度的确定应符合压力容器安全技术规范的规定。设计温度是容器在正常工作情况下，设定的元件的金属温度（沿元件金属截面的温度平均值）。按照 GB/T 150《压力容器》或 JB 4732《钢制压力容器——分析设计标准》，设计温度不得低于元件金属在工作状态可能达到的最高温度，对于 0℃ 以下的金属温度，设计温度不得高于元件金属可能达到的最低温度（最低设计金属温度），容器各部分在工作状态下的金属温度不同时，可分别设定每部分的设计温度。元件的金属温度可用传热计算求得，或在已使用的同类容器上测定，或根据容器内部介质温度并结合外部条件确定。

从结构上看，储气井可分为地上部分和地下部分，地上部分的温度主要受介质温度和大气环境温度的影响，地下部分的金属温度主要受地层温度和介质温度的影响。

关于地层温度，在石油天然气开采、建筑、地质、采矿、采煤、给排水等工程中积累了大量的资料。根据地下温度变化，常把地壳分为四个温度带：①温度日变化带：温度受每天气温的影响，深度范围一般为 $1\sim2m$；②温度年变化带：该带温度受季节性的气温变化影响，深度变化范围一般为 $15\sim30m$ 左右；③恒温带：30m 以下深度，不受季节性气温变化的影响；④增温带：恒温带之下，地层温度随埋深增加而升高。在恒温带之下，低温可按式（3-6）近似计算：

$$t = T_0 + GH \tag{3-6}$$

式中　t——地下深 H 处的温度，℃；

　　　T_0——平均地面温度或恒温带温度，℃；

　　　G——地温梯度，℃/m；

　　　H——地层深度，m。

国内部分地区的地温梯度见表 3-1，地球的平均地温梯度为 3℃/100m。我国大部分地区的平均地面温度为 20℃ 左右。储气井的深度在 300m 范围内，该深度处的温度按保守估计不超过 50℃。

表 3-1　国内部分地区的地温梯度

地区	地温梯度 /(℃/100m)	地区	地温梯度 /(℃/100m)
准噶尔盆地	2.2～2.3	松辽盆地	3.1～4.8(6.2)
酒泉盆地	2.3(2.6)	大庆油田	4.5～5.0
四川盆地	2.2～2.4(2.7)	济阳坳陷	3.1～3.9
陕甘宁盆地	2.75(2.8)	冀中坳陷	3.7(4.2)

注：表中括号内的数据为最大地温梯度。

恒温带以上地温主要受大气环境温度的影响，冬季地层温度要高于大气环境温度，而夏季地层温度低于大气环境温度。北方寒冷地区，在冬季，地层会发生冻结，地面以下冻结土与非冻结土的分界线称为冰冻线，冰冻线以上，地层温度低于 0℃，冰冻线以下，地层温度高于 0℃。土层的冻结深度取决于当地的气候条件，气温越低，低温持续时间越长，冻结深度越大。表 3-2 所示为国内部分地区的土层冻结深度，冻土深度最大的地区为黑龙江的爱辉，我国所有地区的冻土层深度均不超过 3m。

表 3-2　国内部分地区土层冻结深度

地区	冻土深度/m	地区	冻土深度/m
爱辉（黑龙江）	2.98	兰州	1.03
佳木斯	2.20	银川	0.88
哈尔滨	2.05	西安	0.45
长春	1.69	济南	0.44
沈阳	1.43	南京	0.09
北京	0.85	合肥	0.11
天津	0.69	杭州	0
海拉尔	2.42	南昌	0
呼和浩特	1.43	郑州	0.27
张家口	1.36	武汉	0.08
石家庄	0.54	长沙	0.05
大同	1.86	广州	0
太原	0.77	南宁	0
克拉玛依	1.97	成都	0
和田	0.67	贵阳	0
祁连	2.50	昆明	0
西宁	1.34	拉萨	0.26

综合我国采油采气、建筑、地质、采矿、采煤、给排水等方面的资料看，并保守估计，在目前储气井的深度范围内（300m 深度范围内），我国的地层温度最高不超过 50℃，最低不低于储气井使用地环境温度的最低值。而低于 0℃ 的温度只出现在地表以下 3m 深的范围内，地表 3m 以下地层温度均为零上。

介质温度对金属温度的影响可以通过传热计算或是实测得到，大气环境温度可以从当地的气象资料查得。

储气井地下部分的金属温度将主要受地层温度的控制，地上部分主要受大气环境温度的控制。综合上述分析，笔者认为，冰冻线以下的金属温度，可近似按常温考虑，冰冻线以上的金属温度可近似按大气环境温度考虑（偏保守）。

3.3　储气井的载荷分析计算

压力容器的强度是相对载荷而言的，压力容器设计应综合考虑其制造、使用、检验等各个寿命阶段可能的载荷情况。储气井埋于地下，内部盛装气体介质，外围被地层包覆。储气井井管和接箍之间旋转拧紧后，下放入裸眼井内，在井管柱下放过程中遇阻或为了改善固井质量时，经常需要上提井管柱。在整个寿命周期中，储气井承受的力除工作介质的内压力外，还有水压试验压力、地层外挤压力、钻井液及水泥浆液柱静压力、自身重力、上提、下放及旋转井管柱的作用力以及各种力的耦合作用。储气井井管柱呈细长状向地层深处延伸，不同管段的载荷大小不等。

3.3.1　介质内压力

汽车加气站用储气井工作是一个循环充气和放气的过程，储气井的内压力由气体压缩机供给，按 GB 50156—2012 的要求，CNG 汽车加气站用储气井的额定工作压力应为 25MPa，设计压力不得低于工作压力的 1.1 倍，GB 50156 规定了如下的一些预防储气井超压的工艺措施：①压缩机排气压力不应大于 25.0MPa（表压），压缩机进、出口应设高、低压报警和高压越限停机装置；②压缩机后管道中天然气流速不宜大于 5m/s（在压力为 25MPa 压力状态时），压缩机组出口后应设排气缓冲罐，缓冲罐应设有安全阀，天然气在缓冲罐内的停留时间不宜小于 10s；③储气瓶组（储气井）进气总管上应设安全阀及紧急放散管、压力表及超压报警器。因此，如果汽车加气站严格按 GB 50156 的要求建造，则储气井的工作压力可以确保不超过 25MPa，实践中也基本没有发生储气井超压的现象。

目前，对在用储气井压力循环下限值还没有统一要求。设计上一般取值为 10MPa，或 13.5MPa。中国特种设备检测研究院开展的定期检验工作统计得到的数据显示，不同地区服役的储气井压力循环的下限值存在较大的差异，主要受该地区天然气汽车产业发展状况及加气站工艺设计的影响，但一般均高于 13.5MPa（正常工作时）。设计上对压力循环次数一般取 25000 次，目前也没有对压力循环实际次数的统计。

3.3.2　地压力

储气井埋置于地下，井筒外部会受到大地的压力。在油气井工程中，地层被视为一种由岩石骨架支撑的多孔介质，在岩层孔隙中有地层流体。地下压力主要有：①上覆岩层压力：任意深度岩层的上覆压力是指上覆岩层的岩石骨架及孔隙中流体的总重量所产生的压力；②地层压力（或称地层孔隙压力）：是指地下岩石孔隙内流体的压力；③基岩应力：岩石颗粒间相互支撑的应力；④地层破裂压力：地层被压破的压力。

从结构上看，储气井井筒近似于油气井中的表层套管，储气井深度较浅，在 300m 深度范围内，一般不会出现异常地层压力，储气井受到大地的有效外挤压力可参照文献及 SY/T 5322《套管柱强度设计方法》进行计算。

（1）当地层是非塑性蠕变地层时（地层渗透性良好，按地层孔隙压力计）：

$$P_{ce} = \rho_m g h \tag{3-7}$$

式中　P_{ce}——大地对地层的有效外挤压力，Pa；

　　　ρ_m——钻井液密度，kg/m^3；

　　　g——重力加速度，m/s^2；

　　　h——地层深度，m。

（2）当地层为塑性蠕变地层时

$$P_{ce} = \frac{\mu}{1-\mu} G_v h \tag{3-8}$$

式中　G_v——上覆岩层压力，Pa/m；

　　　μ——岩石的泊松比。

（3）当地层为严重坍塌、膨胀、滑移或蠕动地层段：

$$P_{ce} = G_v h \tag{3-9}$$

对于新探区（地压力不熟悉的地区），G_v 一般取 22.55kPa/m。

按式(3-9) 计算且 G_v 取 22.55kPa/m 时，计算得到的有效外挤压力将最大，300m 深的储气井井底井管受到的有效外挤压力为 6.765MPa。查文献知储气井两种常用规格 $\phi177.8mm \times 10.36mm$ 和 $\phi244.48mm \times 11.05mm$ 的抗挤强度分别为 48.01MPa 和 30.47MPa。因此，可以认为储气井的地压力不至于引起井管的挤毁失效。

大地的外挤力在储气井工作时会抵消一部分内压力，对储气井会起到加强作用。设计时不考虑地层压力将使计算得到的结果偏于安全。

3.3.3　重力

储气井在制造施工阶段，井管柱悬挂于井口，井管柱重力会作用在井管轴向上，主要起拉伸作用。固井时，注水泥浆的专用管柱或钻柱的重力也可能通过与井管柱底部接触而施加在井管上，井管柱的重力按式(3-10) 计算。

$$G = \pi D_{co} t L_c \rho_c g \tag{3-10}$$

式中　D_{co}——井管外径，m；

　　　t——井管壁厚，m；

　　　L_c——井管柱总长，m；

　　　ρ_c——钢材密度，kg/m^3；

　　　g——重力加速度，m/s^2。

最上一根井管受重力的拉伸作用最大，井深为 300m 时，两种常用规格 $\phi177.8mm \times 10.36mm$ 和 $\phi244.48mm \times 11.05mm$ 的重力分别为 1.33×10^5N 和 1.95×10^5N。储气井钻井一般采用 $\phi127mm \times 9.19mm$ 规格钻杆，300m 长钻柱的重力约为 8.4×10^4N。

当储气井井筒与地层之间被有效地固定在一起时，井管柱重力及钻柱重力仅需在制造施工阶段予以考虑。

制造施工工阶段，井筒不受内压力。按照 SY/T 6328—1997《石油天然气工业——套管、油管、钻杆和管线管性能计算》，管体的屈服强度，螺纹接头处的断裂强度及滑脱强度分别用式(3-11)～式(3-13) 计算。

$$P_Y = 0.785(D_c^2 - D_{ci}^2)Y_P \tag{3-11}$$

$$T_o = 0.95A_{jp}U_p \tag{3-12}$$

$$T_o = 0.95A_{jp}L_j\left(\frac{4.99D_c^{-0.59}U_p}{0.5L_j + 0.14D_c} + \frac{Y_p}{L_j + 0.14D_c}\right) \tag{3-13}$$

其中：

$$A_{jp} = 0.785\left[(D_c - 3.6195)^2 - D_{ci}^2\right] \tag{3-14}$$

式中 U_p——管材抗拉强度，MPa；

  Y_p——管材屈服强度，MPa；

  D_c——井管外径，mm；

  D_{ci}——井管内径，mm；

  L_j——螺纹配合长度，mm。

经过计算得到，N80 钢级、ϕ177.8mm×10.36mm 规格井管管体的屈服强度、螺纹接头的断裂强度和滑脱强度分别为 $3.00×10^6$N、$2.91×10^6$N、$2.56×10^6$N（长圆螺纹），井管强度应取三者中的小值。可以看出，300m 深的井管柱的重力与钻柱的重力之和要远小于井管的强度。

经过计算得到，P110 钢级、ϕ244.45mm×11.05mm 规格井管管体的强度、螺纹接头的断裂强度和滑脱强度分别为 $6.14×10^6$N、$5.50×10^6$N、$4.75×10^6$N（长圆螺纹），井管强度应取三者中的小值。可以看出，300m 深的井管柱的重力与钻柱的重力之和要远小于井管的强度。

因此，制造施工过程中，储气井井管的重力、钻柱的重力以及二者的叠加一般不会引起井管的失效。而在正常工作阶段，储气井被固井水泥环固定在地层上，井筒的重力被地层所承担，不会引起井筒的附加应力。为了简化计算，笔者建议在储气井设计时，重力作用可以不予考虑。

3.3.4 流体静压力

按照压力容器标准规范的规定（GB/T 150 或 JB 4732），设计压力是指设定的容器顶部的最高压力，用以确定元件壁厚的计算压力中，还应包括液柱静压力，当夜柱静压力不超过 5％设计压力时，对液柱静压力可以不予考虑。流体静压力可采用式(3-15) 计算。

$$p_F = \rho gh \tag{3-15}$$

式中　p_F——流体柱静压力，Pa；

　　　ρ——流体密度，kg/m³；

　　　g——重力加速度，m/s²；

　　　h——流体柱高度，m。

储气井竖埋于地层中，高度（深度）可能达到300m，设计时应对其内部介质的静压力进行计算。

3.3.4.1　压缩气柱静压力

按照气体状态方程计算，可得到25MPa压力下天然气的密度近似为280kg/m³，则300m深储气井井筒底部受到的气柱的静压力采用式（3-15）计算得到为0.8MPa，为设计压力的3.2%，按照GB/T 150的规定，设计时对压缩气柱静压力可以不予考虑。

3.3.4.2　耐压试验介质液柱静压力

压力容器标准规范中规定的耐压试验压力一般指的是容器顶部的压力。按照SY/T 6535—2002《高压气地下储气井》的要求，储气井的水压试验压力取工作压力的1.5倍，即37.5MPa，高于《固定式压力容器安全技术监察规程》规定的耐压试验压力系数，设计时应对壳体进行强度校核，保证耐压试验时最大应力不得超过试验温度下材料屈服点的90%。

校核耐压试验压力时，所取的壁厚应扣除壁厚附加量，对液压试验所取的压力还应计入液柱静压力，即采用按式（3-16）计算得到的P_{Ti}校核耐压试验下的强度，井管管体可采用式（3-17）校核。

$$P_{Ti} = P_T + \rho_T g h \tag{3-16}$$

$$\sigma = \frac{P_{Ti} D_{ci}}{2K\delta} \tag{3-17}$$

式中　P_{Ti}——耐压试验时储气井管柱承受的内压力，Pa；

　　　P_T——标准规范规定的耐压试验压力，Pa；

　　　ρ_T——耐压试验介质密度，kg/m³；

　　　h——井管柱某段离地面（井口）处的深度，m；

　　　δ——井管有效壁厚，在井管规格壁厚中扣除负偏差和腐蚀裕量后的壁厚，mm。

在不考虑外压的情况下（偏保守），储气井井底部最下一根井管在耐压试验时所承受的内压力最大，按照式（3-16）计算，一口300m深的储气井，在耐压试验时，最下一根井管所承受的内压力为40.5MPa。

按照上述方法计算得到两种常用型式的储气井的最下一根井管管体耐压试验校核强度分别为：①钢级为N80、规格为$\phi177.8mm \times 10.36mm$：446.4MPa；

②钢级为 P110、规格为 $\phi244.48mm\times11.05mm$：571.0MPa。二者均低于相应屈服强度的 90%，因此能通过耐压试验强度校核。但是储气井的薄弱环节是螺纹连接部位，峰值应力出现在螺纹处，耐压试验时螺纹连接部位峰值应力只能采用有限元进行模拟，尚且无法验证。

3.3.4.3　钻井液柱静压力和水泥浆柱静压力

钻井液柱静压力和水泥浆液柱静压力在储气井制造施工过程会施加在储气井外部，目前储气井制造采用的水泥浆密度一般都低于 $1.8g/cm^3$，钻井液的密度一般低于水泥浆的密度。从前文分析看，钻井液柱和水泥浆柱静压力都不至于引起井管的挤毁失效。另外，钻井液和水泥浆在储气井制造过程对井管柱还有浮力作用，会抵消一部分轴向拉力，使储气井偏于安全。

因此，为了简化计算，本书认为在设计时对钻井液柱压力和水泥浆柱静压力可以不予考虑。

3.3.5　井筒管柱上提、下放及旋转的作用力

在井管柱组装及注水泥过程中，为了使管柱顺利下入以及提高固井质量，经常需要上下提放或转动井筒管柱，转动和上下提放井筒将使井筒承受外载。应对储气井制造过程中井筒管柱在转动和上下提放时的作用力进行控制，保证在允许范围内，上提下放的作用力不超过井管的轴向抗拉力强度，转动管柱的作用力不应超过井管螺纹接头的最大允许上扣扭矩。

3.3.6　载荷组合

前文所述各种载荷都不是单独作用于储气井井筒，和其它载荷之间存在耦合作用。按照上面的分析，井管柱重力、钻柱重力、钻井液柱静压力、水泥浆柱静压力以及气柱静压力均可不予考虑，因此本书不讨论它们的组合情况。

3.3.6.1　介质内压力与大地压力的组合

储气井在工作时，同时受介质内压力和大地外压力的作用，大地压力对井管有一定的加强作用，设计时如果不考虑大地压力，壁厚计算结果将偏于安全。大地外压力会抵消一部分内压力，设计时如果考虑大地压力，井管的计算壁厚将减小，可节省材料，但是目前地层压力还没有可靠经济的确定方法，且水泥固井质量实际达不到理想的全井段 100% 合格，本书认为为了保证安全，设计时不宜考虑大地压力对井筒的加强作用。

3.3.6.2　耐压试验压力与大地压力的组合

储气井井筒在耐压试验时，同时承受试验介质的内压力和大地外压力，大地

外压力会抵消一部分试验介质内压力,使井管在试验时经受的真实有效压力值减小,且有可能低于标准规范的规定,也就是井管的真实试验压力值未达到标准规范的规定,本书认为这方面的影响可以不予考虑,因为一方面储气井深度浅,最深只有不到 300m,大地压力相对耐压试验压力较小,占真实试验压力的比值小;另一方面,在正常工作时,大地压力同样会抵消一部分内压力。

3.4　设计方法

压力容器的设计方法有规则设计方法、分析设计方法、试验方法、可对比的经验设计方法。规则设计方法是基于弹性失效准则的设计方法,其通过现成的公式或曲线计算结构内的应力,计算得到的最大应力应不超过材料弹性范围内的某一许用值,规则设计方法不考虑温差应力、边缘效应以及交变应力引起的疲劳等问题,为保证容器的安全可靠性,在设计中引入了高的安全系数来包罗各种因素的影响。应力分析设计是一种基于弹性应力分析和塑性失效准则的设计方法,采用有限元等方法对结构内的应力分布进行精确计算,然后按照应力的起因、性质及引起容器破坏的模式进行应力分类,对不同类型的应力给予不同的许用值。

采用有限元方法对螺纹接头进行应力分析计算已有大量的文献报道,但是应力分析的方法都需要对结构、材料进行很多的简化和假设,如不考虑螺纹尺寸的偏差,材料假设为弹性,不考虑螺纹旋合过程的影响等,因此很难得到准确可靠的可以应用于工程实践的结果,有限元应力分析结果一般只作为定性分析的依据。

应力分析设计是一种设计的统一概念,其从设计准则、计算公式与曲线,到选材、制造、检验、管理等都是相互匹配的,不能割裂来看,否则将会导致不安全的结果。

为保证储气井结构设计的科学性和安全性,需通过储气井模拟结构以及真实储气井结构的相应试验研究来进行验证和提供数据支持。

3.5　储气井模拟结构试验验证

储气井是一类型式独特的压力容器。从结构上看,储气井的主要受压元件之间都采用螺纹连接,螺纹是一种存在应力集中倾向的结构,它用在承受交变载荷的压力容器上应十分审慎;另外,储气井井口装置和井底装置都不是常规压力容器结构,它们的使用既没有经过科学的论证,也没有丰富的实际经验。从材料上看,储气井井筒采用的是用于油气井的油套管,一些材料的强度超出了压力容器常规材料的强度范围,材料的部分关键的性能指标尚未被掌握。

储气井的结构及材料是否与其使用条件相容，需要相关的试验或实验室研究证实。本章对几种主要结构型式储气井的本体的安全性能进行实验研究，一方面考核相应设计的正确性，另一方面探索储气井的失效模式。

3.5.1　实验方案

首先，参照 TSG D7002—2006《压力管道元件型式试验规则》和 TSG R7002—2009《气瓶型式试验规则》，确定了储气井金属本体安全性能试验方案，主要内容如下。

3.5.1.1　型式的划分方法

储气井本体的安全性能试验的实验单元根据储气井结构形式、规格、材料划分。

3.5.1.2　试样要求

① 储气井本体安全性能试验的试样的设计、制造技术要求应与该试验单元所覆盖产品的技术要求一致，并应符合储气井相关标准规范的要求。试样的设计、制造应由有资格的单位完成。试样的技术资料应齐全，包括设计图纸、设计计算书、设计说明书、组装工艺文件、原材料质量证书（复印件）以及质量检查记录等检验资料。

② 储气井本体安全性能试验的试样应至少包括两根井管，井管长度的设计应考虑边界效应，一般应大于井管公称直径的6～8倍。

3.5.1.3　实验内容

试验的内容应至少包括耐压试验、疲劳试验和极限压力试验，其中极限压力试验是对试样打压直至其失效的试验。

本报告还附加了应力应变测试。

3.5.1.4　实验程序、方法和要求

（1）试样材料性能的检验

对井管管体材料性能的检验内容至少包括拉伸试验、冲击试验、硬度试验、化学成分分析、金相检验，试验的试样应从用于储气井本体型式试验的井管的同一根管体上截取。

用于加工井口装置和井底装置的锻件检验内容应至少包括光谱分析、金相分析、硬度检验。

（2）试样几何尺寸的检验

采用超声波测厚仪对井管管体壁厚进行全范围测量，实测壁厚应符合标准和

设计的要求。

（3）耐压试验

耐压试验的主要目的是初步检验结构的整体强度，保障后续试验的有效性及安全。

① 耐压试验参照执行 SY/T 6535—2002。

② 试验介质和试验温度应符合相关安全技术规范的要求。

③ 试验压力取工作压力的 1.5 倍。

④ 试验过程应符合相关安全技术规范的要求。

⑤ 耐压试验的保压时间应不小于 30min。

⑥ 耐压试验符合以下条件的，可判定为通过耐压试验：a. 无渗漏、无压降；b. 无可见的变形；c. 试验过程中无异常的响声。

⑦ 通过耐压试验的试样方可用于后续的疲劳试验。

（4）疲劳试验

① 疲劳试验参照执行 GB/T 9252—2017《气瓶压力循环试验方法》。

② 试验介质和试验温度应符合相关安全技术规范的要求。

③ 试验的循环上限压力取工作压力，下限压力应不超过上限压力的 10%。

④ 保压时间应保证试样的变形与压力变化相适应的足够的时间，反映压力循环波形的 $p\text{-}t$ 曲线应为基本相同的近似正弦或梯形波，且具有与上、下保压时间相对应的上、下平台。

⑤ 试验时压力循环频率应不超过每分钟 15 次。

⑥ 压力循环总次数应不低于设计循环次数，并应留有一定的裕量。

⑦ 试验过程中应随时注意检查螺纹连接处是否有渗漏、试样有无可见的变形以及是否有异常的响声。

⑧ 试验结束后，检查试样有否出现变形和萌生裂纹。

⑨ 对于试验过程中出现第⑦和第⑧所述问题的，应判定试样未通过疲劳试验，对出现问题的部位应进行解剖检查。未出现问题的试样可用于后续的气密性试验和内压爆破试验。

（5）极限压力试验

① 试验参照执行 GB/T 15385《气瓶水压爆破试验方法》。

② 试验升压时应缓慢平稳，应自动记录压力与压入水量的对应值。

③ 试样临近失效前，应密切注意压力及压入水量的数值，爆破时，应自动记录爆破压力及总压入水量。

④ 对破裂失效的试样，采用断口观察、电镜、金相等方法分析破裂机制。

（6）应力、应变测试

在耐压试验过程中，采用贴应变片的方法对试样的应力分布进行测试。

3.5.2 试验条件

3.5.2.1 试验设备

疲劳试验设备符合 GB/T 9252—2017《气瓶压力循环试验方法》要求，试验设备的压力循环上限可达 50MPa，工作温度低温可达−90℃，高温可达 80℃。爆破试验装置的极限压力可达 500MPa。试件参数见表 3-3 和表 3-4。

表 3-3　试件参数表

试件编号	结构示意图	规格/mm×mm	井管最小壁厚/mm	井管材料牌号或钢级
A-1	图 3-17	ϕ244.48×11.05	10.8	P110 钢级①
A-2	图 3-17	ϕ177.8×10.36	9.2	N80/Q 钢级①
B-1	图 3-18	ϕ244.48×11.99	11.5	TP80CQJ/M 钢级②
B-2	图 3-18	ϕ177.8×10.36	9.8	TP80CQJ/M 钢级②
C-1	图 3-19	ϕ244.48×11.05	11.1	35CrMo③
C-2	图 3-19	ϕ177.8×10.36	9.8	N80Q① 钢级
D-1	图 3-20	ϕ244.48×11.99	11.6	N80/Q① 钢级
D-2	图 3-20	ϕ177.8×10.36	9.8	N80/1① 钢级

①执行 API 5CT 标准。
②执行天津钢管集团股份有限公司企业标准。
③执行江苏诚德钢管股份有限公司企业标准。

表 3-4　试件参数表（含螺纹缺陷）

试件编号	结构示意图	规格/mm	井管材料
E-1	图 3-21	ϕ177.8×11.36	N80/1 钢级
E-2	图 3-21	ϕ177.8×11.36	N80/1 钢级
E-3	图 3-21	ϕ177.8×11.36	N80/1 钢级

3.5.2.2 试件结构

为模拟实际储气井结构（偏保守考虑忽略地层的加强作用），试件由井口装置、井管（2 根，每根约为 1.5m）、接箍和井底装置组成，总长约 4m。储气井模拟试件的结构如图 3-17～图 3-20 所示，试件参数如表 3-3 所示，工作压力为 25MPa。其中 D-1 和 D-2 为 2008 年及之前的主要结构，因井口难以实现重复拆卸，不利于开启检测，当前使用较少。其余为当前常用结构。

对试件 A-1～B-2 的井管材料力学性能进行了实测，结果见表 3-5。

表 3-5　试件 A-1～B-2 的井管材料力学性能检验结果

试件编号	屈服强度/MPa	抗拉强度/MPa	断后伸长率/%	硬度（HB）	冲击功 KV_2/J 20℃
A-1	915	995	19.5	285	158
A-2	575	725	22	222	168
B-1	695	810	25.5	250	169
B-2	690	795	25	228	169

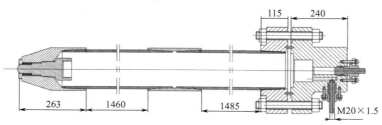

图 3-17　试件 A-1、A-2 结构示意图

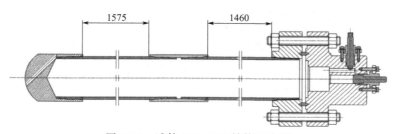

图 3-18　试件 B-1、B-2 结构示意图

图 3-19　试件 C-1、C-2 结构示意图

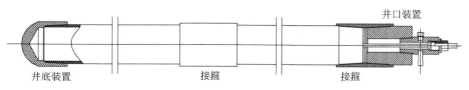

图 3-20　试件 D-1、D-2 结构示意图

试件 E-1、E-2、E-3 结构，在与井口装置相连的井管螺纹上，加工井管轴向螺纹划伤缺陷，缺陷加工后拍照，并做标记。加工的螺纹划伤缺陷如图 3-21 所示。试样的螺纹缺陷分别如下。

① B-1 结构螺纹划伤深度与螺纹根部齐平，长度贯穿整个井管螺纹（仅留小端 2 个丝扣）。缺陷宽度约 2mm。

② B-2 结构螺纹划伤深度与螺纹根部齐平，长度为半井管螺纹（从螺纹轴向

(a) E-1结构螺纹缺陷

(b) E-2结构螺纹缺陷

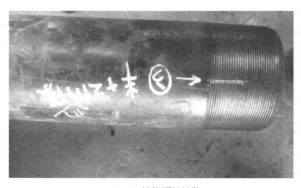

(c) E-3结构螺纹缺陷

图 3-21　螺纹划伤缺陷

中部向大端延伸）。缺陷宽度约 2mm。

③ B-3 结构螺纹划伤深度超过螺纹根部 2mm，长度为半井管螺纹（从螺纹轴向中部向大端延伸）。缺陷宽度约 2mm。

3.5.3　疲劳试验

3.5.3.1　试验过程

储气井试件疲劳试验参照 GB 9252—2001 气瓶疲劳试验方法进行，试验参数见表 3-6。试验介质为机油，试验过程中控制介质温度＜45℃，控制井管壁温度＜36℃。

表 3-6　疲劳试验参数

压力循环 上限/MPa	压力循环 下限/MPa	循环速率 /(次/分)	升压时间 /s	上限压力下 保压时间/s	降压时间 /s	下限压力下 保压时间/s
25.0±0.5	2.5±0.5	≈5	≈9.2	0.3	≈2.4	0.1

3.5.3.2　试验结果

试件 A-1～B-2、C-2～D-2、E-1～E-3 经过了 30000 次压力循环。试验过程中螺纹连接处均未发生渗漏，也没有异常的响声。试验后，对试样全表面进行宏观检查，未发现变形和裂纹。因此，可以判定这 7 组试件的储气井均通过了循环次数为 30000 次（设计循环次数为 25000）的疲劳试验。

对于试件 C-1，储气井底装置与接箍连接螺纹出现泄漏。后更换与井底装置相连接箍，继续进行压力循环试验，总计完成 50012 次压力循环，未发生疲劳失效。

3.5.4　爆破试验

3.5.4.1　试验过程

爆破试验在疲劳试验之后进行。将试件内充满水后置于爆破仓内，再与加压系统管线连接。加压前将试件内和管线中的气体排净。试验时的环境温度均在 5℃ 以上。试验过程中，连续缓慢加压直至试件失效（预期破坏形式为爆破或泄漏）为止，对试验过程中的压力值进行适时监测。

3.5.4.2　试验结果

对试验过程中观测压力值随时间的变化作图，试件 A-1 的压力-时间曲线如图 3-22 所示。爆破试验结果如表 3-7 所示。图 3-23 为试件 B-2 爆破试验后的现场图片，图 3-24 为试件 C-1 爆破试验后的现场图片。

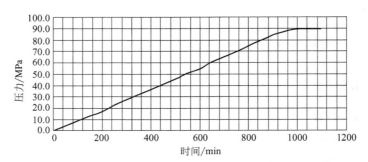

图 3-22　试件 A-1 压力试验过程中压力-时间曲线

(a) 井底装置与井管螺纹连接处

(b) 接箍与井管的螺纹连接处

图 3-23　试件 B-2 泄漏失效部位

(a) 爆破后的储气井装置

(b) 拉脱后的井口接箍与井管处螺纹

图 3-24　试件 C-1 爆破试验后现场图片

3.5.5   分析讨论

试件 D-1 由于底封头与接箍螺纹连接扭矩施加不到位，导致在 67MPa 下即开始泄漏。除 D-1 外，其它试件极限承载压力均达到或超过了 3 倍工作压力即 75MPa，说明笔者试验的储气井结构的承载能力良好，出现短时间小范围超压不会对储气井造成影响。

试件 A-1～B-2、C-2～D-2 共 7 种型式均通过了 30000 次循环次数内压疲劳试验，均满足设计要求，且具有一定的裕度。试件 C-1 在压力循环过程中出现了螺纹处泄漏现象，但经过更换接箍后，结构承受了 50012 次压力循环。分析得出接箍螺纹加工质量对结构密封性和抗疲劳性能有较大的影响，各螺纹连接部位的安装、拧紧也比较重要。螺纹质量不佳或安装不符合要求，储气井在正常使用过程中容易发生泄漏或螺纹连接处脱落等严重问题。

试件 A-1～B-2、C-2～D-2 在极限承压试验过程中，均在管体发生失效之前，螺纹连接部位先发生变形并引起泄漏，表明螺纹连接部位的应力较高，承载能力低于管体。

表 3-7   爆破试验结果

试件编号	极限（爆破）压力/MPa	失效形式	失效部位
A-1	85	泄漏	试件中部接箍与井管螺纹连接部位
A-2	79	泄漏	试件中部接箍与井管螺纹连接部位
B-1	75	泄漏	井口装置上、下法兰之间的密封面以及接箍与井管之间的螺纹连接部位
B-2	86	泄漏	试件中部的接箍与井管的连接部位以及底封头与井管的螺纹连接部位
C-1	87	拉脱	井口接箍与井管连接处螺纹拉脱失效
C-2	80	泄漏	井口装置螺纹连接处
D-1	67	泄漏	井底装置与井管螺纹连接部位
D-2	83	泄漏	井底装置与井管螺纹连接部位
E-1	80	泄漏	井管和井口装置螺纹连接处
E-2	80	泄漏	井管和井口装置螺纹连接处
E-3	80	泄漏	井管和井口装置螺纹连接处

试件 C-1 在极限承压试验过程中，井口接箍与套管处螺纹拉脱失效。拉脱原因之一，是该结构由于井口接箍壁厚较大，导致对套管产生较大的约束，在内压

较大时螺纹承受的应力增大，使结构在该处容易发生拉脱失效。但由于极限压力已经达到 87MPa，远大于正常工作压力 25MPa，且疲劳试验通过 3 万次循环，该井口结构符合使用要求。并且该种结构用材少，安装简单，经济性强，具有较大的优势。

试件 A-1～B-2、C-2～D-2 储气井在极限压力试验中表现出"漏而不破"特性。若仅从疲劳性能和结构强度方面评价，2008 年以前的结构 D-1 和 D-2 也满足使用要求。

含螺纹缺陷的 3 组试件（E-1、E-2、E-3）的爆破压力约为 80MPa，与无缺陷结构基本相当。3 组含缺陷的试件，虽试件的螺纹缺陷尺寸有所不同，但爆破试验所得极限压力值相同。表明当存在深度不超过螺纹牙型高度、长度不超过轴向半长的螺纹划伤缺陷时，储气井螺纹结构的总体强度与无缺陷结构基本相同，螺纹缺陷对储气井整体强度影响可以忽略。

3.5.6　小结

对当前加气站使用的主要储气井结构以及 2008 年前的常见结构进行了疲劳试验和爆破试验，对储气井的结构合理性进行了探讨，并对储气井的薄弱环节和失效形式进行了分析，得出以下结论。

① 螺纹质量和螺纹连接部位的扭矩（拧紧力）对储气井密封性能及抗疲劳性能具有较大的影响，设计中应对此提出相应要求。

② 储气井结构在极限压力下螺纹部位首先失效，失效形式有螺纹拉脱和螺纹塑性变形导致泄漏两种。

③ 井管与接箍、井管与井口装置、接箍与井底装置的螺纹连接部位是储气井结构的薄弱环节，在结构设计及在役检验时应重点关注。

④ 由于螺纹是储气井结构的薄弱部位，在储气井设计时应对螺纹连接进行分析计算。

⑤ 如果螺纹含有轴向划伤缺陷，当缺陷深度不超过螺纹牙型高度、长度不超过螺纹轴线半长时，储气井结构可以通过 30000 次的疲劳循环，极限承载力与无缺陷结构基本相同。

3.6　真实储气井试验验证

3.6.1　储气井试验井建造

作者建造试验井 2 口，分别为 A 井和 B 井，结构如图 3-25 所示，规格分别为 ϕ244.48mm×11.05mm×71m 和 ϕ177.8mm×10.36mm×23m。

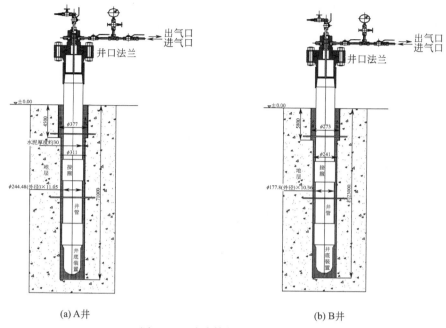

(a) A井　　　　　　　　　　　　(b) B井

图 3-25　试验储气井结构示意图

A 井固井采用建筑 32.5R 水泥，水泥用量 4.8t，水泥浆密度 1.8g/cm³，施工记录的地层信息为：0～7m 为沙土层，7～71m 为页岩层。B 井固井采用建筑 32.5R 水泥，水泥用量 1.7t，水泥浆密度 1.78g/cm³，施工记录的地层信息为：0～7m 为沙土层，7～23m 为页岩层。

3.6.2　储气井试验井应力测试

3.6.2.1　贴应变片

由于储气井井筒位于地下，贴应变片工作必须在井管组装和入井之前完成。

3.6.2.1.1　布片位置

A 井试验井井筒由 7 根井管组成，每根井管约 10m。应变片布置在每根井管中部的外壁，从井底往上，应变测试点编号依次为 1♯、2♯、3♯、4♯、5♯、6♯、7♯。考虑到井管下放和固井操作对应变片可能造成损坏，在 1♯～7♯ 周向相隔 90°的部位各布置备用应变片 1′♯～7′♯。

B 井试验井井筒由 2 根井管组成，每根井管约 11m。应变片布置在每根井管中部的外壁，从井底往上，应变测试点编号依次为 1♯、2♯。考虑到井管下放和固井操作对应变片可能造成损坏，在 1♯、2♯ 的周向相隔 90°的部位各布置备用应变片 1′♯、2′♯。

由于应变片要与固井水泥接触，本书试验采用防水应变片，规格为 WFLA-3-11-5L。

3.6.2.1.2　贴片过程

① 井管的表面处理。先用砂纸打磨金属表面，再用酒精进行清洗，最后用干棉花擦洗干净。

② 用划针分别沿轴向和环向在贴片区域划线，标出贴片的位置，以保证贴片位置和方向的准确性。

③ 在贴应变片前，应用万用表对所有应变片逐一检查，将电阻值不符合要求的电阻片剔除，以保证电阻片阻值的一致性和试验数据的可靠性。

④ 用应变片专用胶将应变片按布片方案贴在试件上，为保证与应变片相连的测试导线与试件的良好绝缘，在应变片自身引出线与相连导线连接处用绝缘胶带缠好，并用专用胶固定在井管上，以保证绝缘，并防止应变片导线被拉断。

⑤ 在将导线与应变片自身引出线用焊锡连接之后，用万用表测试所有应变片的阻值及线路与试件间的绝缘电阻，确保符合测试要求。全部合格后，用 704 胶将应变片覆盖起来，以防止由于潮湿和碰擦以及固井等造成应变片失效。

3.6.2.2　井管组装

将井管与接箍通过液压大钳拧紧后下入井底。井管组装时，将应变片连接导线顺着井管，沿井管与井眼间的环空引出地面。井管入井时，需谨防应变片碰伤、划伤。

3.6.2.3　应力测量

3.6.2.3.1　时机

① 当井管组装入井后、进行固井前，即储气井筒处于自由状态时，对储气井进行水压试验，进行测试。

② 储气井固井结束 6～7 天后，即储气井固井水泥凝固后，对储气井进行水压试验，进行测试。

3.6.2.3.2　测试

应变测量采用 TDS303 型静态应变仪，应变测量结果由计算机采集。对 3.6.2.3.1 的①和②，采用试压泵对储气井逐级施加压力，直到水压试验压力（37.5MPa）。在每个压力等级下保压一段时间，同时测试各点应变值。固井后应变测试的井口照片如图 3-26。

为了分析固井水泥对应变测试结果的影响，在固井结束 5～6 天后，采用固井检测仪器（CBL 方法）对储气井进行了固井质量检测。经检测，A 井的 1♯、2♯、3♯、5♯ 位置所在区域的固井质量较好，即水泥包裹良好；经检测，B 井的 1♯ 位置所在区域的固井质量较好，即水泥包裹良好，分析这该处的应变测试结果。

接试压泵

应变片引出线

A井

接管连接试压泵

应变片连接导线

B井

图 3-26　固井后应变测试的井口照片

表 3-8　应力测试结果（A 井环向应力）

压力/MPa	环向应力/MPa				备注
	1♯	2♯	3♯	5♯	
10	86.61	96.30	86.70	88.25	固井前
	79.45	93.30	83.52	84.58	固井后
	8%	3%	4%	4%	降低率
15	135.10	150.20	136.00	137.60	固井前
	119.15	143.84	130.27	131.31	固井后
	12%	4%	4%	5%	降低率
20	184.10	205.10	185.00	187.90	固井前
	158.38	190.38	172.73	176.10	固井后
	14%	7%	7%	6%	降低率
25	235.50	263.20	237.00	241.10	固井前
	197.77	240.32	218.82	223.82	固井后
	16%	9%	8%	7%	降低率
30	286.60	320.80	289.00	293.30	固井前
	241.68	292.50	265.15	272.26	固井后
	16%	9%	8%	7%	降低率
37.5	366.80	414.80	370.00	376.10	固井前
	312.48	369.85	331.75	339.37	固井后
	15%	11%	10%	10%	降低率

对于主应力方向已知的平面内应力状态可使用 ε_0、ε_{90} 的二向应变片直接换算主应力，计算公式为：

$$\sigma_1 = \frac{E}{1-\mu^2}(\varepsilon_0 + \mu\varepsilon_{90}) \tag{3-18}$$

$$\sigma_2 = \frac{E}{1-\mu^2}(\varepsilon_{90} + \mu\varepsilon_0) \tag{3-19}$$

式中，μ 为井筒材料泊松比，取 0.3；E 为井筒弹性模量，10^3 GPa，取 0.21；ε 为应变，10^{-6}；σ 为应力，MPa。

采用式(3-18) 和式(3-19)，将应变换算成应力，A 井井筒环向应力结果如表 3-8 所示，B 井结果见 3-28 和图 3-29。

3.6.2.3.3 结果分析

（1）A 井结果分析

因为储气井管本身壁厚存在不均匀性，所以同规格的井管，在不同位置测试得出的应力值相互有差别。计算固井之后储气井筒的环向应力相比固井前应力的差值（用百分比表示，如表 3-8），由表 3-8 可见，不同位置的差率不同。说明固井质量不同，固井对井管的影响也存在差异。但固井后的井筒应力均小于固井前的应力。说明固井对储气井井筒存在加强作用，最大使应力减小 16%，试验测试结果与理论分析基本一致。

根据表 3-8 的数据，绘制环向应力降低率随内压的关系图（见图 3-27）。由图 3-27 可见，除 1# 处外应力降低率均随内压力的增加而加大，也就是说，水泥环对井筒的增强效果随着井筒内压力的增加而逐渐明显。这是因为，在压力逐渐升高时，内压的作用力使水泥环和井筒及地层的结合更紧密，地层和水泥环承担的载荷逐渐增加，井筒应力更多的传递到水泥环和地层，从而使井筒应力降低更明显。

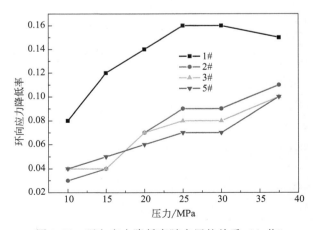

图 3-27 环向应力降低率随内压的关系（A 井）

（2）B 井结果分析

① 固井前后应力比较　由图 3-28 可见，固井后的井筒轴向应力明显小于固井前的轴向应力，说明固井对储气井起到了加强作用，最大使轴向应力减小 42%。

由图 3-29 可见，固井后的井筒环向应力小于固井前的轴向应力，最大使环向应力减小 11%。轴向应力减小量比环向应力显著。

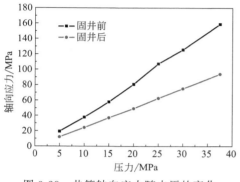

图 3-28　井筒轴向应力随内压的变化

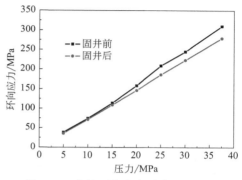

图 3-29　井筒环向应力随内压的变化

② 轴向变形分析　应变测试结果显示，在工作压力 25MPa 下，固井后最大轴向应变值为 $84\mu m$，储气井深度 23m，由此估算轴向变形为 $84\times10^{-6}\times23\times10^{3}=1.9mm$。假如储气井深为 100m，则估算变形为 8.4mm。而实际上，当井深增加时，由于接箍尺寸的突变，其轴向约束作用将增加，深处的井管变形量还将降低。所以固井质量较好时，储气井轴向变形很小，不会导致井筒上冒。

③ 固井对储气井失效的影响　从储气井的特点可知，储气井径向有地层约束，如果失效，能量可被大地吸收，不易造成事故。而轴向如果失效，井筒将冲出地面，对地面人员和设备造成严重损伤。所以防止储气井事故，首先要防止储气井发生轴向失效。

从上文试验研究结果来看，储气井经有效固井之后，井筒轴向应力大大降低，说明固井可以大大降低储气井轴向失效的可能性。因为有效固井后，在同样的壁厚下，储气井能承受更大的压力载荷。即使井筒剩余强度达不到设计（按无水泥约束设计）要求，由于固井的加强作用，储气井仍可以保持安全。

3.6.2.4　小结

① 建造储气井试验井，进行固井质量检测，对地下储气井实施了应力测试。通过对地下井筒外壁应力测试得出，固井后的井筒环向应力小于固井前，最大使 A 井固井后环向应力较固井前降低 16%。最大使固井后 B 井轴向应力较固井前

降低 42%，环向应力降低 11%。随着井筒内压的增加，固井水泥环对井筒的加强作用日益明显。

② 有效固井后储气井的轴向变形较小，工作压力下不会导致井筒上冒。通过有效固井，能大大减少储气井发生轴向失效，即井筒飞出地面的可能性。

3.6.3 储气井试验井疲劳试验

3.6.3.1 试验准备

对 A 井实施疲劳试验。试验设备和条件如表 3-9 所示。经计算，试验井容积约 400L，接近疲劳试验设备的极限能力。为保证实验顺利进行，且不影响试验效果，往井里填充金属钢棒，填充后剩余容积约 300L。

表 3-9 试验设备和条件

试压泵型号	V30D-95	疲劳装置编号	GJPJ-001
压力表量程	100MPa	传感器量程	100MPa
试验介质	L-HM46 耐磨液压油	试验时介质最高温度/℃	43.2

疲劳试验在储气井固井和耐压试验结束后进行。疲劳试验前采用空气压缩机将井内的水全部排出，再填充钢棒，然后往井里灌注耐磨液压油。由于井内介质相对复杂，为保护疲劳试验装置，在疲劳试验机出口管线上安装过滤器（型号 ZU-H63X20LS），防止井内液体回流入疲劳试验装置。

3.6.3.2 试验实施

参照标准 GB 9252—2017 和 GB 17258—2011，按表 3-10 的试验参数进行试验。试验过程中，定期检查井口部位及连接管道是否有泄漏。

表 3-10 试验参数

压力循环上限/MPa	压力循环下限/MPa	循环速率/(次/min)	升压时间/s
25	2.0	≈7.0	≈4.0
上限压力下保压时间/s	降压时间/s	下限压力下保压时间/s	循环次数/次
1.0	≈4.0	1.0	30000

3.6.3.3 稳压试验

由于储气井大部分结构位于地下，若地下部分有渗漏或泄漏，试验人员不易发现。为此，疲劳循环结束后，对储气井进行了 2 次稳压试验，以考察储气井是否存在泄漏点。第一次试验压力为 36MPa，试验历经 3 小时 29 分，未见有压降。第二次试验压力为 25MPa，试验历经 12 小时 28 分，未见有压降。

3.6.3.4　试验结果

对储气井进行常温压力循环试验，循环加压至 30000 次，经地面巡查和稳压检测储气井无压降，未发生疲劳失效。

3.6.4　储气井试验井抗拔试验

储气井相对普通地面压力容器的区别，主要表现为 3 方面：①位于地下；②井筒与井眼间的环空填充固井水泥；③结构采用螺纹连接。鉴于储气井的特点，储气井最严重的失效形式，是当井下某段由于腐蚀断裂或螺纹失效后，整体或部分冲（飞）出地面，造成人身或财产损失。四川宜宾某加气站储气井事故便是如此。要防止此类事故的发生，一方面是要防止地层对储气井的腐蚀，另一方面就是要依靠地层对储气井的竖向约束力（即抗拔力）阻止储气井的向上移动。如果抗拔力足够大，即使储气井下部某个部位腐蚀断裂，断裂部位以上的储气井依然不会飞出地面而造成事故。因此，储气井的抗拔力，是储气井设计的一个非常重要的参数。如果抗拔力大于内压引起的当量轴向拉力，储气井不会冒出（飞出）地面；否则有可能发生严重事故。然而，长期以来有关地层对储气井的轴向约束方面的研究甚少，相关的试验研究几乎是空白。

3.6.4.1　试验研究

（1）储气井概况

A、B 两井情况见本章 3.6.1。两井的井筒外壁与裸眼井壁间采用水泥固井，水泥信息如表 3-11 所示。

表 3-11　固井水泥信息表

井号	水泥强度等级	用量	密度
A	32.5R	4800kg	$1800kg/m^3$
B	32.5R	1700kg	$1780kg/m^3$

（2）测试方法

本试验采用大梁与储气井相连，两侧分别采用千斤顶加载上抬的加载方式。千斤顶置于混凝土基础加刚性承压板上，储气井与反力梁间采用螺栓连接。安装方式如图 3-30 所示，现场试验如图 3-31 所示。

由于没有专门针对储气井抗拔力检测方面的规范，经过比较后选用了最相近的《建筑基桩检测技术规范》（JGJ 106—2014），并采用快速加载试验方法。同时，还参照了水利行业有关岩石试验规程中锚杆抗拔试验的有关要求。

两个千斤顶使用同一油泵串通供油，以保证两端上抬荷载一致。在与大梁垂

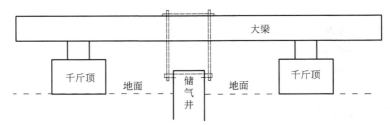

图 3-30　抗拔力测试安装示意图

图 3-31　试验装置图（A 井）

直方向对称安装两个大行程的百分表，用以测量每级荷载下储气井的上拔位移。每级卸载量为加载量的 2 倍。

根据所施加荷载以及所测试的对应荷载下的上拔位移量，作出荷载位移曲线，分析该曲线，根据有关规程规范判定其抗拔极限承载力。

（3）测试设备

抗拔测试所使用主要测试设备如下。

① 千斤顶：2 只，型号 YS150-10C，最大出力 1500kN，行程 100mm。

② 油泵：型号 XZ SYB—5 岩石试验专用。

③ 百分表：2 只，表号 30114 和 72094，行程 30mm，精度 0.01mm。

④ 高压油管、磁性表座等配套设备。

（4）测试结果

考虑到井口钢管的最大轴向承载极限，为防止安全事故的发生，A、B 两井的上拔荷载分别按 3000kN 和 1500kN 进行量测设备的配置和安装。A、B 两井均加载到设备极限后停止加载。A、B 两井各级荷载与对应上拔位移量数据见表 3-12，A、B 两井的荷载位移曲线见图 3-32。载荷到达最大上拔力时井口地面情况如图 3-33 所示，此时井管对地的相对位移清晰可见。

表 3-12　A、B 两井荷载与上拔位移量数据

载荷级数	A 井		B 井		备注
	荷载/kN	位移/mm	荷载/kN	位移/mm	
1	0.00	0.00	0.00	0.00	初始
2	314.10	0.29	125.64	0.97	加载
3	628.2	3.39	251.28	2.07	加载
4	942.3	5.93	376.92	4.75	加载
5	1256.4	7.96	533.97	6.27	加载
6	1570.5	10.63	691.02	7.60	加载

载荷级数	A井		B井		备注
	荷载/kN	位移/mm	荷载/kN	位移/mm	
7	1884.6	13.26	848.07	9.21	加载
8	2073.06	15.41	942.30	10.38	加载
9	2261.52	18.03	1067.94	12.16	加载
10	2261.52	18.03	1193.58	13.95	加载
11	2512.8	20.56	1256.40	14.94	加载
12	2701.26	22.47	1319.22	15.42	加载
13	2826.9	24.05	1382.04	17.47	加载
14	2952.54	25.16	/	/	加载
15	2701.26	25.16	/	/	卸载
16	2261.52	25.16	/	/	卸载
17	1884.6	25.16	/	/	卸载
18	1256.4	24.16	/	/	卸载
19	628.2	19.90	/	/	卸载
20	0	2.98	/	/	卸载

注：表中荷载为千斤顶施加的载荷。

A井　最大荷载2952.54kN，对应上拔位移量25.16mm，卸载至0荷载时残余变形量2.98mm。从图3-32可见，荷载位移曲线未出现拐点。

B井　最大荷载1382.04kN，对应上拔位移量17.47mm。从图3-32可见，荷载位移曲线的最后一级已经表现出位移量增大的拐点迹象。

（5）结果分析

从图3-32中A井的荷载位移曲线看，在第一级荷载314.1kN时，储气井上拔量明显偏小。这是由于荷载尚小，该部分荷载主要耗散在储气井与上部大梁间

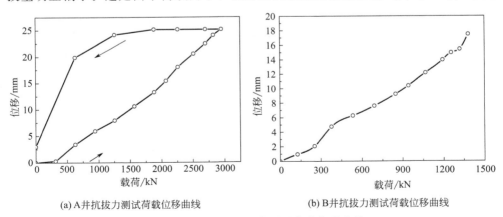

(a)A井抗拔力测试荷载位移曲线　　　　(b)B井抗拔力测试荷载位移曲线

图3-32　A、B井抗拔力测试荷载位移曲线

图中载荷值为千斤顶施加的载荷

图 3-33 达到最大上拔力时
井口地面情况（A井）

的连接螺栓的应力调整中。随着荷载逐渐加大，其荷载位移曲线基本呈直线，直至设备极限 2952.54kN 时，未见明显拐点，根据 JGJ 106—2014，该井抗拔极限承载力应大于 2952.5kN。从回弹曲线和数值分析，回弹较充分，残余量较小，说明该曲线总体仍处于弹性阶段。A 井荷载位移曲线加载段中，在荷载 1884.6kN 前后曲线斜率有细微变化，根据经验判断，1884.6kN 应为比例界限点。即 1884.6kN 前为完全弹性阶段，之后为弹性变形与塑性变形的叠加阶段。

从图 3-32 中 B 井的荷载位移曲线看，当荷载为 1319.22kN 时，上拔位移量 15.42mm，而当荷载增加到 1382.04kN 时，上拔位移增加至 17.47mm，曲线在这一级出现较为明显的拐点迹象。由于设备原因，未作回弹测试。根据 JGJ 106—2014，将变形明显增大的前一级作为其极限承载力，因此，B 井的抗拔极限承载力为 1319.22kN。B 井荷载位移曲线加载段中，在荷载 942.3kN 前后曲线斜率有细微变化，根据经验判断，942.3kN 应为比例界限点。

（6）极限抗拔力与当量轴向拉力比较

由于上文载荷数据为千斤顶施加的载荷（压力表读取的竖向载荷值），包括传递至储气井的载荷和横梁重力，因此计算储气井的抗拔力载荷应减去横梁自重（为 20kN）。于是得出 A 井的抗拔极限承载力大于 2932.5kN，B 井的抗拔极限承载力为 1299.22kN。

工作压力下储气井的当量轴向拉力为 $F_0 = \pi P D_i^2 / 4$，将 A 井、B 井的尺寸及工作压力 $P = 25\text{MPa}$ 代入，可得当量轴向拉力分别为：A 井 $F_A = 971.00\text{kN}$，B 井 $F_B = 484.48\text{kN}$。由上述试验结果，可知 A 井的极限压力已超过 3 倍当量轴向拉力。B 井的井深虽远小于工程实际井深（一般大于 70m），但极限抗拔力也为当量轴向拉力的 2.6 倍，由此推测，当井深为工程实际尺寸（一般大于 70m）时，极限抗拔力大于当量轴向拉力的 3 倍。

3.6.4.2　储气井抗拔力计算

（1）抗拔力公式计算法

储气井具有位于地下、立式管状的特点，与建筑行业中抗拔桩的情况相近。参考建筑标准 JGJ 94—2008，按照抗拔桩进行计算，可得极限抗拔力：

$$F = \sum_{i=1}^{n} \lambda_i q_{\text{sik}} u_i l_i \tag{3-20}$$

式中　λ_i ——抗拔系数；

u_i——水泥桩柱截面的周长，m；

l_i——各土层的厚度，m；

q_{sik}——与 l_i 对应的各土层的极限侧阻力标准值，kPa；

F——抗拔力，kN。

查 JGJ 94—2008，按混凝土预制桩取值，不同地层取不同的 q_{sik} 值。代入 $u_i = \pi D_{3i}$ 并取 $\lambda = 0.7$，则式（3-20）可以简化为：

$$F = 0.7\pi \sum_{i=1}^{n} D_{3i} l_i q_{sik} \tag{3-21}$$

式中　D_3——储气井水泥环外径，m。

（2）计算实例

对于第 2 节的 A 井和 B 井，根据式(3-21)计算抗拔力，如表 3-13 和表 3-14。

表 3-13　A 井抗拔力计算表

深度/m	D_3/m	q_{sik}/kPa	l/m	F/kN
0～4.5	0.377	54	4.5	201.46
4.5～7	0.311	54	2.5	92.33
7～71	0.311	100	64	4377.12
共计				4670.91

对于 B 井，公式计算结果为 1095.48kN，试验结果为 1299.22kN，说明公式计算结果是偏保守的。工程中可以采用公式法计算，但是前提是地层信息明确、固井质量良好。对于 A 井，公式计算结果为 4670.91kN，试验结果为大于 2932.5kN。因条件限制，试验未得出极限抗拔力的具体值，无法进行比较。

表 3-14　B 井抗拔力计算表

深度/m	D_3/m	q_{sik}/kPa	l/m	F/kN
0～5.8	0.273	54	5.8	188.03
5.8～6	0.241	54	0.2	6.48
6～23	0.241	100	17	900.97
共计				1095.48

3.6.4.3　小结

建造了试验储气井，对地下储气井实施了抗拔力试验，并于公式计算法做了对比。主要得出如下结论。

① 规格 $\phi 244.48$mm×11.05mm×71m 试验储气井的抗拔极限承载力大于 2932.5kN，规格 $\phi 177.8$mm×10.36mm×23m 的试验储气井的抗拔极限承载力为 1299.22kN。

② 当各井段地层信息完整时，且经过有效固井后，储气井极限抗拔力可以采用本书公式进行计算，计算结果偏于安全。

第4章

储气井制造

储气井金属本体部分各部件之间均通过螺纹连接组装而成，组装施工在制造地完成，制造过程不涉及焊接。储气井来源于油气井，制造也与油气井相类似，一般包括钻井、井管组装、固井、压力试验等主要过程。

4.1 钻井

钻井是储气井制造过程中重要的一步，钻井质量的优劣直接影响下一步井管下井和固井过程能否顺利进行及固井质量的好坏。油气井工程领域关于钻井有丰富的技术成果和经验，并已形成较为完善的标准体系，储气井钻井多数环节均可直接参照油气井钻井工程对应环节的执行标准。储气井制造单位实施钻井前，应按相关标准规范的要求，编制钻井工艺文件，施工过程应严格执行钻井工艺文件，制造单位应对施工过程进行记录，对重要指标应进行检测，并编写报告。

4.1.1 井身结构

井身结构的概念引自油气井工程领域，储气井的井身结构是指钻头直径及其最佳下入的钢管直径和深度。储气井的井身结构比油气井简单得多，图4-1所示为储气井井身结构的一个实例。储气井井身结构设计的内容包括表层套管规格和下入深度、钻表层钻头直径、裸眼井深度和井筒下入深度、井筒规格和钻头尺寸等。井身结构的设计应综合考虑储气井容积需求，环空水泥环厚度及水泥环对套管的保护作用，钻井工艺及钻井成本。

（1）表层套管的规格和下入深度及钻表层钻头直径

表层套管在储气井结构中起到加强封固和预防钻井施工过程中地层垮塌的作用。表层套管的规格一般应比套管规格大120～200mm。石油行业标准 SY/T 6535—2002《高压气地下储气井》有关于表层套管下入深度的规定为3～5m，早期制造的储气井一般均按该标准的规定设计表层套管深度。表层套管的下入深度应充分考虑地质条件的影响，有专家建议，填方地层、松软地层中表层套管的深度不宜小于 12m，花岗岩地层中表层套管的深度宜不小于 5m，其它地层中表层套管的深度不宜小于 5～12m。

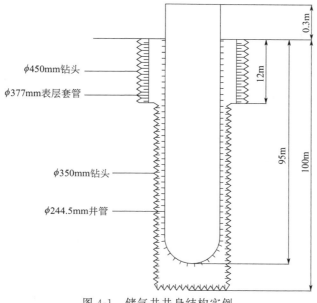

图 4-1　储气井井身结构实例

（2）裸眼井深度和井筒下入深度

储气井井筒深度根据设计水容积和井管内径等计算得到，目前在用储气井井筒一般在 40～300m 之间。裸眼井深度和井筒下入深度的匹配尚无标准规定，通常认为裸眼井总深至少应比储气井埋地部分总深度大 1.5％，且井底装置底部距裸眼井底部的净空高度不小于 3～5m。

增加裸眼井深度和下套管深度可提高单井水容积，但钻井深度应受下列因素限制：①不应钻穿潜在的浅气层，若发现已钻穿浅气层，应注水泥塞封弃底部井段，或全井注水泥塞废弃；②不应钻穿与地下矿坑所在地层或与地下矿坑相连通的破碎性地层。

（3）井筒规格、裸眼井直径和钻头直径

钻头直径与井管直径应在石油天然气钻井的常用标准序列内选用。目前，用于储气井的规格主要有两种：$\phi 177.8mm$ 和 $\phi 244.5mm$。裸眼井直径取决于钻井所用钻头的直径，钻头直径和井管直径之间的匹配目前尚无标准规定，可参照 SY/T 5431—2017《井身结构设计方法》的要求进行设计，实用中较多的匹配为：$\phi 241.3mm$ 钻头，井眼下入 $\phi 177.8mm$ 井管；$\phi 311.2mm$ 钻头，井眼下入

φ244.5mm 井管。专家建议，在下列地质环境下，应考虑采用具有较大环空的井身结构：①钻遇具有缩径趋势地层，为保证套管下入，宜选用具有较大环空的井身结构；②钻遇地层含硫酸盐及其还原菌地层水、高氯根含量地层水等腐蚀性流体，宜选用具有较大环空的井身结构，用增大水泥环厚度来对套管提供腐蚀防护；③钻遇地层含砾石层、填方地带，为保证套管下入，宜选用具有较大环空的井身结构。

（4）裸眼井井眼斜度

标准 SY/T 6535—2002《高压气地下储气井》规定储气井裸眼井井眼的斜度应小于 2°，但目前对储气井的井身斜度无检测手段。储气井井身斜度应在钻井过程中通过合理的钻具组合来保证。

（5）井的间距及防碰要求

GB 50156—2012（2014 版）《汽车加油加气站设计与施工规范》从防火间距的意义上规定储气井之间的间距大于 1.5m。

4.1.2　钻前准备

现场开钻之前的一切准备工作称为钻前准备。钻前准备工作是钻好一口井的基础工作，它的工作效率和质量将直接影响钻井的速度和质量。储气井钻前的准备工作主要包括以下内容。

（1）定井位

一座加气站通常要制造多口储气井，储气井井位的确定应符合 GB50156《汽车加油加气站设计与施工规范》的要求，一般由建设单位根据加气站的设计图纸（由专门的设计单位设计）指定。另外，储气井井位的确定还需考虑检测的要求，应预留检测车位的行路及停放空间。

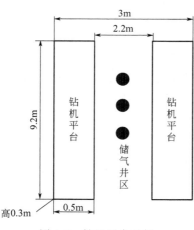

图 4-2　钻机平台示例

（2）安装钻机平台

钻机平台主要用于安装钻机和井架，钻机平台通常为水泥、砖石结构，其尺寸应能满足钻井要求并方便钻机及井架的移动，图 4-2 所示为钻机平台示例。

（3）钻具准备

井队在作钻前准备工作时，应尽量将钻具提前运到井场。运入外场的钻具数量要充足，钻杆总数应在完钻后通井划眼时所需钻杆数量的基础上再备用 2~3 根以上。各种接头及保护接头要齐全，规范要与钻柱结构相一致。全套钻具要与工程设计要求相符。钻具到达井场后，井队要组织人员对钻具依次进行以下几项工作：外观检查；清洗钻具接头；新钻具磨扣；水眼通径；丈量编号登记；钻具的排列等。

（4）钻井液准备

① 循环系统的准备　密闭循环系统罐的配备及安装要符合钻井设计要求。

② 清水准备　在循环系统准备好后，开钻前还要备足清水。用清水开钻的井，要把钻井液池、沉砂池全部备满水，水量、水质应符合钻井设计要求。

③ 混浆准备　对于要求混浆开钻的井，开钻前要在钻井液池内备好钻井液，钻井液的量应符合设计要求，能满足钻井需要，钻井液备好后加清水，并开泵进行循环，直至钻井液均匀、钻井液池满为止。沉砂池备满清水，水质要符合钻井设计要求。

④ 原浆准备　根据地质设计要求，需用钻井液原浆开钻的井，钻井液池中，要备足符合设计要求的钻井液并不断地循环，而且要在储备罐或储备池备足量钻井液。

⑤ 固控系统的准备　密闭循环系统要采用二级固控。使用土池子循环时，必须装振动筛，筛网要求下层 50～80 目，上层 20～30 目，要在试运转正常后方准开钻。

4.1.3　钻井人员

储气井钻井大都是浅井钻探，其技术要求没有石油钻井高，但为了保障钻探的顺利进行和安全的生产，对钻井人员也需进行正规的编制，可参照表 4-1 进行编制，针对储气井的情况，可以一人身兼两职。

表 4-1　钻井人员编制表

岗位名称	定员	备注
经理或队长	1	安全生产第一责任人
大班司钻	1	—
钻井液师	1	兼管固控设备、井液净化、工程报表
井架工	1	—
钻工	3	—
场地工	1	—
机械师或机械技师	1	—
电气、仪表技师	1	—
外钳工	1	—
内钳工	1	—

4.1.4　钻井设备

钻井设备主要由钻机、钻头、钻具、井口工具、井口仪表等组成，钻井设备应能适应地层岩性、钻井深度及井身质量要求的需要。

（1）钻机

钻机是由多种机器设备组成的一套大功率重型联合工作机组。其每一设备和机构，都是针对性地满足钻井过程中某一工艺需要而设置的，全部配套设备的综合功能可以满足完成钻进、接单根、起下钻、循环洗井、下套管、固井、完井及特殊作业和处理井下事故之要求。整套钻井设备由六大系统组成。

（2）钻头

钻头是破碎岩石的主要工具，钻头质量的优劣和它与岩性及其它钻井工艺条件是否适应，将直接影响钻井速度、钻井质量和钻井成本。

在钻井过程中，影响钻进速度的因素很多，如钻头类型、地层、钻井参数、钻井液性能和操作等，而根据地层条件合理选择钻头类型和钻井参数，则是提高钻速、降低钻进成本的最重要环节。钻头的选型根据钻头的工作原理、结构特点以及地层岩石的物理机械性能充分了解以后，结合邻井相同地层已钻过的钻头资料，并结合本井的具体情况选择。

（3）钻柱

钻柱是钻头以上、水龙头以下部分的钢管柱的总称，包括方钻杆、钻杆、钻挺、各种接头及稳定器等井下工具。

（4）井口工具

井口工具指的是在起、下钻过程中井口所用的工具。主要有吊钳、吊卡、吊环、卡瓦、安全卡瓦、提升短节等。各种工具的用途、结构和工作原理以及有关的规格、性能等数据可从相应的标准及钻井工具手册中查找。

（5）井口仪表

① 泵压表　主要用来指示泵压（立管压力），泵压是计算钻井水力参数及压力损耗的重要参数，也是帮助钻井操作人了解钻井安全和正常与否的一个重要参数。

② 指重表　指重表是指示大钩悬吊重量的仪表，反映钻头上的钻压值，也称钻压表。

③ 扭矩仪　扭矩仪是来测量转盘扭矩的大小，转盘扭矩的大小反映钻头工作状况（如轴承磨损情况）及地层变化、井斜、卡钻等井下工况。

4.1.5　钻井液

（1）钻井液的定义和功用

钻井液是钻井时用来清洗井底并把岩屑携带到地面、维持钻井操作正常进行的流体，也称洗井液。

钻井液通过以下路线周而复始的循环：从钻杆中向下流动，通过钻头水眼流出，经过井壁和钻杆之间的环形空间上返，返出地面的钻井液携带着岩屑经过振动筛，岩屑留在振动筛上面，钻井液流经钻井液槽到钻井液池，去掉岩屑的钻井液被钻井泵从钻井液池吸入钻杆内，进入下一个循环。

（2）钻井液的性能要求

钻井液是"钻井的血液"，钻井液的性能指标应根据不同的钻井条件进行调试。根据 API 推荐的钻井液性能测试标准，需检测的钻井液常规性能包括：密度、漏斗黏度、塑性黏度、静切力、API 滤失量、pH 值、碱度、含砂量、固相含量、膨润土含量和滤液中的各种离子的含量。

（3）钻井液组成和类型

钻井液有多种分类方法，比较简单的有以下几种：按密度分为非加重钻井液和加重钻井液；按黏土水化作用的强弱分为非抑制性钻井液和抑制性钻井液；按固相含量的不同分为低固相钻井液和无固相钻井液；按流体介质的不同分为水基钻井液、油基钻井液、气体型钻井液。

（4）钻井液设计

钻井液的设计应考虑以下原则：根据不同油气层性质选择体系；根据不同井的类型选择体系；根据不同地层特点选择体系；根据工程要求确定钻井液的性能。

钻井液设计的内容包括：按规定压力附加值确定循环当量密度值；以循环当量密度值为准确定最佳固相含量及流变性能；按规定的内容进行分层设计。

4.1.6　钻进

钻进即不断破碎岩石并将岩屑带出地面从而加深井眼的过程，钻进过程的控制及评价参数有钻速、成本、质量，它们受很多因素的影响，其中有可控因素，也有不可控因素。不可控因素是指客观存在的因素，如所钻的地层岩性、储层埋藏深度以及地层压力；可控因素是指通过一定的设备和技术手段可进行人为调解的因素，如地面机泵设备、钻头类型、钻井液性能、钻压、转速、泵压和排量等。钻井过程中应对钻进参数进行优选设计，选择合理的钻进参数匹配，使钻进过程达到最优的技术和经济指标。

影响钻进速率的因素有钻压、转速、牙轮的磨损程度、水力因素、钻井液性能，钻进参数过程就是对钻压、转速、牙轮磨损、水力参数、钻井液性能的匹配优选过程。

4.2 井管安装

储气井井筒由单根井管依靠接箍通过螺纹连接在一起，井管组装及下井是储气井制造的重要工序。井管组装及下井在油气井工程中也称"下套管"。

井管和接箍连接螺纹之间采用添加螺纹密封脂的方式进行辅助密封，井管上扣应对扭矩进行控制，井筒下井应安装扶正器。储气井制造单位应按照相关标准编制钢管组装工艺文件并严格按照工艺文件施工，并对施工过程进行记录。

4.2.1 螺纹密封脂

储气井井管和接箍上扣之前，应在螺纹表面涂抹密封脂，密封脂一方面在上扣过程起到润滑作用；另一方面填充螺纹之间的间隙，起到预防泄漏失效的作用。螺纹密封脂必须采用符合 API BULL 5A3《套管、油管和管线管用螺纹脂的推荐作法》或 SY/T 5199—1997《套管、油管和管线管用螺纹脂》（和 API BULL 5A3 等同采用）标准要求的产品。

螺纹脂是在油基脂中添加无定形石墨、铜粉、铅粉、锌粉等物质而形成的一种黑色黏稠膏状物质。不同厂家生产的螺纹脂的成分存在一定的差异，很多螺纹脂的配方都是保密的，API BULL 5A3 标准中也不对螺纹密封脂的成分作出具体规定，只是给出了一个参考标准螺纹脂配方，见表4-2。

表 4-2　参考标准螺纹脂组分及要求

组成		质量分数/%	要求								
			灰分/%	水分/%	金属组分/%	氧化物/%	粒度/%				
							a	b	c	d	e
固体组分	无定形石墨	18.00±0.30	30～36	≤0.1	—	—	100	0.3	10～18	20～31	50～70
	鳞状铜粉	3.30±0.05	—	≤0.1	≥97.0	≤3.0	100	0	0	1	99
	铅粉	30.50±0.30	—	≤0.1	≥95.0	≤5.0	100	1.0	5～25	14～55	40～80
	锌粉	12.20±0.20	—	≤0.1	≥95.0	≤5.0	100	0	≤2	≤5	93
基脂		36.00±1.05	稠度：NLGI 0 级；工作锥入度：365～385；稠化剂（12-羟基硬脂酸锂）：2.0%～4.5%；石油基油黏度：115～170mm²/s（40℃），9.5～14.0mm²/s（100℃）								

注：a—通过 315μm 网孔（50 目）筛。

b—筛留物留在 150μm 网孔（100 目筛）。

c—筛留物留在 75μm 网孔（200 目）筛。

d—筛留物留在 45μm 网孔（325 目）筛。

e—通过 45μm 网孔（325 目）筛。

4.2.2　扶正器

（1）扶正器的作用

钻井实践表明，固井质量除与井眼准备情况、水泥及施工技术水平等因素有关外，还与井内套管的居中度有很大关系。科学地下入井内一定数量、一定间距的套管扶正器可以使套管顺利下到预定井深，并促使套管在井眼内居中，改善水泥流型，确保水泥浆顶替干净环空泥浆，减少水泥浆窜槽，获得较均匀水泥环，从而有效地提高固井水泥封固质量。

（2）扶正器分类

套管扶正器是 API 标准中公布的少数几种装置之一。从目前各油田使用情况看，基本上分两大类：刚性扶正器和弹性弓形扶正器。储气井中通常都采用弹性弓形扶正器，执行标准 API SPEC 10D—2002、ISO 10427-1—2001、GB/T 19831.1—2005 三者等同采用。

刚性扶正器结构如图 4-3 所示，它基本无弹性伸缩，下井阻力大，易卡套管，且造价较高，仅在个别井中少量使用。

图 4-3　刚性扶正器结构

弹性弓形扶正器按弓形数分为单弓、双弓和三弓三种，分别如图 4-4（a）～（c）所示，常用的是单弓和双弓两种。按弹簧片与接箍的连接方式分，弹性弓形扶正器分为焊接式和编织式两种，编织式又分为活舌式和死舌式；按圆箍片结构形式分为铰链式和整体式。为了提高水泥浆的顶替效率，有时还附加薄叶片以促使水泥浆形成紊流，所以又称为弹性旋流扶正器。

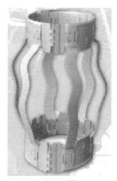

(a) 单弓　　　　　　　　　(b) 双弓　　　　　　　　　(c) 三弓

图 4-4　弹性弓形扶正器

（3）扶正器的材料

套管扶正器一般采用 Q235-A 或 35CrMo 材料，其调质硬度范围为 257～283 HB。允许用综合力学性能不低于 35CrMo 的其他材料代替。材料应符合由 GB/T 3077—2015 的化学成分及力学性能的规定。

（4）扶正器的性能要求

① 永久变形。扶正器弹簧片受多次曲伸后所能达到的固定不变的弓形高度称为永久变形。即当每一个弹簧片被压平 12 次后，如其弹簧片的弓形高度还保持不变，可认为已达到永久变形。

② 起动力。扶正器在上层表管内开始下入所需的力称为起动力。最大起动力应小于表 4-3 中所定义长度为 12.19m 套管的重力。

表 4-3　套管扶正器起动力和扶正力要求

套管规格		套管单位长度质量中间值		偏离间隙比为 67％时的最小复位力		最大起动力	
mm	in	kg/m	Lb/ft	N	lbf	N	lbf
89	3.5[①]	14.7	9.91[①]	1761	396	1761	396
102	4[①]	16.9	11.34[①]	2019	454	2019	454
114	4.5	17.3	11.6	2064	464	2064	464
127	5	19.3	13.0	2313	520	2313	520
140	5.5	23.1	15.5	2758	620	2758	620
168	6.625	35.7	24.0	4270	960	4270	960
178	7	38.7	26.0	4626	1040	4626	1040
194	7.625	39.3	26.4	4679	1056	4679	1056
219	8.625	53.6	36.0	6405	1440	6405	1440
244	9.625	59.5	40.0	7117	1600	7117	1600
273	10.75	75.9	51.0	4537	1020	9074	2040
298	11.75	80.4	54.0	4804	1080	9608	2160
340	13.375	90.8	61.0	5427	1220	10854	2440
406	16	96.7	65.0	5783	1300	11565	2600
473	18.625	130.2	87.5	7784	1750	15569	3500
508	20	139.9	94.0	8363	1880	16725	3760

①衬管尺寸和平头管的质量。

③ 扶正力。扶正力也称复位力，在垂直井段，当扶正器尺寸与井眼相同或环空间隙较大时，扶正器的扶正力为零；在倾斜井段，当倾斜达到偏离间隙比为 67％时所要求的扶正器的最小复位力应不小于表 4-3 中所规定的数值。

4.2.3　井管组装和下井作业规程

储气井井筒钢管组装及下井作业参照执行 SY/T 5412—2016《下套管作业规程》。

(1) 井筒钢管组装及下井前应做好的准备工作

① 资料准备。施工前，制造单位作业人员应收集齐全钻井记录、井管组装及下井作业指导书、井管组装及下井记录表（待填写）、材料检验记录等，钻井记录中应包括地质情况、井斜及方位、井温、钻头程序、钻井液性能、钻井事故及处理等内容，作业人员应根据实际情况确定施工方案以及应急预案。

② 井眼准备。井管组装及下井前，应保证裸眼井的井深、井径、井身质量符合要求。对于发生过严重钻井事故，井身质量可能存在问题，会影响固井质量及下套管过程可能存在风险的，不得实施井管组装及下井施工。必要时，对裸眼井井径、井斜实施检测，以确保其与设计及标准符合。裸眼井井壁应稳定、井眼应干净，井下应不漏、不涌，符合固井设计要求。

井管组装及下井前，施工人员应按照施工组织方案的要求，参照钻井记录的记载进行通井和洗井作业，确保井身质量及下套管作业安全。通井时，将钻杆串重新组装下井划眼，开动旋转钻机，控制绞车缓慢下钻至设计井深，下钻时应打开泥浆泵注入钻井液进行循环，带出划眼产生的沙石并在井壁上产生新的泥饼，维持井壁稳定。钻井记录中记载的特殊地层（如缩颈、沙桥、垮塌等地层）及起下钻遇阻、遇卡位置应着重进行划眼处理。钻杆串下至井底后，打开泥浆泵充分循环，按照施工组织方案的要求进行洗井作业，洗井液性能应能保证在下套管及固井作业完成前维持井壁稳定，井身质量满足设计要求。

③ 材料准备

a. 井管准备。所有下井套管都应经过检验合格，并具备质量检验记录，套管材质、规格、壁厚、长度、螺纹质量等都应符合标准和设计要求。检验后的井管应整齐的平放在管架上。井管下井前，应再次对井管进行检查，对于发生严重腐蚀及其它损伤的井管不得下井。应严格按照井管柱设计排列下井顺序并编号。

b. 螺纹密封脂准备。井管组装前，应备好螺纹密封脂，螺纹密封脂的质量应符合设计及标准要求，并已按有关要求进行过检验和试验。

④ 工具准备。井管组装及下井工具应配备齐全，易损部件应有备用件。对所有工具应进行规格、尺寸、承载能力、工具表面磨损程度、套管动力钳（见图 4-5）扭矩表的准确性及大钳使用灵活、安全可靠

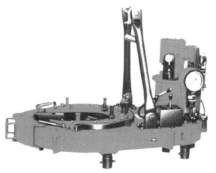

图 4-5　套管动力钳

性的质量检查。

对地面设备进行严格细致检查，保证固定部位安全可靠，转动部分运转正常，仪表准确灵活，主要检查下列部位：

井架及底座；

提升系统 绞车、天车、游动滑车、大钩吊环、钢丝绳及固定绳等；

动力系统 柴油机、钻井泵、空压机、发电机及传动系统等；

仪表 指重表、泵冲数表、泵压表及扭矩表等。

所需各种器材应配备齐全。

（2）对扣和上扣

① 井管管柱的螺纹连接，对扣前螺纹应擦洗干净。涂抹螺纹密封脂前，应先将套管和接箍螺纹上原有的储存脂擦去，再用使煤油或汽油进行清洗，直至将螺纹清洗干净，观察螺纹是否完好，用毛刷蘸取适量螺纹脂，将其均匀涂抹到套管螺纹上；

② 上钻台前，井管应戴好护丝，防止损坏井管螺纹；

③ 井管螺纹表面均匀涂抹套管螺纹密封脂；

④ 对扣时，井管要扶正，刚开始时旋合转动要慢，如发现错扣应卸开检查处理；

⑤ 采用动力大钳紧扣，标准圆螺纹套管的上扣应执行下述规定：

a.旋合扭矩应符合表4-4的要求；

b.旋合的实际扭矩达到表4-4中最佳扭矩值，进扣和余扣在2扣范围内，则认为螺纹配合及旋紧程度合适；

c.旋合时，当余扣已超过2扣，而实际扭矩还小于表4-4中最小扭矩值，则认为井管扭矩配合有问题；

d.旋合时，实际扭矩已经达到表4-4中的最大扭矩值，而余扣大于2扣，则认为井管螺纹配合有问题。

表4-4 标准圆螺纹套管上扣扭矩要求

钢级	外径/mm	壁厚/mm	扭矩/(N·m)					
			短螺纹			长螺纹		
			最佳	最小	最大	最佳	最小	最大
N80	177.80	8.05	—	—	—	6000	4500	7500
		9.19	—	—	—	7040	5280	8800
		10.36	—	—	—	8090	6070	10110
		11.51	—	—	—	9110	6830	11390
		12.65	—	—	—	10110	7580	12640
		13.72	—	—	—	11040	8280	13800

续表

钢级	外径/mm	壁厚/mm	扭矩/(N·m)					
			短螺纹			长螺纹		
			最佳	最小	最大	最佳	最小	最大
N80	244.48	10.03	—	—	—	9900	7490	12490
		11.05	—	—	—	11190	8390	13990
		11.99	—	—	—	12270	9200	15340
		13.84	—	—	—	14400	10800	18000
P110	177.80	9.19	—	—	—	9400	7050	11750
		10.36	—	—	—	10810	8110	13510
		11.51	—	—	—	12160	9120	15200
		12.65	—	—	—	13500	10130	16880
		13.72	—	—	—	14740	11060	18430
	244.48	11.05	—	—	—	15000	11250	18750
		11.99	—	—	—	16450	12340	20560
		13.84	—	—	—	19280	14460	24100

⑥ 非标准套管的螺纹连接办法以厂家规定为依据；

⑦ 井口装置和井底装置与井筒钢管的旋合扭矩，以及井口装置与井底装置内部组件之间连接的旋合扭矩，应符合相应产品标准的要求，制造单位应根据试验确定最佳旋合扭矩，螺纹之间也应涂抹密封脂。

（3）扶正器安装

应按标准及设计要求加装扶正器。

（4）井管柱下放

① 井管柱上提下放要平稳，上提高度以刚好打开吊卡为宜，下放座吊卡时应减少冲击载荷；

② 控制套管下放速度，井管柱下放过程中，应缩短静止时间，井管活动距离应不小于井管柱自由伸长的增量；

③ 装有刮泥器的井管柱，每下 100m 左右开泵循环一次；

④ 井管柱下放时应有专人观察井口钻井液返出情况，并记录每根井管旋紧程度及灌钻井液后悬重变化情况，如发现异常情况应采取相应措施；

⑤ 井管柱下完深度达到设计要求，复查井管下井与未下井根数是否与送井套管总数相符。

4.3　固井

储气井由将管式储存容器埋于地下并用水泥固封而形成，固井是储气井制造的关键环节，固井质量的优劣直接影响储气井的安全性能。储气井的安全隐患和事故形式主要有泄漏、腐蚀、井筒上爬、井筒下沉及井筒飞出，其中后四种均与固井质量差有关。

储气井固井的含义和油气井略有区别，油气井工程把下套管也归为固井的范畴。储气井固井通常是指在井筒套管和裸眼井之间的环空注水泥浆的过程，水泥浆凝固后形成水泥石，水泥石将井筒管柱和井壁地层牢固地固定在一起。储气井固井质量的优劣直接影响储气井的安全性能，储气井的制造应能保证获得好的固井质量。

储气井固井目前尚无统一的技术标准，相关的研究非常欠缺，实际制造过程中采用的工艺、材料等均有待规范。固井也是油气井建井工程的一个关键环节，国内外的油气井固井技术标准体系业已建立起来，这些标准及相关的经验和研究成果可为储气井固井所借鉴和参考。

4.3.1 水泥

按照 SY/T 6535—2002《高压气地下储气井》的要求，储气井固井应采用油井水泥，油井水泥执行 GB 10238—2015《油井水泥》或 API SPEC 10A，二者等同采用。

API SPEC 10A 及 GB 10238—2015 对水泥级别、类型的划分如表 4-5 所示，其中 A、B、C、D、E、F 为由水硬性硅酸盐为主要成分的硅酸盐水泥熟料，加入适量石膏和助磨剂，磨细制成的产品，在水磨与混合 D、E、F 级水泥过程中，允许掺入其它适宜的调凝剂；G、H 为由水硬性硅酸盐为主要成分的硅酸盐水泥熟料，加入适量石膏，磨细制成的产品，在水磨与混合 D、E、F 级水泥过程中，不允许掺入其它适宜的调凝剂。

表 4-5　油井水泥级别和类型

级别	类型			使用范围	适用温度/℃
	普通	抗硫酸盐型			
		中	高		
A	●	—	—	0～1830	0～76.7℃
B	—	●	●		
C	●	●	●		
D	—	●	●	1830～3050	0～127
E	—	●	●	3050～4270	76～143
F	—	●	●	3050～4880	110～160
G	—	●	●	0～2440	0～93
H	—	●	●		
J	●			3660～4880	49～166

水泥应根据钻井实际情况，如钻遇的地层岩性、地下流体情况、钻井液性能等，并依照标准选用。

4.3.2　水泥外加剂

油井水泥外加剂是指水泥浆混拌过程中加入的、用于改善水泥浆性能的、掺量不少于水泥质量 5% 的物质。

目前，常用的油井水泥外加剂已经发展到 14 大类功能材料、近三百多种类、几千个牌号之多。常用的外加剂包括：缓凝剂、膨胀剂、降失水剂、减阻剂（或分散剂）、早强剂（速凝剂）、减轻剂（或充填剂）、加重剂（或增密剂）、堵漏剂、增强剂、胶结增加剂、强度衰退抑制剂、抑泡剂及消泡剂、游离液控制固体悬浮调节剂、防气窜剂、特种外加剂。

4.3.3　固井设计

钻井完成后，应根据实钻及测井情况进行固井设计，固井设计的主要内容包括以下方面。

（1）水泥浆设计

水泥浆要适应注替过程、凝固过程及长期硬化过程的各方面需要，具体来讲，需要控制水泥浆以下几方面的性能指标。

① 泥浆密度。水泥干灰的密度为 $3.05 \sim 3.20 \mathrm{g/cm^3}$，通常要使水泥完全水化，需要的水为水泥质量的 20% 左右，但此时水泥浆基本不能流动，要使水泥浆能够流动，加水量应达到水泥质量的 $45\% \sim 50\%$，调节出的水泥浆密度为 $1.80 \sim 1.90 \mathrm{g/cm^3}$。

② 水泥浆的稠化时间。注水泥的全过程必须在水泥浆稠化之前完成，稠化时间就决定了施工作业可能的时间。对于施工周期长的深井注水泥，就应当有较长的水泥浆稠化时间作为保障。

③ 水泥浆的失水。为保证水泥浆的流动，应当使水的加入量比完全水化所用的水量多出很多，现场用水量一般达到水泥质量的 50% 左右，才能使水泥浆的流动性良好，水泥在凝固之后，多余的水就析出，析出的水为高矿化度自由水，可以渗入地层，对生产层造成严重污染。如果析出的水不能进入地层，有可能留在水泥石中，形成孔道，破坏水泥石的封隔性和强度。

④ 水泥浆的凝结时间。水泥浆调成即开始水化，从液态转变为固态的时间就是水泥浆的凝固时间，这一时间不同于稠化时间。对于封固表层和技术套管来讲，希望水泥能有较高的早期强度，以便尽快进入下一道工序，通常希望固井完侯凝 8h 左右，水泥浆就开始凝结成水泥石。

⑤ 水泥石强度。水泥石的强度应能：支撑和加强套管；承受钻柱的冲击载

荷；承受酸化、压裂等增产措施作业的压力。

⑥ 水泥石的抗蚀性。水泥石应能抵抗各种流体的腐蚀。

（2）前置液设计

前置液是用在注水泥之前，向井内注入的各种专门液体，其作用是将水泥浆与钻井液隔开，起到隔离、缓冲、清洗的作用，可提高固井质量。根据其功能可分为以下两类。

① 冲洗液。冲洗液的作用是稀释和分散钻井液，防止钻井液的胶凝和絮凝，有效冲洗井壁及套管壁，清洗残存的钻井液及泥饼，在水泥浆及钻井液之间起缓冲作用，有利于提高固井质量。冲洗液应具有接近水的密度，有良好的流动性能，具有低剪切速率、低流动阻力，能在较低的速度下达到紊流状态。冲洗液通常是在淡水中加入表面活性剂或是将钻井液稀释而成。

② 隔离液。隔离液的作用是能有效地隔开钻井液与水泥浆，能形成平面推进型的顶替效果；对低压漏失层可起到缓冲作用；具有较高的浮力及拖曳力，以加强顶替效果。隔离液通常为黏稠的液体，它的黏度较冲洗液要大，密度稍高，剪切力应稍大。隔离液一般在水中加入黏性处理剂及重晶石等制成。

目前，在储气井固井中，还没有有效利用冲洗液和隔离液的功能。

（3）注水泥设计

注水泥应能满足以下基本要求。

① 依照地质及工程设计要求，套管的下入深度、水泥浆返高和管内水泥塞高度符合规定；

② 注水泥井段环空内的钻井液应全部被水泥浆替走；

③ 水泥环与套管和井壁岩石之间的连接良好；

④ 水泥石能抵抗油、气、水的长期侵蚀。

在固井质量指标中，最重要的是水泥环的质量，其表现为水泥与套管和井壁岩石两个胶结面有良好的有效封隔。

（4）水泥浆窜槽及预防

窜槽是指在注水泥过程中，由于水泥浆不能将环空中的钻井液完全替走，使环形空间局部出现未被水泥浆封固的现象。注水泥控制不好，则窜槽现象极易发生。窜槽会引起固井质量的下降，使套管失去水泥石的保护，受到岩石的挤压，引起套管损坏。

套管的形成与水泥浆在环空中的顶替效率有关，水泥浆顶替效果不好，就会引起窜槽，引起窜槽的主要原因有：①套管的居中不好；②井眼不规则；③水泥浆性能及顶替措施不当。

为预防窜槽，应做好以下工作：①采用套管扶正器；②注水泥过程活动套管；③调整水泥浆性能，提高顶替效率；④调节环空流速。

（5）注水泥方法

油气井工程采用的注水泥方法主要有如图 4-6 所示的几种：常规套管注水泥方法、分级注水泥方法、内管注水泥方法、管外注水泥方法、反循环注水泥方法、延迟注水泥方法、多管的注水泥方法，下面对其中的几种作简单介绍。

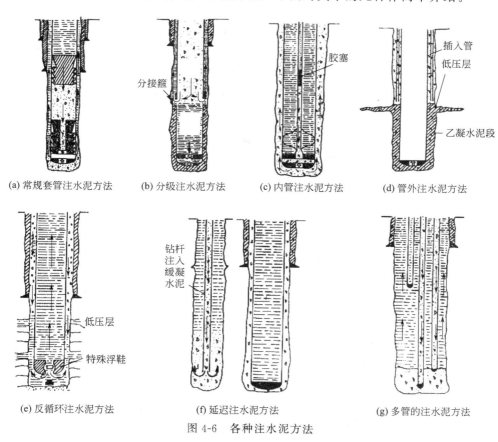

(a) 常规套管注水泥方法　　(b) 分级注水泥方法　　(c) 内管注水泥方法　　(d) 管外注水泥方法

(e) 反循环注水泥方法　　(f) 延迟注水泥方法　　(g) 多管的注水泥方法

图 4-6　各种注水泥方法

① 内管注水泥方法。当井深较浅而且是大井眼尺寸套管时，尤其是在无大尺寸胶塞，为防止注水泥及顶替泥浆过程在管内发生窜槽，顶替泥浆量过大，时间长。内管法可以防止产生过大的上顶力，因较大承压截面积，在环空略有堵塞时，极易造成套管因上顶力大于管体重量而向上移动。

② 管外注水泥法。在漏失严重的低压力带，于导管、表层固井，常规的套管注水泥方法，其水泥浆不能返出地面，因而采用井筒与套管环空间插入小尺寸油管这种充填式灌注浆方法。如漏失严重还需低密度水泥或触变性水泥浆。

③ 反循环注水泥方法。由于紊流注水泥可能压裂地层，同时井口上部地层漏失性小或具有上一层套管条件，当改变管柱浮箍结构，则可从井口环空注入水

泥，这种方法更容易使用多种组合水泥浆柱，对下部地层具有最小的流动压降，同时免除因水泥浆顶不出套管而造成的高水泥塞事故危险。反循环固井的关键是判断水泥量与充填环空位置。

④ 延迟凝固注水泥方法。为了获得特殊要求、均匀性高的水泥环质量，具有条件的井可采用该方法。首先通过钻杆，注入较长凝固时间的缓凝水泥浆，起钻后下入底端封闭的套管柱，下入未凝固的水泥浆井段内，靠管柱挤压水泥浆上溢来完成注水泥的环空充填作业，挤压过程中套管内依据悬重变化灌入钻井液，这种不停的下套管使水泥浆环空上返过程，具有充分地活动套管时间，从而可提供良好的环空水泥质量，这种方法主要用于无油管完成井，并且井深和温度均有一定限制。

4.3.4　储气井固井技术现状

固井所包含的技术内容有水泥选择、水泥浆设计、水泥外加剂选择、井眼准备、注水泥工艺设计等。目前用于储气井固井的工艺主要有如图 4-7 所示的两种，其中内插管法也称为正循环法，工艺过程如图 4-8（a）所示，与油气井常用的内管法相似，水泥浆通过在井筒内下入的插管注入井筒和裸眼井之间的环空内，内插管有的直接采用钻杆，有的采用专门的注水泥管，内插管法的技术关键之一是在注完水泥后要将内插管取出，并须下入堵头将井底封头上的注水泥孔封堵住，目前国内几家采用内插管法工艺的制造单位所用的井底封头结构各不相同，并都申请了专利，内插管法的第二个技术关键是在取出内插管时，水泥浆不应倒流入井筒内造成污染；"坐固法"的工艺过程与油气井所用的延迟凝固注水

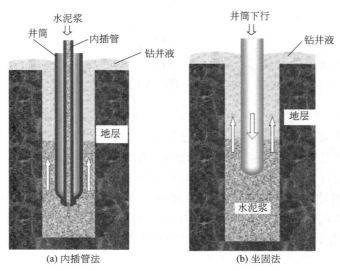

(a) 内插管法　　　　　　　　(b) 坐固法

图 4-7　储气井固井工艺

泥法相似，也称为延迟固井法，注水泥过程如图 4-8（b）所示，该工艺施工过程相对较为简单，是先向裸眼井中按设计量注入水泥浆，然后下入套管候凝，注水泥管采用钻杆或专用钢管。

(a) 内插管法　　　　　(b) 坐固法

图 4-8　储气井固井工艺过程

（1）固井水泥

水泥选用是固井成败的重要因素，固井水泥应具备第 4.3.1 节所述的各项性能。

储气井固井水泥在 SY/T 6535—2002《高压气地下储气井》中规定应选用油井水泥，目前储气井实际制造过程很多都不按这一规定选用水泥，而是采用建筑水泥（强度等级为 32.5 或 42.5），建筑水泥石的强度低，弹性小，中国特种设备检测研究院开展的新制造储气井固井质量检测与评价工作所获得的数据显示，采用建筑水泥固井的储气井对压力极为敏感，在压力试验后固井水泥胶结质量即大幅度的降低。储气井固井水泥环不但可起到固定井筒的作用，还起到防止腐蚀的作用，笔者对储气井固井水泥的选用有以下建议：

① 储气井固井水泥选用时，应考虑与地质条件的适应性；

② 储气井固井水泥的选用，应考虑强度和弹性指标，应保证固井水泥环对储气井充气时的径向变形有一定的约束作用，并可降低套管充压时的应力水平，并由此提高疲劳抗力。在储气井充气时的径向膨胀力作用下水泥环不应碎裂；

③ 储气井固井水泥的选用应考虑渗透性，水泥石渗透性应低到可阻止化学渗流，即在地层水与水泥化学势作用下，有效阻止氯离子、硫酸根离子等的渗透，从而起到预防腐蚀的作用。

（2）注水泥设计

油气井行业的固井技术较为成熟，固井施工前经过严格的设计。油气井中注水泥设计考虑的项目如表 4-6 所示。

表 4-6　注水泥设计考虑的项目

考虑项目	影响因素
井眼	井深,井径,井斜及方位角的变化,地层性质特殊岩性,复杂井段,温度梯度
钻井液	类型,性能,密度与设计水泥浆的相容性
套管	尺寸,壁厚,下入深度,浮箍,阻流环,引鞋位置,扶正器,刮泥器,分级注水泥或尾管悬挂器位置
套管下入处理	下入速度,中途循环,注水泥前洗井时间,排量
水泥浆	水泥浆密度,水泥浆稠化时间,水泥浆的失水,水泥浆的凝结时间,类型,水泥量,配浆方式,外加剂及水泥浆流变性能,前置液设计,试验要求
配浆设备	水泥车台数,混合形式,单双塞,注水泥的套管活动方式,顶替液排量,顶替流态设计
劳动组织	人员配置及职责

储气井注水泥设计考虑的因素还较少，只有以下几个主要项目。

① 水泥浆密度。水泥浆密度是水泥浆的一个重要性能参数，它直接影响固井水泥环的强度。目前，储气井实际制造过程中所用的水泥浆密度普遍较低，很多为 $1.6 \sim 1.7 \text{g/cm}^3$，只有少数企业采用 1.8g/cm^3 以上密度的水泥浆固井。

② 水泥浆量。水泥浆理论用量应经过计算，水泥浆实际用量应大于理论用量，并有一定的余量。注水泥时除了控制水泥浆用量外，还应保证注水泥浆至返出地面。

③ 扶正器。扶正器对于保障固井质量有重要作用，早期制造的储气井都不加装扶正器，因此井筒不可避免地存在偏心贴壁现象。经过调查，近来制造的储气井，设计、制造上均逐渐能考虑扶正器的加装问题，但很多加装的扶正器不符合标准要求，材料、规格、尺寸难以保证其性能要求，无法保证良好扶正。

④ 水泥浆的稠化时间。水泥浆调成以后，随着水化反应的进行，水泥浆逐渐变稠，流动性变差。固井施工的全过程应在水泥浆稠化之前完成，稠化时间决

定了施工作业可能的时间。"坐固法"固井工艺的施工时间长，尤其应该掌握水泥浆的稠化时间，调查显示，储气井实际制造过程中已经发生多起因水泥浆稠化而导致井管柱无法完全下入的施工事故。

⑤ 水泥浆的凝固时间。水泥浆从液态变为固态的时间就是水泥浆的凝固时间，这一时间不同于稠化时间，一般来说，水泥浆的凝固时间大于稠化时间。水泥浆的凝固时间决定了可以开始下一道工序的时间，对于储气井而言，固井后的下一道工序是固井质量的检测，水泥浆的凝固时间决定了固井质量检测的时间。要想掌握水泥浆的稠化时间和凝固时间，必须进行水泥浆试验。

4.3.5 固井质量影响因素

固井质量是关系储气井安全的重大问题，固井的基本要求包括：①全井段环形空间内的钻井液全部被水泥浆置换掉，不存在残留现象，不存在水泥浆和钻井液的混合现象；②水泥浆充满全井段环形空间，其凝固后形成水泥石，水泥石与井筒及地层岩石之间有足够的胶结强度；③水泥石能抵抗地层流体的侵蚀和渗透。影响固井质量的因素主要有井眼准备条件、水泥浆体系、井筒扶正、顶替效率及固井施工操作等。

（1）井眼准备条件的影响

井眼准备条件是影响固井质量的重要因素，要想获得好的固井质量，井眼应满足以下条件。

① 规则的井眼 由于钻井设计及施工不当，或因地层原因，裸眼井井眼经常呈现如图 4-9 和图 4-10 所示的不规则形态，其中图 4-9 为井径扩大，俗称"大肚子"井眼，图 4-10 为井径缩小，称为"缩径"。

井眼规则是保证水泥浆和钻井液良好置换的前提条件。对于如图 4-9 所示的"大肚子"井眼，在"大肚子"处，水泥浆上返速度低，不能达到紊流，导致钻井液和水泥浆的置换效率低，井眼扩大严重时，会形成钻井液死区，在死区处，水泥浆和钻井液完全无法实现替换，造成如图 4-11 所示的水泥环缺陷，甚至会在大肚子处存砂，水泥浆上返经过此处以后，由于携砂能力的不同，极易发生砂堵蹩泵，引发工程事故和质量事故。对于存在缩径的井眼，在缩径处，水泥环薄，水泥石的胶结能力和抗破碎能力低，施工风险大，下套管时会造成卡套管事故，注水泥时会因水泥浆返速过高冲垮井壁造成蹩泵事故，缩径到一定程度，会造成套管贴井壁。

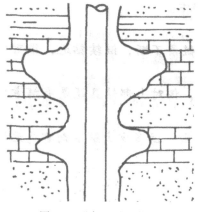

图 4-9 "大肚子"井眼

要保证固井质量，必须保证井眼规则。下套管进行通井，保证没有遇阻点、卡点或缩径点，这是储气井制造时必要的技术要求。

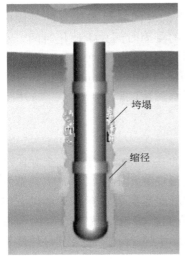

图 4-10　井眼垮塌和缩径

图 4-11　通井及处理钻井液不到位时的水泥环形态

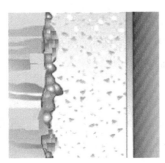

图 4-12　虚泥饼存在时的水泥环

② 干净的井眼　井眼内存在泥砂或井壁上的厚而松软的泥饼会恶化固井质量，如图 4-12 所示，由于虚泥饼的存在，使得水泥石不能和地层很好贴合在一起，从而大大削弱水泥环的胶结强度。为保证固井质量，在固井施工前应彻底循环钻井液，以清洗井底岩屑，同时调整钻井液性能。干净的井眼或者在井壁上只存在薄而致密的泥饼，不但能提高固井质量，而且也能减小工程事故的发生（一能减少砂堵蹩泵；二能提高水泥石与套管及地层之间的胶结强度）。

此外，在注水泥时，提高水泥浆与井壁及套管之间的紊流接触时间，也就是使水泥浆在上返时有足够的时间与井壁或套管接触，可充分将井壁或套管上的钻井液或虚泥饼带走，从而提高水泥浆的顶替效率。常用的提高水泥浆与井壁及套管接触时间的方法，是增加水泥浆附加量和增加注入低密度的水泥浆。

③ 井下不涌、不漏　下套管及固井过程中，应能保证井下流体稳定，不涌、不漏。调查显示，储气井制造过程，漏失发生的概率较高，钻井过程中漏失钻井液，将使钻井过程终止，而在固井过程发生漏失水泥浆，则会造成固井失败。存在漏失的井，在固井前应进行堵漏，堵漏成功才可以下套管，并在下套管过程应

采取措施防止引发井漏，通常采取减小环空流阻的办法，一是尽量提高钻井液的流动性，二是严格控制套管下放速度，三是使用"自灌浆浮箍"。使用"自灌浆浮箍"能减小环空流体返速，以达到降低环空流阻的目的。

④ 固井前钻井液的要求　固井过程是水泥浆替换钻井液的过程，钻井液的性能影响水泥浆和钻井液之间的置换效率。固井前应充分循环钻井液，以保证钻井液具有良好的性能。

钻井液应具有良好的流动性，在满足井下要求的情况下尽量减小钻井液的黏度和密度，以减小钻井液的流动阻力，提高钻井液的可顶替性。但是，密度和黏度也并不是越低越好，太低会带来井壁垮塌，造成井下事故。

（2）水泥及水泥浆性能的影响

钻井完钻前，应认真了解井下情况，掌握井眼岩性、钻井液性能、地层流体情况、漏失情况、井底温度及其它复杂情况，以确定水泥浆体系，并做水泥浆性能试验。水泥及水泥浆设计不当将直接导致固井质量问题，如图 4-13 所示。

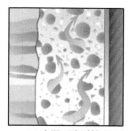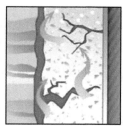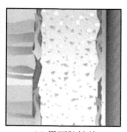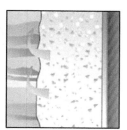

(a) 水泥石渗透性高　　(b) 水泥石体积收缩　　(c) 界面胶结差　　(d) 过度失水

图 4-13　因水泥浆设计不当引起的水泥石缺陷

水泥浆性能必须符合井下条件，有较好的流动性，合适的稠化时间和密度，并有足够的早期强度，还应保证有其它性能，以满足固井质量要求。

水泥浆密度是衡量水泥浆质量的一个关键指标，对同一种水泥浆来说，密度越高强度越高，一般情况下，水泥浆的主要性能如抗压强度、黏度、滤失性和自由水，都取决于水泥浆的密度。但是密度过高会带来一些施工风险，所以，必须在保证井下安全的情况提高水泥浆的密度。

一般来讲，在水泥浆静止时，给它施加的物理能量越多水泥浆性能越好，即：流动性、失水性好，水泥浆强度高。因此，在注水泥过程中，应尽量给水泥施加更多的能量。常用的办法有：高能混合器配浆，机械搅拌和液力搅拌，还有磁场增能和震动增能。

用添加剂对水泥浆进行性能调节是最常用的一种手段，它可以对水泥浆的多种性能进行调节，如：稠化时间、稠度、密度、流动性、失水、强度、流变性，从而达到不同井的施工要求，提高固井质量。

膨胀水泥体系可在水泥凝固过程发生体积膨胀，产生膨胀压力，水泥膨胀还可以减少水泥与套管和地层间的间隙,以提高胶结强度,保证固井质量。

对于采用"坐固法"工艺固井的,下套管时间长,容易发生井下复杂情况,尤其应做好水泥及水泥浆的设计。

(3) 套管扶正的影响

下套管时,若不采用扶正器,井筒在井眼中必然不能居中,图 4-14 所示为不采用扶正器时水泥环的形态。钻井液流动阻力与环空间隙大小成反比,当套管不居中时,造成套管和井眼间的环空减小偏差,从而导致环空流速偏差,如图 4-15 所示,严重时,在套管贴近井壁的一边形成死区,造成水泥浆窜槽。因此,保证套管居中是提高固井质量的重要因素,套管居中度的大小严重影响紊流临界速度的大小。有试验数据显示,套管居中度为 65% 时,间隙小的一边比间隙大的一边临界流速会提高 2.5 倍左右。若套管偏心严重,小间隙处的流体很难达到紊流,钻进液很难被顶替出来。为提高水泥浆顶替效率,一般要求套管居中度小于 75%。

图 4-14　套管不居中时的水泥环形态

(a) 套管居中的流动　　(b) 套管不居中的流动

图 4-15　水泥浆顶替流态

(4) 顶替效率的影响

固井前环空内充满钻井液,注水泥过程是一个水泥浆将钻井液顶替出环空的过程,应尽可能地提高顶替效率,避免水泥浆和钻井液的混合以及不能在环空中残留钻井液。提高顶替效率可从以下几方面入手。

① 改善水泥浆流动状态。水泥浆在环空上返时,按流速大小分三种流型:塞流、层流和紊流。当流速小时(一般水泥浆流速低于 0.4m/s 时)呈塞流,流体像活塞一样,顶替效率较高。但由于顶替速度太慢会带来工程事故,因此一般不多采用,当流速增加到某一范围时,则为层流,其特点是流体质点运动的轨迹

流动的方向平行，但流速不同，中间流速大，往外逐渐减小，这种流态顶替效率低，固井时最好避开此流速。当流速超过某一值时，呈紊流状态，此时各质点以较高流速做不规则运动，整个流体均匀推进，顶替效率较高。紊流顶替是提高水泥浆顶替效率最有效的措施。

② 采用冲洗液。注水泥前注入冲洗液，有利于冲洗井壁和套管，提高水泥石与套管及地层间的胶结强度。主要是因为冲洗液具有较高的流动性，易达到紊流，并且具有很强的冲洗和去污能力。但是使用冲洗液一定要适量，否则会冲垮井壁，带来工程事故。

③ 采用隔离液。注水泥前注入隔离液，减少水泥浆与钻井液的混掺，保证良好的水泥浆性能，从而提高固井施工的安全性和固井质量。隔离液以中性并能抗污染为好，其它性能必须符合井下条件。

④ 采用双胶塞。双胶塞固井，即为注水泥浆前使用前隔离塞，注水泥浆后使用后隔离塞固井的一种方法。采用双胶塞固井可以减少水泥浆两端与钻井液的掺混，保证水泥浆性能的稳定。更重要的是，前隔离塞能有效刮削套管内残余的钻井液，提高固井施工的安全性和固井质量。常用的隔离塞有隔膜塞和剪销式两种。

（5）固井施工操作的影响

固井施工操作对固井质量也有很大的影响。如在水泥浆上返过程中活动套管可以提高水泥浆顶替效率，进而改善固井质量。活动套管一般有两种方式，即：使套管在短距离内上下活动和使套管旋转。能活动套管的井一般是井眼比较规则，钻井液摩擦阻力较小，套管长度比较短，井下比较稳定的井。旋转套管要使用专用扶正器，扶正器与套管之间要自由转动，否则，在旋转套管时会把扶正器损坏，严重时会造成卡套管事故。

对于"坐固法"固井工艺，在下套管过程中临时停止下套管时，必须活动套管，并且下套管时应控制下放速度，使钻井液环空返速小于规定值。此外，应清理好井口，严防井口落物。

4.3.6 复杂情况下的固井技术

（1）漏失井固井

漏失是指在钻井过程中发生的钻井液漏失或固井过程中发生水泥浆漏失，漏失将直接导致钻井过程无法进行以及固井失败。

漏失有以下分类：裂缝漏失及溶洞性漏失、渗透性漏失和地层破裂性漏失。裂缝漏失及溶洞性漏失一般发生在潜山溶洞或断层；渗透性漏失一般发生在高渗透砂岩层；地层破裂性漏失是发生在地层破裂压力系数低的岩层，在固井过程中环空静液柱压力与流动阻力之和超过地层破裂压力而引起的井下水泥浆漏失。调查显示，储气井制造过程中经常发生这三种漏失现象。目前，漏失现象对储气井固井质量的危害性还没有引起足够的重视，一方面，在储气井选址的过程中没有关于避开漏失层的考虑；另一方面，处理漏失现象的技术要求还没有。

① 裂缝及溶洞性漏失井固井工艺措施。裂缝及溶洞层的空隙压力一般低于钻井液柱压力，通常在钻井过程中会发生钻井液的漏失现象，严重的将会导致钻井液有去无回，钻井过程无法进行下去，为了继续钻井，必须先进行堵漏，储气井制造中常采用注水泥的方法堵漏。在钻井过程中发生漏失的地层，在下套管固井时，也极有可能发生漏失，造成固井失败。笔者建议，对漏失现象严重的地层，如有地下暗河的地层，应考虑重新选择储气井的制造地点。

② 渗透性地层漏失井固井工艺措施。渗透性地层漏失主要是由地层的高渗透性和液柱压力与地层空隙压力之差引起的。解决渗透性漏失问题主要从两方面着手，一是降低环空液柱压力、二是堵塞地层空隙降低其渗透性。采用低密度水泥浆体系可降低环空静液柱压力，常用的低密度水泥浆体系有粉煤灰水泥浆体系、泡沫水泥浆体系、充气水泥浆体系、微珠水泥浆体系、搬土水泥浆体系，火山灰水泥浆体系等；采用低失水堵漏水泥浆体系，可以降低地层空隙渗透能力。

③ 地层破裂性漏失井固井工艺措施。地层破裂性漏失是由于地层破裂压力低于固井过程中环空静液柱压力与流动阻力之和造成的。解决此类漏失要从降低环空液柱压力入手，也可以想办法提高地层破裂压力。常用固井技术有：采用双级注水泥工艺，减少单级封固段长度，以降低环空液柱压力，防止固井时压破地层；采用低密度水泥浆体系，以降低环空液柱压力，防止固井时压破地层。

（2）小井眼小间隙固井

一般套管与井壁之间的环空间隙小于 19mm 属于小间隙井，小于 215.9mm 的井眼属于小井眼，小井眼固井一般都属于小间隙井。由于小间隙井环空间隙太小，会带来如下缺点：套管不易居中造成贴壁井；水泥环太薄，不能形成足够的强度；固井时流动阻力大，对地层回压大，水泥浆易脱水稠化；固井时易砂堵蹩泵。小井眼小间隙井的固井工艺措施如下：

① 使用多级注水泥工艺降低封固段，以减少水泥浆稠化和固井过程中砂堵蹩泵；

② 尽量使用足够的扶正器，提高套管的居中度和水泥浆的顶替效率；

③ 严格控制水泥浆失水，防止水泥浆环空脱水稠化而使流阻进一步增大，以致造成提前凝固；

④ 水泥环薄，须使用胶结强度高、韧性好的水泥浆体系，提高水泥石的胶结能力和抗破碎能力；

⑤ 注水泥施工要控制注、替排量，以防返速过高冲垮井壁造成蹩泵事故；

⑥ 使用合理的前置液，提高水泥浆的顶替效率。

在小间隙井固井中，套管和井眼间隙过小时，难以下入扶正器，套管不能扶正，很容易与井壁贴在一起，造成套管与井壁间不入水泥，即使能扶正套管，水泥环也很薄，胶结强度差，水泥石易破碎，难以保证固井质量，为解决这两个问题，最有效的办法是将裸眼井扩孔，使套管与井壁间隙扩大，这样不但能下入扶正器，保证套管居中，而且也增加了扶正器厚度，保证固井质量。

（3）糖葫芦井眼固井

糖葫芦井眼是指井径极不规则的井眼，此类井固井的突出难点是：在水泥浆上返过程中，在大井眼处容易发生窜槽，而在小井眼处容易发生砂堵整泵，糖葫芦井固井的关键是解决大井眼窜槽和小井眼砂堵，主要方法有：①提高水泥浆和泥浆的密度差，以提高顶替效率解决窜槽问题；②使用高效冲洗液，彻底清洗大井眼出井壁的残余钻井液，提高水泥浆的顶替效率；③使用高悬浮性隔离液，提高携砂能力，防止砂堵整泵；④注入过渡性水泥浆，以防止水泥浆急剧携砂，造成砂堵整泵；⑤在大井眼处使用旋流发生器，提高水泥浆的充填和置换能力。

4.3.7　固井质量检测与评价

固井质量对于油气井和储气井都是至关重要的质量指标。对于油气井，固井的目的是为了封固疏松地层，封隔油气水层，防止互相窜通，保证油水井正常开采；对于储气井，固井的目的是为了固定井筒和覆盖井筒并防止井筒腐蚀，保障储气井的安全性能。通过技术手段对固井质量进行检测，并依据检测结果对固井质量做出评价，是保证固井质量的重要途径。固井质量检测与评价方法详见本书第 5 章。

4.4　压力试验

4.4.1　耐压试验

4.4.1.1　耐压试验的目的

按照 TSG 21—2016《固定式压力容器安全技术监察规程》的要求，压力容器制成后，应当进行耐压试验。其作用是对容器的整体加工工艺，各零部件的强度，焊接接头的强度，各连接面的密封性能进行检查。是对设计、材料、制造等方面综合的考虑，因而是保证设备安全性的重要措施。

在容器设计或制造过程中，在结构设计、强度计算、材料实用、焊接、组装、热处理等各个工序都可能出现失误，虽然在设计或制造过程中有各种审查、检查和试验，但由于检验的局限性，难免有漏检情况。如果容器存在隐患，可以通过耐压试验使其暴露出来。因此，耐压试验可以防止带有严重质量问题或缺陷的容器投入使用。

耐压试验的另一个作用是通过超压，改变压力容器的应力分布。由于结构或工艺方面的原因，容器局部区域可能存在较大的剩余拉伸应力，试验时，它们与试验载荷应力相叠加，有可能使材料屈服而产生应力再分布，从而消除或减小原有的剩余拉伸应力，使应力分布均匀。

耐压试验还可以改善缺陷处的应力状况，使裂纹产生闭合效应。较高的试验压力，可以使裂纹尖端产生较大的塑性变形，裂纹尖端的曲率半径将增大，从而使裂纹尖端处材料的应力集中系数减小，降低了尖端处的局部应力。在卸压后，裂纹尖端的塑性变形区会受到周围弹性材料收缩的影响，使此区域出现剩余收缩应力，从而可以抵消部分容器所承受的拉伸应力。因此容器存在的裂纹经受过载应力后，在恒定低载荷下，裂纹扩展速度可能明显减缓。

4.4.1.2 储气井耐压试验要求

储气井的耐压试验通常采用水作介质，也称为水压试验。储气井水压试验的要求如下。

（1）水压试验时机

目前，储气井的固井质量检测参照执行 SY/T 6592—2016《固井质量评价方法》，依照 SY/T 6592 的要求，固井作业后，应避免套管内压力波动和井下作业，以防止出现微环隙。因此，储气井水压试验应选在固井前或测井后进行。

（2）试验介质

① 水质要求。水压试验介质应选用清水，所用的水必须是洁净的，水质应符合设计图样和标准的规定。有奥氏体不锈钢元件或部件时，应控制水的氯离子含量不超过 25mg/L。

② 介质温度要求。依照 TSG 21—2016《固定式压力容器安全技术监察规程》的要求，液压试验时的试验温度应当比容器壁无延性转变温度高 30℃，不同材料制压力容器液压试验的金属温度应在其产品标准中规定。但目前储气井常用材料的无延性转变温度在材料标准中尚无规定，笔者建议应开展相关的研究，获得各种材料无延性转变温度方面的数据，并写入储气井国家标准中，作为以后确定液压试验温度的依据。

（3）水压试验压力

TSG 21—2016《固定式压力容器安全技术监察规程》和 GB/T 150—2011《压力容器》中都有关于耐压试验压力的规定，要求试验压力应当符合设计图样要求，并且不小于下式计算值：

$$P_T = \eta P \frac{[\sigma]}{[\sigma]_t}$$

式中　　P——储气井的设计压力（对在用储气井一般为最高工作压力或储气井铭牌上规定的最大允许工作压力），MPa；

　　　　P_T——耐压试验压力，MPa；

　　　　η——耐压试验的压力系数，按表 4-7 选用；

$[\sigma]$——试验温度下材料的许用应力，MPa；

$[\sigma]_t$——设计温度下材料的许用应力，MPa。

表 4-7　耐压试验的压力系数 η

储气井的材料	耐压试验压力系数	
	液（水）压	气压
钢和有色金属	1.25	1.10
铸铁	2.0	—

① 储气井铭牌上规定有最大允许工作压力时，公式中应以最大允许工作压力代替设计压力 P。

② 储气井各元件（井筒、封头、接管、法兰等）所用材料不同时，计算耐压试验压力应当取各元件材料 $[\sigma]/[\sigma]_t$ 比值中最小者。

目前，储气井水压试验的压力执行 SY/T 6535—2002《高压气地下储气井》的规定，取最高工作压力的 1.5 倍，这一规定高于《固定式压力容器安全技术监察规程》的规定，笔者建议应对其合理性进行研究。

水压试验时，应当进行强度校核，应保证储气井井筒的最高应力值不得超过试验温度下材料屈服点的 90%。校核水压试验压力时，所取的壁厚应当扣除壁厚附加量，对液压试验与气液组合压力试验所取的压力还应当计入液柱静压力。

（4）保压时间

依照 SY/T 6535—2002《高压气地下储气井》的要求，储气井液压试验的保压时间为 4h。目前储气井的水压试验都执行这一规定，由于试验时间长，水压试验过程较为复杂。TSG 21—2016《固定式压力容器安全技术监察规程》中已经取消了保压时间的明确规定，改为"保压足够时间"。储气井行业也应开展相关的研究，根据规格和结构确定合理的保压时间。

（5）水压试验通用要求

① 保压期间不得采用连续加压来维持试验压力的不变，耐压试验过程中不得带压紧固螺栓或者向受压元件施加外力。

② 水压试验过程中，不得进行与试验无关的工作，无关人员不得在现场停留。

③ 储气井进行水压试验时，监检人员应到现场进行监督检验。

（6）压力表

水压试验时至少采用两个量程相同的并且经过检定合格的压力表，压力表安装在顶部便于观察的部位。压力表的选用应当符合如下要求：

① 压力表的精度不低于 1.6 级；

② 压力表的量程为试验压力的 1.5～3.0 倍，表盘直径不小于 100mm。

（7）水压试验前的准备工作

① 水压试验前，储气井各部位的紧固螺栓应当装配齐全，紧固妥当；

② 水压试验应当有可靠的安全防护措施，并且经制造单位技术负责人和安全管理部门检查认可。

（8）试验方法

① 试验时储气井顶部应设排气口，充水时应将储气井内的空气排尽，试验过程中，应保持储气井井口装置观察表面的干燥。

② 试验时压力应缓慢上升，达到规定的试验压力后，保压时间一般不少于120min，然后将压力降至规定试验压力的80%，并保持足够长的时间以对地面以上部分所有连接处进行检查，如有泄漏，修理后重新试验。

③ 试验完毕后，应将水排尽并将内部吹干。

（9）合格标准

① 地面以上无渗漏；

② 试验过程中无异常的响声；

③ 无压降；

④ 无明显的冒井、沉井。

4.4.2　气密性试验

4.4.2.1　气密性试验的目的

气密性试验属于致密性试验的一种。致密性试验主要用于检验压力容器的微小穿透性裂纹，即容器的严密性。对于不允许有微量泄漏的压力容器壳体，如介质的毒性程度为极度或高度危害的容器，对真空度有严格要求的容器，泄漏将危及容器的安全性和正常操作的容器，应在压力容器试验合格后进行致密性试验。

4.4.2.2　储气井气密性试验要求

气密性试验须经耐压试验合格后方可进行。试验前，应将螺栓紧固妥当并将安全附件装配齐全，保压期间不得采用连续加压来维持试验压力的不变，有压力时，不得紧固螺栓或进行维修工作。试验介质应为干燥洁净的空气、氮气或者其它惰性气体，如果采用其它介质应采取措施保障试验过程的安全。

试验压力按 SY/T 6535—2002 的要求一般取为 25MPa，试验方法如下：

① 压力应缓慢上升，当达到试验压力的 10% 时暂停升压，对井口装置螺纹连接部位进行检查，如果无泄漏或者异常现象可以继续升压；

② 升压采用分梯度逐级提高，每升一级可以为试验压力的 10%～20%，每级之间适当保压，以观察有无异常现象；

③ 达到试验压力后，经过检查无泄漏和异常现象，保压 24h，压力无下降即为合格。

第5章

储气井检测技术

早期储气井并未按照《固定式压力容器安全技术监察规程》(简称《固容规》) 的要求进行检验检测,甚至没有做过检测。一方面是由于早期对储气井的安全不够重视,早期储气井井口结构绝大多数均为不可拆卸形式,制约了检验检测;再者就是储气井相关的检测技术缺乏,油气井中虽有一些检测深井的技术,但无法直接照搬用于储气井,而且,有些缺陷检测技术在油气井工程中也属于空白。所以要保障储气井的安全,必须建立一套合理的检测技术体系,才能从本质上提高储气井的安全性能。

5.1 固井质量检测与评价技术

5.1.1 固井质量评价测井技术

在油气井行业,已经发展出了多种固井质量评价测井技术,其中有的应用得已经很成熟,有的技术仍在不断进步。根据测井原理的不同,现有的固井质量评价测井技术可以分为水泥胶结类和水泥声阻抗类,前者利用泄漏兰姆波检测水泥环界面胶结状况,主要有声波幅度测井 (CBL)、声幅/变密度测井 (CBL/VDL)、衰减率水泥胶结测井 (CBT)、扇区水泥胶结测井 (SBT)、扇区水泥胶结测井 (RBT) 等;后者利用套管的反射回波衰减速率,估算水泥环的抗压强度,从而反映水泥环胶结质量好坏,主要有水泥评价测井 (CET)、脉冲回声测井 (PET)、环周声波扫描测井 (CAST)。下面对油气井固井质量评价测井常用的几种技术做简单介绍。

(1) 声波幅度测井 (CBL)

① 基本原理。声波幅度测井 (CBL,Cement Bond Log) 的测井原理图 5-1 所示,图中:T 表示发射换能器,R1 和 R2 为接收换能器,T 到 R1 或 R2 的距离称为源距,CBL 测井采用的源距通常为 3ft. 或 5ft.。检测时,发射换能器发射

声波，声波沿套管内的耦合介质（为钻井液或清水）传播至套管，在套管和钻井液之间的界面上，其中以临界角入射的声波折射入套管管壁，并在套管内以滑行的方式传播（通常称为套管波），套管波又以临界角的角度折射进入井内泥浆并到达接收换能器被接收，仪器测量记录套管波的第一个正峰的幅度值（单位为mV），这一幅度值即为声波幅度值（声幅），对声幅和井深作图即得到声幅曲线图。

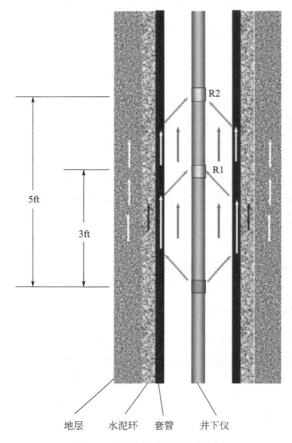

图 5-1　声波幅度测井原理图

声幅值的大小受套管与水泥环胶结程度的影响，当套管与水泥环胶结良好时，套管与水泥环的声阻抗差别较小，声耦合较好，套管波的能量就会有较大的衰减，则测量记录到的声幅值较小；当套管与水泥胶结不好，套管外有流体存在，套管与水泥环之间有间隙时，套管与管外泥浆的声阻抗相差很大，二者声耦合就差，因此，套管波的能量难以向套管外传播，则套管波能量衰减较小，声幅值将很大，其中在管外没有水泥的自由套管段达到最大。CBL 测井正是利用上述声波在套管井中的传播特性来判断固井质量的。声波幅度测井中，通常采用相对声幅值，声波幅度测井的缺点是它只能反映水泥环与套管（第一界面）的胶结情况，不能反映水泥环与地层的胶结情况。

② 声幅测井影响因素。掌握声幅测井的影响因素，是控制测井质量的需要。理论分析和实践都表明，声波幅度除了和水泥胶结情况有关，还受其它因素的影响。

a. 套管厚度的影响。在其它条件不变时，套管的厚度越大，CBL 的测量值将会越高，试验表明，当套管厚度由 6mm 增加到 9mm 时，CBL 测量值将会增大 20％以上。

b. 水泥环厚度的影响。实验证明，水泥环厚度大于 19.05mm，水泥环对套管波的衰减是一个固定值；厚度小于 19.05mm 时，水泥环越薄，对套管波的衰减越小，水泥胶结测井曲线值越高。因此，在应用水泥胶结测井曲线检查固井质量时，应参考井径变化。

c. 测井时间的影响。注水泥后，水泥在环形空间中是一个逐渐凝固的过程，未凝固的水泥的声学性能和钻井液相似，如果此时测井，会有较高的声幅值。因此，声幅测井通常要求在注水泥后一段时间后才能进行。

d. 声波探头居中度和井筒居中度的影响。CBL 记录的信号是各个方向套管波的叠加，实验表明，仪器在套管中的居中度对声幅值有一定的影响，对于 3ft. 的接收距离，如果探头偏离中心 6.35mm 时，所测得的 CBL 值比完全居中时减少 50％。为了保证仪器的居中度，一般要求加装扶正器，且测井速度不能太快。

套管不居中对声幅值的影响同仪器不居中的影响类似。

e. 刻度参数和位置的影响。声波幅度测井仪器需要进行定期刻度或在测井前进行刻度，一般是在自由套管中进行刻度，如果刻度时选择的位置不是完全的自由套管，那么测量出来的增益值将增大，导致测井结果出现偏差。

f. 仪器耦合时间的影响。仪器刚进水时仪器油囊表面有气泡会使声波能量发生较大的衰减，造成水泥胶结检测不准确，所以仪器下水时要先浸泡一段时间再进行测量，在天气干燥、寒冷的季节尤其要注意仪器的浸泡时间。

g. 快速地层的影响。因为 CBL 测量的是套管第一个正半波的幅度，而在一些快速地层段，如白云岩、灰岩等地层，地层波比套管波先到达接收器，地层波叠加在套管波上使 CBL 值变高，造成错误判断第一界面胶结状况。

h. 微环隙的影响。微环隙一般存在于套管和水泥环之间，实践证明，微环隙的存在对 CBL 测井结果有很大的影响。

（2）变密度测井（VDL）

① 变密度测井基本原理。变密度测井（Variable Density Log）也是一种通

过检测套管与套管外固井水泥环的胶结情况，从而检测固井质量的声波测井方法，变密度测井既可反映套管与水泥环之间的胶结（第一界面），又可以反映水泥环与地层之间胶结情况（第二界面）。变密度测井的声系由一个发射换能器和一个接收换能器组成，源距一般为 1.5m。

变密度测井也是利用不同固井条件下，声波在套管井中不同的传播特性来检测固井质量的。在套管井中，从发射换能器 T 到接收换能器 R 的声波信号有四个传播途径，沿套管、水泥环、地层以及直接通过套管内流体介质传播。通过流体介质直接传播的波称为直达波，直达波最晚到达接收换能器，最早到达接收换能器的一般是沿套管传播的套管波，水泥对声能衰减大、声波不易沿水泥环传播，所以水泥环波很弱可以忽略。当水泥环的第一、第二界面胶结良好时，通过地层返回接收换能器的地层波较强。若地层声速小于套管声速，地层波在套管波之后到达接收换能器，这就是说，到达接收换能器的声波信号次序首先是套管波，其次是地层波，最后是直达波。变密度测井就是依时间的先后次序，将这三种波全部记录的一种测井方法，记录的是全波列，如图 5-2 所示。变密度声系通常附加另一个源距为 1m 的接收换能器，以便同时记录一条水泥胶结测井曲线，也就是将声幅测井和变密度测井组合起来，称为声幅/变密度测井（CBL/VDL）。

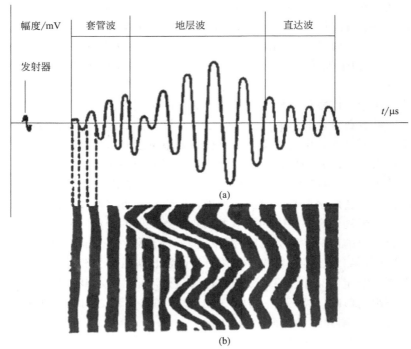

图 5-2　VDL 测井图

变密度测井采用不同的方式处理接收到的声信号，就可以得到不同形式的记录，目前一般都使用调辉记录方式。调辉记录是对接收到的波形检波去掉负半周，用其正半周作幅度调辉，信号幅度大，则辉度强，信号幅度小，则辉度弱。井下仪器以一定的速度移动，则记录下不同井深处的全波列，接收换能器将接收到的全波列都记录下来，最后即可得到变密度测井调辉记录图，如图 5-2 所示，黑色相线表示声波信号的正半周，其颜色的深浅表示幅度的大小，声信号幅度大则颜色深，相线间的空白为声信号的负半周。套管信号和地层信号可根据相线出现的时间和特点加以区别。因为套管的声波速度不变，而且通常大于地层速度，所以套管波的相线显示为一组平行的直线，且在图的左侧。

不同地层的声速不同，地层信号到达接收换能器的时间也就不同。因此，可将套管波与地层波区分开。在接箍处，由于存在间隙，使套管信号到达的时间推迟，幅度变小，地层信号很弱，从而在 VDL 图上呈现人字形图纹。当套管与水泥胶结（第一界面）良好，水泥与地层（第二界面）胶结良好时，声波能量大部分传到水泥和地层中去，因此套管信号弱而地层信号强。如果地层信号在到达时间范围内显示不清楚，可能是因为第二界面胶结差或者地层本身对声波能量衰减比大。

② 变密度图的解释。根据两个界面的胶结状况，变密度图有如表 5-1 所示的解释。

表 5-1　变密度图解释

解释结果	变密度图特征
自由套管	出现平直的条纹，越靠近左边，反差越明显，对应着套管接箍出现人字纹
第一和第二界面都胶结良好	左边的条纹模糊或消失，右边的条纹反差大
第一界面胶结好，第二界面胶结差	左侧及中间条纹模糊，信号很弱
第一界面胶结差，第二界面胶结好	左边条纹明显，右边也有显示
第一和第二界面胶结都差	反映地层波的条纹基本消失

（3）扇区水泥胶结测井（SBT）

CBL 和 VDL 测井均只能考查环向的胶结状况，扇区水泥胶结测井（SBT）是一种可以同时从纵向和横向（沿套管圆周）两个方向测量水泥的胶结质量的测井技术，SBT 测井仪的声波探头结构如图 5-3 所示，该仪器设计的短源距使补偿衰减测量结果基本上不受地层的影响，并能用于各种流体的井内，包括重泥浆和含气井液。只要保持滑板与套管内壁接触，一般的偏心不影响测量结果。生产 SBT 测井的厂家主要有阿特拉斯公司和康普乐公司。

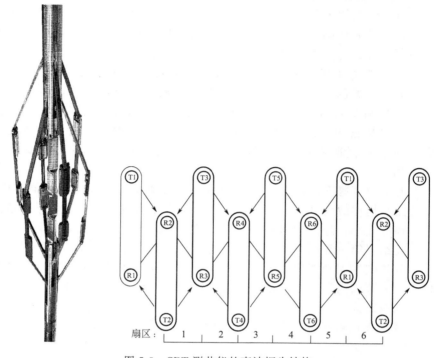

图 5-3　SBT 测井仪的声波探头结构

（4）水泥评价测井（CET）

CET 测井仪由 SCLUMBERGER 公司在 20 世纪 80 年代推出，它是利用反射声波来确定套管的平均直径、椭圆度、偏心度及反映水泥胶结质量的水泥抗压强度，它不仅可以反映套管井中两个声学界面的胶结状况，还可以对管外水泥胶结具有圆周分辨率和纵向分辨率，提供水泥抗压强度的测量，以高灵敏度声波井径反映各方位的套管内径，指示套管变形、腐蚀及磨损情况。

5.1.2　固井质量评价方法

SY/T 6592—2016《固井质量评价方法》标准中规定了三种固井质量评价方法：固井施工质量评价，水泥胶结质量评价和固井质量工程判别。下面结合 SY/T 6592—2016 对三者进行简单的评价。

（1）固井施工质量评价

固井施工质量评价是采用打分的方法对固井施工设计、固井施工作业记录及其与设计的符合性做出的评价，评价的内容包括钻井液性能、钻井事故情况、下套管情况、水泥浆性能、注水泥工艺、固井施工作业、固井事故情况、候凝情况等。对不同的项目进行评分，然后再对各项分数相加，对总分超过一定分值的，固井施工质量评价为合格。

（2）水泥胶结质量评价

根据声幅曲线、SBT衰减率和胶结比，都可评价水泥胶结状况，其中胶结比可由声幅曲线或SBT衰减率计算而：

$$BR = \frac{\lg A - \lg A_{\text{fp}}}{\lg A_{\text{g}} - \lg A_{\text{fp}}} \text{ 或 } BR = \frac{\alpha - \alpha_{\text{fp}}}{\alpha_{\text{g}} - \alpha_{\text{fp}}}$$

式中　　BR——胶结比；

A——计算点的声幅值，%或 mV；

A_{fp}——自由段套管声幅值，%或 mV；

A_{g}——当次固井水泥胶结最好井段声幅值，%或 mV；

α——计算点的衰减率，dB/m 或 dB/ft.；

α_{g}——当次固井水泥胶结最好井段的衰减率，dB/m 或 dB/ft.；

α_{fp}——自由套管的衰减率，dB/m 或 dB/ft.。

对于常规密度和高密度水泥固井的，可分别根据声幅曲线、SBT衰减率、胶结比依照表5-2的方法进行水泥胶结质量评价。

表5-2　水泥胶结质量评价方法

评价指标	测井曲线或转换曲线	水泥胶结评价结论
声幅曲线	小于图5-4中的胶结"优"声幅上限	优
	大于图5-4中的胶结"优"声幅上限，而小于图5-5中的胶结"差"声幅下限	中等（合格）
	大于图5-5中的胶结"差"声幅下限	差
SBT衰减率	大于图5-6或图5-7中的胶结"优"衰减率下限	优
	小于图5-6或图5-7中的胶结"优"衰减率下限，而大于胶结"差"衰减率上限	中等（合格）
	小于图5-6或图5-7中的胶结"差"衰减率上限	差
胶结比	$BR \geqslant 0.8$	优
	$0.5 \leqslant BR < 0.8$	中等（合格）
	$BR < 0.5$	差

对于低密度水泥浆固井，相对声幅或衰减率评价指标与常规密度水泥固井评

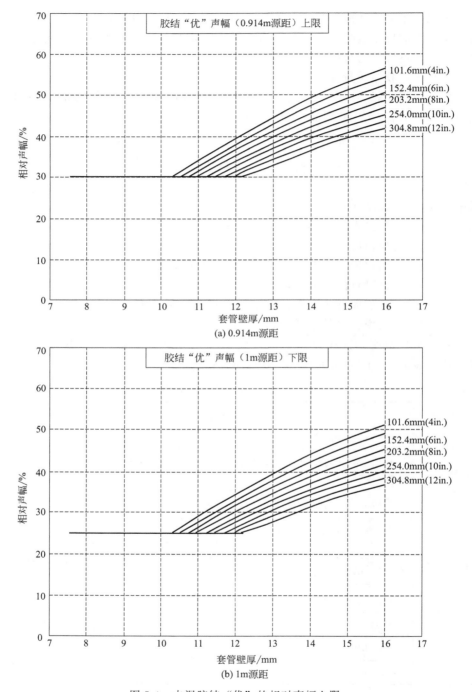

(a) 0.914m源距

(b) 1m源距

图 5-4　水泥胶结"优"的相对声幅上限

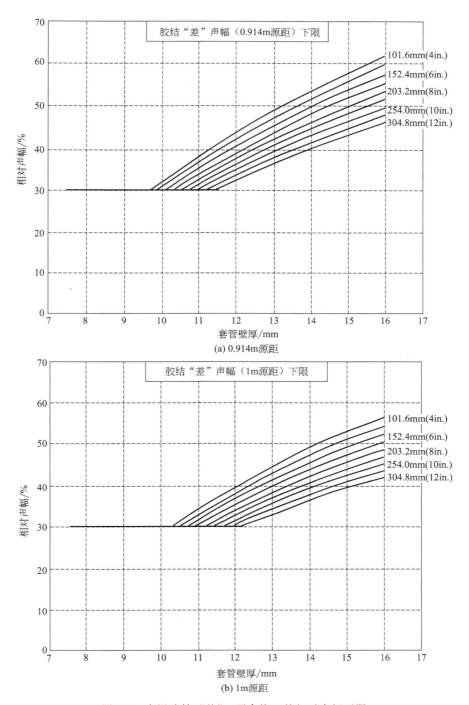

(a) 0.914m源距

(b) 1m源距

图 5-5　水泥胶结"差"（不合格）的相对声幅下限

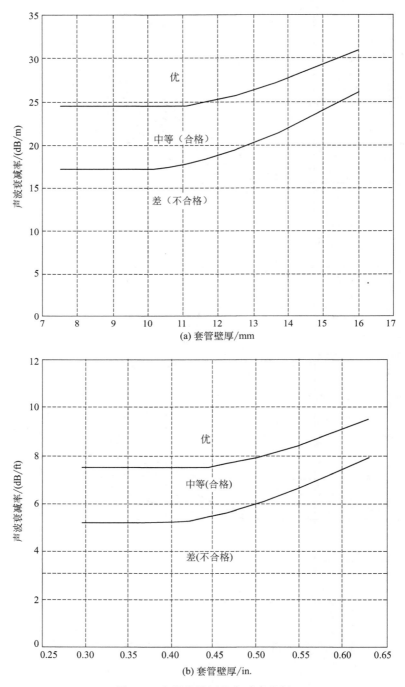

图 5-6　水泥胶结评价衰减率指标

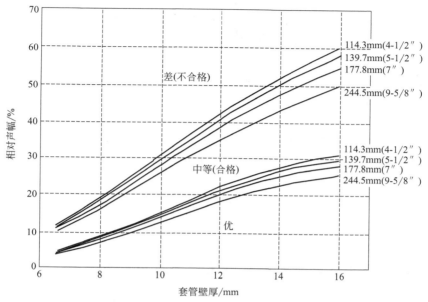

图 5-7　水泥胶结相对声幅评价指标

价指标相比，可适当放松。可按表 5-3 所示的经验指标进行评价。

表 5-3　常规密度水泥浆固井相对声幅固井质量评价的经验指标

CBL 值	评价结论
CBL 值≤20%	优
20%＜CBL 值≤40%	中等（合格）
CBL 值＞40%	差（不合格）

（3）固井质量工程判别

固井质量工程判别是采用工程方法对根据水泥胶结测井资料进行固井质量评价的成果进行检验，在油气井工程中应用的有噪声测井、温度测井、放射性示踪测井、中子寿命测井、氧活化测井（生产测井找窜）以及射孔方法验窜（DST）、封隔器验窜、探水泥塞、套管试压（工程验窜）。在储气井工程中，目前尚没有实用的工程判别方法。

（4）固井施工质量评价、水泥胶结质量评价和固井质量工程判别的关系

依照 SY/T 6592—2016《固井质量评价方法》，固井施工质量评价、水泥胶结质量评价和固井质量工程判别三者之间存在以下关系。

① 对于预探井和评价井，根据水泥胶结测井资料评价水泥胶结质量是首选的方法。

② 根据一个开发区块中前 5 口井的施工记录，若固井施工质量均被评价为"合格"，且根据水泥胶结测井资料，水泥胶结质量均被评价为"合格"以上，则对于该区块后续的开发井，可根据施工记录评价固井质量。

如果开发井的井眼扩大率或分井段井眼最大全角变化率超过一定值（在 SY/T 6592—2016 中有规定），可根据水泥胶结测井资料评价固井质量。

如果施工质量没有获得"合格"的评价结论，则应利用水泥胶结测井资料评价固井质量。

③ 在水泥环层间封隔性能存在争议或较大疑问时，或在根据固井质量测井资料评价固井质量发生争执时，采取工程判别措施。

④ 在没有进行水泥胶结测井的条件下，可以根据固井施工记录来评价固井质量。在已经进行了水泥胶结测井的条件下，固井施工质量评价结论可作为分析水泥是否候凝时间不足或者是否出现微环隙的参考。

5.2　储气井水泥防护层胶结声波检测方法和设备

储气井与油气井在功能、深度、地层、固井作业等方面存在诸多差异：①功能　储气井是一种存储压力容器，油气井提供油气运移的通道；②深度　储气井深度一般不超过 300m，油气井深度可达数千米到上万米；③地层　储气井所在浅地层地质结构简单，不进行裸眼测井，油气井地质结构复杂，需先进行声波、电法、放射性等裸眼测井；④固井作业　储气井采用建筑水泥全井段固井防止腐蚀，油气井采用油井水泥只在目的层固井，分隔油气水层防止窜槽，浅地层为自由套管（无水泥防护层）用于刻度；⑤损伤模式　储气井的主要损伤模式是地层介质对井筒外壁的腐蚀，油气井的主要损伤模式是井内流体对井筒内壁的腐蚀。

目前储气井水泥防护层胶结检测一般直接采用声幅/变密度测井的方法和设备，而没有考虑储气井与油气井之间的差异，导致检测精度和纵向分辨率不能满足储气井水泥防护层胶结检测的要求。

5.2.1　储气井水泥防护层胶结质量声学检测方法

中国特种设备检测研究院针对现有技术的不足，基于声幅/变密度检测基本原理，根据储气井水泥防护层胶结检测要求，提供了一种采用单发双收液浸式声波传感器自动检测储气井水泥防护层胶结质量的方法，该方法包括如下内容。

（1）传感器设置

发射传感器与接收传感器之间的距离即源距，是决定储气井水泥防护层胶结质量声波检测精度和纵向分辨率的主要因素，源距越小，检测精度和纵向分辨率越高，然而源距过小会导致井管波与直达波、地层波、一次反射波、多次反射波等续至波同时被传感器接收而无法分辨，通过模拟计算和实验测试，最终选择两个接收传感器的源距分别为 0.6096m(2ft.) 和 0.9144m(3ft.)。

（2）信号采集方式

短源距和长源距接收传感器都采集全波列信号，声幅/变密度测井中短源距传感器只接收全波列中首波的信号，而舍弃了包含大量信息的续至波信号，尤其是第二界面胶结情况的信息，第二界面对于储气井水泥防护层评价同样重要，而油气井不注重第二界面，通过改变信号采集方式，可以获取更多有效信息。

（3）数据处理分析

声幅/变密度测井数据分析解释基于油井水泥的性质而制定评价指标，储气井很少采用油井水泥，多采用建筑水泥，搅拌过程中也不添加水泥外加剂，两者声学性质存在差异，尤其是声波时差，检测声波传播直接影响数据处理分析，通过模拟计算和实际水泥声学实验，制定数据处理分析指标。

5.2.2　储气井水泥防护层胶结质量声学检测设备

根据模拟计算的结果，并在实验室进行了传感器的相关试验，最终研制成功储气井水泥防护层胶结声波检测设备样机，如图 5-8 所示并申请了专利，该样机具有以下特点。

图 5-8　储气井水泥防护层胶结质量声学检测设备样机

① 对于一般的井筒和地层而言，井管波主频为 20kHz 左右，地层波主频范围为 14kHz～17kHz，为了满足检测的灵敏度和准确性，检测频率设置为 15kHz～25kHz。

发射传感器与接收传感器之间的距离即源距，是决定检测精度和纵向分辨率的主要因素，源距越小，检测精度和纵向分辨率越高，源距过小会导致井管波与直达波、地层波、一次反射波、多次反射波同时被传感器接收而无法分辨，通过模拟计算和实验测试，最终选择源距分别为 0.6096m 和 0.9144m，对电路设计进一步优化，采用新型高精度、高集成度芯片，储气井水泥防护层胶结声波检测仪主体长度为 1.5m。

② 短源距和长源距接收传感器都采集全波列信号，声幅/变密度测井中短源距传感器只接收全波列中首波的信号，而舍弃了包含大量信息的续至波信号，尤其是第二界面胶结情况的信息，第二界面对于储气井水泥防护层评价同样重要，而油气井不注重第二界面，通过改变信号采集方式，可以获取更多有效信息。

③ 磁定器长度缩小为200mm，采用高强度钕铁硼磁材料，增加线圈匝数及外径，使其在244.48mm井管中，节箍信号仍然很强。

④ 改进隔声材料，油气井声幅/变密度测井仪隔声材料采用铅锤，在短源距情况下不能有效阻隔直达波等影响，选取了十几种材料进行隔声试验，最终决定采用聚四氟乙烯，隔声效果可达90%。

5.2.3 应用试验

使用传统声波变密度固井检测仪（源距1m，1.5m）和储气井水泥防护层胶结声波检测仪（源距0.6m，0.9m）分别对实验模拟井（井筒外径177.8mm 和244.48mm）和实际工程井（井筒外径244.48mm）进行检测应用试验，对比分析检测精度和分辨率。

如图5-9所示，对于外径177.8mm实验井，24～30m井段，水泥胶结质量差，声幅值较大，传统固井检测仪已无法分辨幅值变化，声幅曲线呈现直线，而储气井水泥防护层胶结声波检测仪能分辨幅值变化，分辨能力较强。如图5-10所示，对于外径244.48mm实验井，两只仪器评价结果大致相同，储气井水泥防护层胶结声波检测仪的磁定位曲线幅值较大，接箍信号更明显。传统固井检测仪变密度曲线不清晰，评价第二界面较困难，而储气井水泥防护层胶结声波检测仪变密度曲线清晰，井管波、地层波变化明显，检测精度更高。

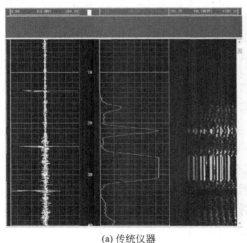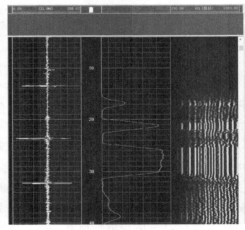

(a) 传统仪器　　　　　　　　　　　　　　(b) 专用仪器

图 5-9　177.8mm 实验井检测结果对比

在上述所有研究基础上，研制了 GB/T 36216—2018《无损检测 地下金属构件水泥防护层胶结声波检测及结果评价》标准，于 2018 年 12 月 01 日起实施，对规范储气井水泥防护层胶结质量检测，提高储气井及加气站安全起到一定作用。

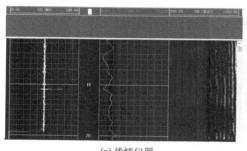

(a) 传统仪器　　　　　　　　　　(b) 专用仪器

图 5-10　244.48mm 实验井检测结果对比

5.3　内窥检测

　　采用井下电视系统或其它设备进行内窥检测，可以直观发现储气井内表面井筒和接箍的腐蚀、裂纹、机械损伤或热损伤（如焊疤、焊迹、电弧损伤等）等，目前的检测系统可实现连续测量录像、点测拍照等方式进行测量和记录。

　　中国特种设备检测研究院联合开发的储气井井下作业电视检测系统按功能模块划分有如下五部分组成：数据采集；数据传输；数据处理；数据显示及存储；电气控制及机械传动。各部分的工作原理如下。

　　（1）数据采集部分

　　简单地说这一部分就是将带有微型云台的高分辨率摄像机及高频低压电源模块装在一个不锈钢筒内，该不锈钢筒要求密闭，耐压，前端装有球面透镜，后端装有电缆鱼雷插座，侧面装有光源。但是有以下几个难点。

　　a. 微型云台机械结构的设计　由于受该部分不锈钢筒（外径受到井径限制）的内部空间限制，因此，云台结构必须简单，巧妙且实用。

　　b. 微型云台使用的电机一定要选择合理的电压等级和速比。

　　c. 摄像机的 CCD 规格和镜头焦聚的选择要结合井下视距，光线条件等因素。

　　d. 球面透镜在保证强度的前提下，必须保证图像不扭曲失真。

　　e. 光源的光线必须是发散的，均匀的且照射范围足够大。

　　f. 接口阻抗的匹配。

　　（2）数据传输

　　传输介质采用特制的带有 75Ω 阻抗的同轴电缆和信号线的复合缆。

　　（3）数据处理

　　该部分是整个井下电视成像系统最关键的环节，它包括：稳压电路，电源保护电路，滤波电路，信号补偿电路，传感器接口电路，数码管显示驱动电路，键盘扫描电路，时钟电路，字符叠加电路，云台控制电路，模拟信号输出接口电路，AD 转换电路，数字信号输出接口电路等。具体说明如下。

a.稳压电路　为系统所有有源电路提供稳定的电源供给。

b.电源保护电路　在外部电源出现异常时，对系统供电部分起到保护作用。

c.滤波电路　尽可能有效地将耦合到信号中的干扰杂波去除。

d.信号补偿电路　信号经过长距离传输，亮度，色度，对比度等均有了不同程度的衰减，补偿电路将对其进行适当的补偿，使其尽可能接近原始信号。

e.传感器接口电路　使传感器发出的信号能够被主控芯片识别。

f.数码管显示驱动电路　驱动五位八段数码管以实现深度信息的实时显示。

g.键盘扫描电路　实时对矩阵键盘进行扫描，识别键盘中各按键的状态。

h.时钟电路　用以产生时钟信号。

i.字符叠加电路　实现深度，时间，日期，井号等信息在图像上的实时叠加。

j.云台控制电路　实现对微型云台的控制。

k.模拟信号输出接口电路　实现彩色全电视信号的模拟输出。

l.AD 转换电路　将彩色全电视模拟信号转换成数字信号。

m.数字信号输出接口电路　实现数字信号的 USB 输出。

（4）数据显示及存储

在电脑上通过采集软件的采集窗口对图像信息进行显示，并可将图像信息存储到电脑硬盘上或外接的移动存储设备上。

（5）电气控制及机械传动

通过对绞车电机的控制，实现复合电缆的收放，通过机械式排线器使复合电缆在绞盘上均匀排布。

SJ-212B 型储气井井下作业电视检测系统实物如图 5-11 所示，主要技术参数如表 5-4 所示。

图 5-11　储气井井下作业电视检测系统实物

表 5-4　SJ-212B 技术参数

序号	内容	技术参数
1	设备组成	①可旋转井下探头 1 只,直探头 1 只; ②数字控制面板一台; ③隔离变压器一台; ④复合材料箱体/铝型材包角
2	设备尺寸	探头外径:56mm<ϕ<125mm
3	适用范围	①工作环境　井下复杂环境(潮湿,油污); ②工作温度　范围不小于 0~40℃; ③观测角度　水平 0°~360°,俯仰视角 150°以上; ④视频输出　1Vp-p/75;PAL 复合彩色全电视信号
4	性能参数	①观测方式　可观测井壁四周及下部图像; ②检测精度　0.1mm(理想状况下); ③探头窗体　进口光学玻璃; ④输入电压　AC 220V±10%,50Hz; ⑤工作功耗　500W 左右; ⑥成像元件　1/4″,CCD; ⑦增益控制　自动增益控制(+12dB); ⑧白平衡　自动跟踪白平衡
5	软件功能	①软件能实现实时图像显示、采集、存储等功能; ②实时显示检测部位深度、时间日期; ③控制探头旋转、改变角度等

　　储气井内窥检测相比油气井,工作环境良好,不需要考虑水浸密封性,不需要考虑油对镜头的污染,目前储气井内窥检测有单独设备,也有与超声检测一体化多功能设备,由于超声检测需要水作耦合剂,因此一体化设备需考虑密封问题。

　　对于储气井内窥检测图像精度、设备分辨率等参数目前尚无标准规定,未实现缺陷自动识别功能,过程监控与图像识别均依靠检验人员人工完成,图 5-12 为某储气井内窥检测示例照片。

图 5-12　储气井内窥检测示例照片

5.4 超声波检测

工业无损检测技术中使用范围最广的就是超声波检测，超声波检测分为主动检测和被动检测，由超声探头发射超声波的叫主动检测，亦称为超声检测技术，由被测试件受到载荷自发发射超声波的叫被动检测，也叫声发射技术。随着集成电路、信号处理技术和计算机技术的发展，超声检测技术也得到了深入的研究和应用。随着新材料、新技术的出现，国内外也研发出了大量的超声检测方法和技术，如电磁超声技术、超声波自动检测法、超声成像检测技术等。超声检测也经历了由模拟检测系统到数字化检测系统再到目前的以计算机软件为核心的虚拟检测系统的发展历程。

相较于其它常规无损检测方法，其具有不可替代的地位。超声波检测不能仅仅满足于对于检测试件中存在缺陷的有无等信息，还应通过后期的数据处理发展成可以将检测结果以图像的形式直观地显示，供检测人员分析判断。

中国特种设备检测研究院联合研制了基于超声波测量的储气井井筒壁厚及腐蚀检测系统与检测方法，考虑储气井的结构与现场条件，采用水浸探头阵列布置进行测量，通过铠装复合线缆连接地面部分和地下移动检测装置。

5.4.1 储气井井筒壁厚及腐蚀检测方法与检测系统

如图 5-13 和图 5-14 所示，包括地上部分、长距离信号传输部分、地下超声信号发射和接收部分以及环形水浸探头阵列布置和扶正部分；将探测的电信号经光电转换器转为光信号由光纤传输，井上再通过光电转换器把光信号转换为电信号给计算机；启动计算机，放置水下部分至井内，调节扶正器部分，保证探头阵列与储气井的同轴平行；启动检测软件，层之间错开一定角度的探头阵列层之间激发并接受超声信号，将得到的信号进行运算处理，送入光电转换器转变为光信号后进入光纤，在光纤另一端，又由光电转换器转换后进入计算机网口，实时数据图像在相应的屏幕显示区域显示，提高了检测的稳定性和精确性。

改进型储气井井筒壁厚及腐蚀检测系统，包括地上信号处理部和设置在储气井内的地下信号收发部；地上部分设有通过铠装复合线与地下部分连接的移动式检测装置，该检测装置设有拖拽部与控制终端；铠装复合线的输出端与井上信号处理部的计算机连接，把采集到的数个模拟量探头信号，通过计算机完成对模拟信号的数字转换和数据信号的处理；所述的信号处理部通过拖拽部由地面探入到储气井井筒内，通过扶正器在井筒内壁上下移动；与扶正器连接的还有由至少二层探头组成的环形水浸模拟量探头阵列；所述的数个模拟量探头由一个 FPGA 程序控制循环工作，所述的 FPGA 程序固化在电路板上；所述的铠装复合线由

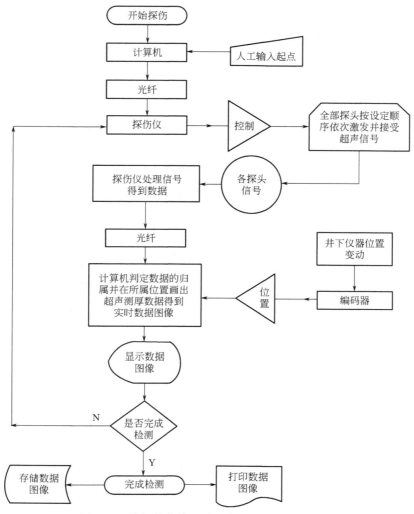

图 5-13 储气井井筒壁厚及腐蚀检测方法流程图

传输信号用的同轴电缆和井下仪器电源线分层缠绕、外层缠绕钢丝制成，同轴电缆和电源线共用一个多芯防水密封接头。前述的扶正器上设有多个与井筒内壁滚动接触的支腿；在扶正器的轴向方向设有弹簧。前述的拖拽部包括滚筒和定滑轮，滚筒前的摆线器上有与计算机固定连接的编码器。

　　储气井的超声波检测采用水浸超声反射法在井筒内部进行，以发现井筒钢管的最小剩余壁厚和局部腐蚀区域，通过测量最小剩余壁厚判断储气井腐蚀情况，进行合于使用评价和剩余寿命预测，测量仪器一般采用阵列式超声直探头或旋转式单探头、利用水作为超声波耦合剂，如图 5-15 所示可采用数据实时传输（电缆、无线）或自存储后处理两种方式，超声波脉冲在井筒内壁和外壁经过两次反射，通过接受反射回波的时间间隔即可计算最小剩余壁厚。

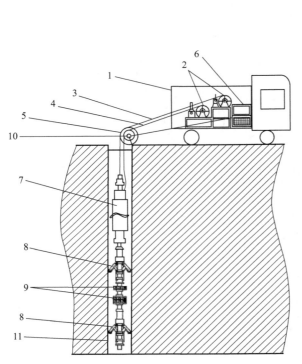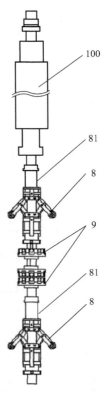

图 5-14　储气井井筒壁厚及腐蚀检测系统示意图

1—检测系统车；2—滚筒；3—铠装电缆；4—光纤；5—定滑轮；
6—笔记本计算机；7—仪器密封筒；8—扶正器；9—环形水浸
探头阵列；10—编码器；11—储气井

图 5-15　井内仪器示意图

支撑调节手柄　三臂支撑　A探头盘　B探头盘　C探头盘　三臂支撑　支撑调节手柄　探头接头

图 5-16　探头组实物图

　　储气井的超声波检测具有良好的理论基础和实践经验，也是目前广泛采用的方式，但同时应注意，超声波测厚的检测精度依赖于表面状况、仪器居中、计量校准、现场调校等因素，而且对于接箍连接部位等结构不连续处，超声检测无法得到有效反射回波，因此无法检测接箍部位。

5.4.2　储气井井筒金属腐蚀超声检测与成像系统

　　最新一代的井筒金属腐蚀超声检测与成像系统（WBCT64），仪器长度75cm，重量小于15kg。仪器整体小巧便携，安装、使用、操作方便，性能可靠。井下检测仪器采用电池供电，工作时间不低于18h，井下仪器与笔记本电脑可采用无线、有线网络传输数据；传输数据不需开启井下仪器密封部件。如图5-17所示。

图5-17　井筒金属腐蚀超声检测与成像系统（WBCT64）

（1）WBCT64检测参数
① 井筒钢管外径　177.8～244.5mm；
② 钢管壁厚　9.0～13.0mm；
③ 检测深度　0～300m；
④ 工作温度　0～60℃；
⑤ 探头阵列　64个（环形等间距分布）；
⑥ 检测速度　0～30m/min；
⑦ 深度分变　2～10mm。
（2）主要性能指标
① 衰减范围　55dB，步长0.1dB；
② 工作频率　0.5MHz～10MHz；
③ 采集频率　100MHz，8bits；
④ 切换频率　10kHz～15kHz；

⑤ 水平线性　≤1%；

⑥ 垂直线性　≤3%；

⑦ 探头频率　5MHz；

⑧ 测厚精度　±0.1mm；

⑨ 网络速度　100Mb/s。

（3）系统软件功能

① 软件能对存储卡中原始数据进行分析、成像（整体显示或局部放大显示）及结果再存储；

② 软件可以进行图像处理，自动计算接箍的位置；

③ 软件可对所有通道进行综合分析，亦可独立分析，各个通道有独立的数据显示；

④ 深度计量可随检测过程实时显示测量时的深度，数据与深度应一一对应；

⑤ 能给出每点壁厚测量的位置和所测数据，并用软件自动生成储气井井筒展开的实际壁厚测量结果显示的图像。

东南大学研究了基于超声相控阵技术的储气井套管检测技术，首先研究线型相控阵水浸检测的若干问题，然后通过分析线阵和圆柱形阵列的异同，从而确定圆柱形相控阵的尺寸参数、圆柱形相控阵检测的聚焦法则。在水浸线型相控阵检测方面，首先探究了水层深度对检测的影响；其次根据几何关系验证了在特定的检测条件下，声束在水-储气井套管双层介质中传播路径的单一性，并确定了声束聚焦在套管内部的聚焦法则；之后使用多元高斯声束模型进行工件内部辐射声场仿真，验证了所设计的聚焦法则的有效性，并改变参数来确定不同参数对辐射声场的影响；最后设计相应的检测系统，通过对实际工件进行检测，验证了水层深度设置的合理性、聚焦法则设计的有效性；并对不同位置处缺陷进行检测，所得结果与实际结果相吻合，验证了检测技术的有效性。

常规超声储气井井壁探伤系统因单阵元探头的限制，无法实现更高精度的缺陷检测。为实现高精度的井壁缺陷检测，提出基于64阵元凸型相控阵探头的储气井井壁探伤系统设计方案，通过声场仿真研究凸型相控阵声场特性的影响因素，并基于凸型相控阵探头声场特性的研究设计凸型相控阵探头。

5.5　电磁检测

电磁法是一种以电磁学理论为基础，用于检测各种材料和构件的无损检测方法，根据各种被检测材料的电磁性能的变化可识别和判断材料中的缺陷并测试材料性能。电磁法广泛应用于航空航天、核工业以及石油工业等领域，并在这些领域的质量检验和管理部门起着关键性的作用。电磁无损检测方法可分为漏磁检测法、常规涡流检测法和远场涡流检测法。

漏磁检测的基本原理是磁化工件中需要检测的部分，工件中存在缺陷将改变工件中的磁力线分布，最终导致内部的磁力线逸出需要检测的工件表面形成"漏磁场"，利用检测仪器可测量该漏磁场的大小，从而判断工件中存在缺陷的特征。漏磁检测在实际检测中有效率高、准确性好、检测成本低等特点，故在钢铁行业和石化行业应用较多。漏磁检测器更适合检测管道内部腐蚀和缺陷，不利于检测大面积腐蚀和多层管道，几乎不能识别缓慢连续的变薄。

中国特种设备检测研究院联合研发了储气井套管漏磁测试装置及测试方法，利用漏磁探伤技术可以同时探测套管内外损伤状况，并且不受井下流体环境的影响，属于非接触式测量，检测精度高于超声波检测方法。

（1）储气井套管漏磁测试装置

包括：地面计算机、扶正器以及井下仪器，所述地面计算机通过电缆与井下仪器连接，所述井下仪器和扶正器连接，通过井下仪器自重和电缆拉力带动扶正器和井下仪器在套管内上下移动。

（2）井下仪器

包括电气盒、标准扶正器、磁化器、横向探头和纵向探头，如图 5-18 所示。

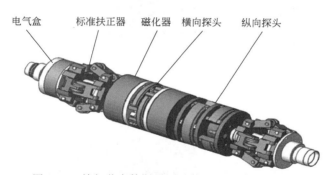

图 5-18　储气井套管漏磁测试装置井下仪器设计图

（3）现场测试

利用井下仪器样机和测试样管，进行了检测测试。

分析内外壁缺陷漏磁场变化规律，结果表明内外壁缺陷的漏磁场信号趋势相同，内壁缺陷产生的信号强于外壁缺陷产生的信号；分析不同深度的外壁缺陷漏磁场信号变化规律，结果表明随深度增加，缺陷漏磁场信号峰值增大。

西南石油大学提出采用远场涡流技术对储气井套管缺陷进行检测，设计了单激励线圈和多检测线圈阵列的检测传感器，并从原理上论证了该方法的可行性。四川自贡特种设备监督检验所提出用瞬变电磁法测量 CNG 储气井管壁壁厚，从实验上论证了该方法的可行性。

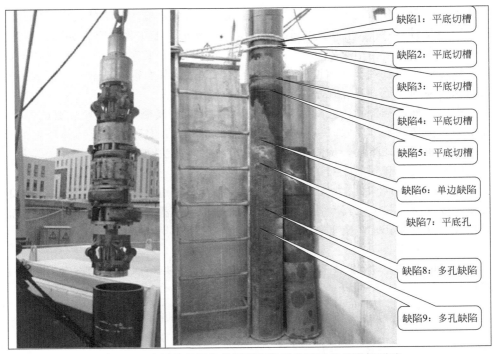

缺陷1：平底切槽

缺陷2：平底切槽

缺陷3：平底切槽

缺陷4：平底切槽

缺陷5：平底切槽

缺陷6：单边缺陷

缺陷7：平底孔

缺陷8：多孔缺陷

缺陷9：多孔缺陷

图 5-19　中国特种设备检测研究院顺义试验基地现场测试

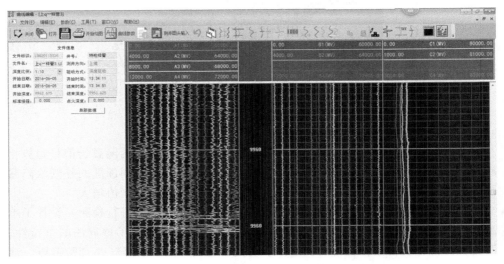

(a) 样管缺陷1、2、3测试结果

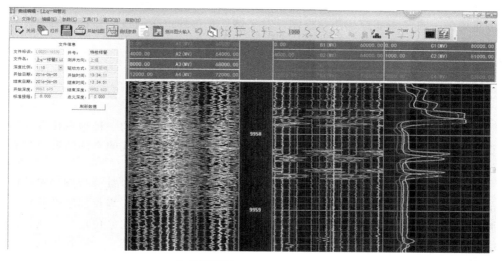

(b) 样管缺陷4、5、6、7、8、9测试结果

图 5-20　测试结果

5.6　导波检测

　　超声导波（guided waves ultrasonic）技术是一项近年来广受关注的无损检测技术。导波是一种由于介质边界的存在而被限制在介质中传播的，同时其传播方向平行于介质边界的波。近20年来，对超声导波的研究已拓展到了管道、实心柱体以及复合板材等介质中，其中对于在管道中传播的超声导波的研究最成熟。国外对于超声导波的研究与应用较早，已有较完整的理论指导。国内对超声导波的探索始于本世纪初，其中北京工业大学相对突出，另外国内众多知名高校和研究机构，如复旦大学、北京大学、南京大学、上海交通大学以及中科院声学研究所等都对超声导波理论以及相关应用进行了探索。

　　超声导波具有沿传播路径衰减小的优点，适用于进行长距离、大范围的缺陷检测。相较传统超声检测需要逐点扫描的方法，大大节省了成本和人力。以管道检测为例，超声导波与传统超声波技术相比，有两大明显的优势：第一，传播距离远，在管道一端激励特定模态的导波，则该导波可沿构件传播约几十米的距离；第二，覆盖范围广，导波的传播是介质中所有质点共同振动的结果，所以在导波传播过程中，声场可覆盖整个介质。基于这两个优点，当从管道一端激励一个特定的导波信号时，从几十米外的另一端就可以接收到该信号，而该信号携带了传播路程中所有介质的信息。

　　同时，导波技术也有其局限性，不能测量管道的真实残余壁厚或最小壁厚，不能区分内外壁损伤，不能确定缺陷的形状和尺寸，不能检测孤立的小的凹坑，最重要的一点是不能穿越法兰检测。对于储气井这种由接箍连接井管的结构，其最多能够检测一根井管，因此在储气井检测中并无应用。

5.7 井斜检测

井斜仪是测量地质钻孔轴线上各点倾斜角和倾斜方位角的一种地质仪器。通过测量钻孔轴线上各点倾斜角度和倾斜方位角可以计算出钻孔的空间轨迹。井斜仪也称测斜仪，其种类非常多。

早期常用的井斜仪主要由机械摆锤式倾角测量系统和磁罗盘方位测量系统两部分构成。倾角测量系统的摆锤带动一个弧形电位器的滑臂。当仪器随钻孔轴线倾斜时，重力作用于摆锤带动电位器滑臂取得与倾角成比例的电位信号，测量此电位差便得知倾角的大小。方位测量系统是由一环形电位器和一个磁针组成。磁针用来指向地球磁场北极，测量时还充当环形电位器的滑动臂。测量方位前，磁针是跟随地磁场自由转动的，要测量时通过锁紧装置把磁针与环形电位器接触（滑动臂）上，输出的电位差与方位角成比例。这种仪器在钻孔内一般只能点测，也只能用于非磁性地层的钻孔中。

在有磁性的地层钻孔中、钻杆中、钢套管孔内，就要使用不依赖地磁场确定方位的测量方法，比如用陀螺仪来确定方位的。安装在三自由度平衡框架里高速旋转的转子就构成了一种陀螺系统，它具有定向特性。在地面对准一个方向启动陀螺，它就一直保持在这个方向上，如同前面提到的磁针一直保持在地磁北向一样，陀螺保持的方向要事先用其它方法来确定，称作起始方位。仪器测量的钻孔方位是相对起始方位来说的，即相对陀螺启动时的方向所转过的角度。过去的陀螺测斜仪全是采用这种框架式机械陀螺元件来相对测量方位的。历史上曾经出现过另外一些井斜仪，如腐蚀法井斜仪、照相法井斜仪、磁浮球井斜仪，其原理都较为简单。基本上都是利用重力和地磁场力对机械装置的直接作用，再用各种特殊的方法记录机械装置的状态位置来指示钻孔倾角和方位角。

现代最新的井斜仪全都采用测量部分无活动部件的结构方式。由于无活动部件，仪器抗震性、可靠性、灵敏度、精度等各项性能指标都有很大的提高。按测量确定方位的方法不同，还应该分为地磁北方位测斜仪和地极北方位测斜仪两大类。它们测量倾角的方法差不多，都是用重力加速度计来实现。前者是用磁敏传感器测出地磁场的水平分量及与仪器坐标的关系来计算钻孔方位角。后者是用高灵敏度陀螺元件测出地球自转角速度矢量的水平分量及与仪器坐标的关系，然后计算钻孔方位。

井斜仪是最古老的地质仪器种类之一，发展到现在出现了许多特殊用途的仪器。比如可用于岩土工程施工、土建工程、地质灾害监测等行业的位移测斜仪，水平孔测斜仪，用于地质、煤层气、石油勘探等行业定向钻进的随钻测斜仪等。按使用方法不同可分为有线测量井斜仪、无线遥控测量井斜仪、定时测量井斜仪等。

储气井深度相对油气井小得多，浅表地层钻进角度容易控制，井斜检测在储气井检测中尚无应用。

5.8　井径检测

油套管损伤的评定中，机械井径法的检测原理是使井径测量臂与油套管内壁相接触，通过井径测量臂的径向位移的变化反映油套管内壁的变化，再通过井径测量臂的内部转换结构，将得到的径向位移转变为推杆的垂直位移。若井径发生变化，与连杆相连的滑键在可变电阻上移动，因此电阻不断随着套管内径的变化而变化，即利用机械与电位之间的关系表征出套管管径的损伤情况。

目前，国内外采用机械井径方法用于检测油套管损伤的仪器的种类多种多样，代表仪器有微井径仪，$x\text{-}y$ 测井仪，8 臂、10 臂、16 臂、30 臂、36 臂和 40 臂等多种类型井径测井仪。微井径仪是利用四支臂测量垂直方向两条直径的平均值，给出一条平均井径直线，用于确定接箍深度、变形部位以及检查射孔质量，分辨率为 1mm，误差为 ±1mm；$x\text{-}y$ 井径仪是利用四支臂测量互相垂直的两条井径曲线，甚于微井径仪的一个功能就是可以初步估计变形椭圆度，分辨率小于 2mm，误差为 ±2mm；8 臂井径仪是利用 8 支臂测量互成 45° 夹角的四条井径曲线，其除了具有微井径仪具有的功能外，还可以利用采集到的四个值判断变形截面形状，可勾画出截面图，分辨率和误差与 $x\text{-}y$ 井径仪相同；40 臂井径仪下井一次利用 40 个臂测量给出一条最大半径和一条最小半径曲线，最大半径值可知最大变形点即剩余壁厚，最小半径值可知井内最小通径，分别率为 0.2mm，误差为 ±1mm。36 臂和 60 臂井径仪测量的是油套管同一截面中三个部分，方位角相差 120°，记录每一个部分的最小和最大井径值共 6 条曲线，用记录到的六条曲线确定套管形变、剩余壁厚、弯曲、断裂、孔眼、内壁腐蚀及射孔深度。

英国 Syndex 公司推出了 MIT 和 MTT 组合测井，即由多臂井径成像测井（MIT）和壁厚成像测井（MTT）相结合的测井技术，这种组合测井对油套管壁厚及其内径的变化具有高灵敏度，能直观反映油套管腐蚀、穿孔、断裂的位置和状况。目前我国大庆油田已经自主研发出了 16 臂、36 臂和 40 臂等多种类型的独立臂井径测井仪，在国内的各大油田已投产使用，这些仪器的各项性能指标均能赶超国外仪器。以上所说的国内外用于机械测井法的各种方法，均是对油管或套管进行检测，或是需要将套管取出检测，都没有实现对油套管的快速检测。

机械式井径测井仪一般结构较庞大、笨重，且检测对象仅为管道内径变化及内壁缺陷。对于储气井而言，外壁腐蚀是检测重点，因此井径测量在储气井检测中并无应用。

第6章

储气井腐蚀与防护

根据中国特种设备检测研究院多年的研究成果，参考 GB/T 30579—2014 《承压设备损伤模式识别》等标准，结合储气井自身的材料、结构、介质、载荷 及使用环境等特点，对储气井的损伤模式进行归纳和分析，得出腐蚀是储气井的 主要损伤模式形式。通过开展储气井材料腐蚀试验、埋片试验，揭示储气井材料 的腐蚀机理，并对储气井的腐蚀防护技术进行介绍。

6.1 储气井损伤模式

6.1.1 土壤腐蚀

储气井井筒上部跨越整个地表土层，如果该段的固井质量差，且没有采取其 它有效的隔离地层的措施，土壤与井筒将直接接触，从而对井筒造成腐蚀。土壤 腐蚀是目前定期检验工作中发现在用储气井存在的最多的问题。

土壤腐蚀的表现形式为大片蚀坑或蚀孔，以及壁厚均匀减薄，其影响因素主 要有土壤电阻率、水分含量、溶解盐浓度、酸碱度、温度、土壤均匀度、杂散电 流、微生物、氧浓差等。笔者在定期检验工作中发现，在离江、湖、河、海等水 源距离较近的区域以及我国南方等地下水丰富的地区，储气井井筒的外部腐蚀普 遍较为严重，而在我国西部、北部等地层相对较为干燥的地区，井筒的外腐蚀相 对轻微一些。

预防土壤腐蚀作用的有效措施有保证固井质量、采用阴极保护或包覆防腐层 等方法，其中第一种方法已在储气井上大量采用；后两种方法目前在储气井上还 没有应用实例，最近在储气井国家标准编写讨论过程中，各方对于固井能否起到 有效预防井筒腐蚀作用的问题出现了一些争议，由此阴极保护法或防腐层法引起 行业的重视。

土壤腐蚀可以通过挖开井筒外部土层进行宏观检查或通过超声波测厚仪器在

井筒内部进行壁厚测定的方法进行检测。

6.1.2　地层流体腐蚀

如果储气井的固井质量不合格，或是没有使用带防腐涂层的井管，储气井井筒金属就可能与地层流体直接接触，地层流体中含有溶解盐，还可能溶解有氧气和二氧化碳，因此具有一定电解质特性、氧化性、酸性或碱性，地层流体可能对井筒造成腐蚀，腐蚀机理视地层流体成分的不同，会有所不同，可能是氧化，也可能是酸腐蚀或碱腐蚀，也可能是电化学腐蚀，地层流体流动的，还可能对井筒产生冲蚀。采用井口灌浆法、插管法等工艺，不可能实现储气井的全井段封固，从而导致储气井固井质量普遍较差，在储气井定期检验实际工作中发现，大量的储气井井筒外只在井口附近很短的距离内有水泥层，而下部井筒与地层环空之间没有水泥，在地层流体丰富且地层较硬的地区，储气井很可能直接浸泡在地层流体中，地层流体将对井筒造成严重的腐蚀。

地层流体腐蚀的形态、速率主要受地层流体成分、固井质量、井筒材料等因素的影响。预防地层流体腐蚀的有效手段是改善固井质量，或者是采用防腐蚀井管或加装阴极保护装置等防腐蚀措施。地层流体腐蚀的检测方法有宏观检验和壁厚测定。

6.1.3　层下腐蚀

按有关标准规范要求，储气井井筒与地层之间的环空应采用水泥进行封固，因此，按标准建造的储气井井筒外有水泥层覆盖，当水泥层厚度不足或渗透率低不能阻止地层流体的侵蚀，或者水泥环韧塑性差导致水泥环在井筒传递过来的内压力作用下发生开裂时，在固井水泥层下就会发生层下腐蚀，层下腐蚀的表现形式主要是局部减薄，其影响因素有水泥环的厚度、渗透率、地层流体成分、溶解盐浓度、酸碱度、材料抗腐蚀性等。

预防层下腐蚀有以下措施：①采用较大直径的裸眼井直径以提高固井水泥环厚度；②采用扶正器保证井筒居中；③采用性能优良的固井水泥，提高水泥浆凝固后的致密性，以阻止地层流体的渗透；④采用韧、塑性优良的水泥，防止水泥环在打压过程中或工作过程中被井筒传递过来的内压压裂。层下腐蚀可以通过壁厚测定方法和导波法进行检测，其中导波法只能测定地面以下有效长度范围内的腐蚀情况。

6.1.4　大气腐蚀

储气井地面以上部分暴露在大气中，在大气中的水分和氧的共同作用下会发生电化学腐蚀，其表现形式为均匀减薄或局部减薄，并伴随有锈蚀层。大气腐蚀受大气成分、湿度、温度等因素的影响。含有氯离子的海洋大气和含有强烈污染成分的潮湿大气将会产生较严重的大气腐蚀；大气的湿度越高，腐蚀能力越强；设备温度低于大气环境温度造成在表面结霜时则会加重大气腐蚀。

储气井暴露在大气中的面积小，因此大气腐蚀很容易预防，通过刷防腐漆即可起到有效的预防作用。储气井发生大气腐蚀，通过宏观检查和壁厚测定即可检测。

6.1.5　电化学腐蚀

储气井的井管和接箍，以及井筒与井口装置、井底装置之间，一般都是采用不同牌号的材料。另外，对于固井质量不合格的储气井，储气井井筒外有的管段被水泥层包覆，而有的管段将直接和地层流体或土壤或岩石接触，或者虽被水泥环包覆，但水泥环的性能不满足要求。材质及表面状态的不同都会在储气井不同部位之间产生电极电位差异，进而在地层流体的作用下，产生电化学腐蚀。电化学腐蚀可能发生在螺纹连接接触且有流体渗入的地方，可能会出现一个缝隙、槽或孔蚀，也可能发生在井管管体上，表现为均匀减薄。

电化学腐蚀的影响因素有地层流体特性、各部件之间电极电位差、固井质量等。电化学腐蚀的预防措施有优化井管、接箍、井口装置、井底装置之间的材料组合，改善固井质量，采用阴极保护等。井管管体上的均匀减薄可以通过壁厚测定方法检测，位于地面以下的螺纹连接处的不连续局部腐蚀，目前还没有有效的办法检测，如果采用了阴极保护装置则可通过定期测量阴极保护装置的方法检测。

6.1.6　湿硫化氢破坏

储气井主要用于汽车加气站储存压缩天然气，按照 GB 50156—2012（2014年版）《汽车加油加气站设计与施工规范》的要求，进入储气井的天然气必须符合 GB 18047《车用压缩天然气》的要求，硫化氢的含量应低于 $15mg/m^3$，水露点应控制在比环境温度低 5℃且不高于 −13℃。大量研究成果表明，湿天然气中硫化氢的含量不大于 $6mg/m^3$，是对金属材料无任何腐蚀作用的，当硫化氢含量不大于 $20mg/m^3$ 时，对钢材无明显腐蚀或此腐蚀程度在工程所能接受的范围之内。

当违反标准规范设计和建造储气井，或使用时将成分含量超标的天然气引入储气井，则湿硫化氢腐蚀可能发生。湿硫化氢腐蚀又可能表现为电化学腐蚀和硫化氢应力腐蚀开裂。

① 电化学腐蚀。因硫化氢形成电解质而引起，腐蚀形态为均匀腐蚀、坑蚀或点蚀，其影响因素主要有硫化氢含量和水的含量、井筒材料耐腐蚀性。可以通

过壁厚测定的方法检测。

② 硫化氢应力腐蚀开裂。金属在水和硫化氢存在下由拉伸应力和腐蚀共同作用的开裂，是一种氢应力开裂，是由于金属表面硫化物腐蚀过程中产生的原子氢吸附造成的。失效后，断口上有硫化氢腐蚀产物，断口位于薄弱环节，裂纹粗，无分支或分支少，多为穿晶型，也有晶间型或混合型。影响因素有硫化氢浓度，水含量，温度，pH值，介质中其它成分，材料特性，应力水平等。硫化氢应力腐蚀开裂原理上可以通过湿荧光磁粉、涡流检测、射线检测、超声横波检测、硬度测定等方法进行检测，但对于井下较深处，目前还没有相应的设备。

严格按照标准规范对引入储气井的天然气进行脱硫、脱水，即可有效预防湿硫化氢腐蚀。

6.1.7 脆性断裂

在储气井所用材料的冲击功指标过低或金属温度低于材料的冷脆转变温度时，储气井就可能发生脆性断裂，即工作时没有发生明显的塑性变形就突然快速断裂。脆性断裂裂纹多平直、无分叉且塑性变形较小，显微镜下断口形貌基本由解理组成，有时含有少量的沿晶裂纹和韧窝。脆性断裂主要受材料的纯净度、晶粒尺寸、宏观结构尺寸、使用温度影响，存在缺陷时，还受缺陷位置、尺寸、形状和应力集中的影响。

预防脆性断裂应从合理选材和优化设计入手。早期建造的储气井中，材料是直接采用油气井所用的油套管材料，油套管材料的冲击功指标低于压力容器用材要求，部分钢级的油套管材料甚至不考虑冲击功指标（如 N80-1），另外储气井定期检验中还发现了少数材质不明的情况，对这部分储气井，应对材料性能采用先进方法进行检测，并基于合于使用的原则进行评价，对于其中安全性能够得到保障的，从经济性的角度考虑应尽量允许使用，但对于新制造的储气井，则应该严格按照压力容器安全技术规范的要求使用材料。另外，储气井整体采用螺纹连接结构，螺纹是一种非整体连续结构，大量研究结果表明在螺纹牙底处存在显著的应力集中，此处的材料缺陷及加工缺陷都可能会造成脆性断裂的起裂点，为预防脆性断裂，必须严格控制螺纹加工质量，在储气井制造过程中，则应小心操作，避免螺纹及井管管体部位造成损伤。

6.1.8 机械疲劳

储气井承受交变载荷，在材料的抗疲劳强度不足或压力循环次数超过设计允许循环次数时，就会发生疲劳失效，即在一处或几处产生局部永久性累积损伤而产生裂纹，然后经一定循环次数后，裂纹扩展突然完全断裂。对于储气井，疲劳失效最可能发生在螺纹连接部位，疲劳裂纹为沿螺纹牙底的环向裂纹。疲劳断口的宏观形态是一般可分别观察到疲劳源、疲劳裂纹扩展和瞬时断裂 3 个区，疲劳源区通常面积较小，色泽光亮，由两个断裂面对磨造成；疲劳裂纹扩展区通常比较平整，具有表征间隙加载、应力较大改变或裂纹扩展受阻等使裂纹扩展前沿相继位置的休止线或海滩花样；瞬断区则具有静载断口的形貌，表面呈现较粗糙的颗粒状；在扫描和透射电子显微镜下则可观察到在有扩展区中每一应力循环所遗留的疲劳辉纹。

疲劳失效的影响因素有几何形状、材料的冶金和显微结构、应力水平及循环次数等。储气井的疲劳失效主要发生在螺纹连接部位，螺纹的结构类型、加工精度、上扣扭矩、旋合位置都会影响疲劳失效。通过优化螺纹结构尺寸，尽可能减小应力集中，提高螺纹加工精度，选用疲劳寿命足够的材料，可以改善储气井的抗疲劳性能。制造时严格控制上扣扭矩、螺纹旋合拧紧位置，从而保证螺纹连接接头处于良好的受力状态，也是防止疲劳损伤的必要措施。另外，储气井井管上扣时，液压大钳很容易在井管上留下卡痕，形成疲劳源，因此使用液压大钳时应严格控制大钳的卡紧力范围，转动井筒不得过快过猛。

疲劳裂纹可以通过宏观检查后对怀疑部位进行表面渗透、表面磁粉和电磁检测等无损检测方法进行检测，但是，对于储气井，由于埋在地下，且疲劳一旦发生都在螺纹连接部位等比较隐蔽的地方，目前还没有有效的方法进行检测。

6.1.9 腐蚀疲劳

在交变载荷和腐蚀的共同作用下，储气井会发生腐蚀疲劳，腐蚀疲劳的机理有两类，第一类是点腐蚀、变形或表面膜破裂引起局部阳极作用，从而导致阳极优先溶解；第二类是阴极反应释放的氢使得材料部分塑性损失，氢脆以及环境介质的吸附作用使材料表面能降低，易在表面高应力区形成开裂。腐蚀疲劳裂纹通常为穿晶裂纹，但裂纹无分叉，并常常是多条平行裂纹的扩展，腐蚀疲劳裂纹伴随很小的塑性变形，最终断裂可由伴有塑性变形的机械超载引起。腐蚀疲劳的影响因素有凹坑、缺口、表面缺陷、截面变化或角焊缝等引起的应力集中，交变应力水平及循环次数。

采取防腐蚀措施，提高固井质量，提高加工质量等方法可以预防腐蚀疲劳。埋在地下部分的井筒上疲劳裂纹目前尚无有效的方法进行检测。

前文识别出的损伤模式中，腐蚀相关的损伤模式占了 70% 以上，说明腐蚀是储气井的最主要的损伤模式。要保障储气井的安全，研究储气井的腐蚀机理、做好储气井的防腐工作至关重要。

6.2 储气井材料的腐蚀研究

储气井的腐蚀分为外腐蚀和内腐蚀。目前，储气井在设计及制造过程中对井管外壁的防腐尚无统一认识，大多数认为井管外有固井水泥环的包覆，已经起到隔绝空气及地层流体的作用，可抵御化学腐蚀的侵袭，所以施工中不必采取任何防腐蚀措施，但对固井水泥环的防腐功能没有进行深入的研究，此外，固井水泥环在储气井工作时会因井管的膨胀而发生破坏，对这种破坏对固井水泥环防腐蚀功能的影响也没有相关的研究。

6.2.1 实验研究

6.2.1.1 模拟体系的建立

将储气井管实验材料切成 5mm×5mm×50mm 的棒材。实验介质为 G 级油井水泥以及天津土壤。

将试样做成 5mm×20mm 的丝束，只有 5mm×5mm 的表面暴露在水泥或者土壤中，如图 6-1 所示。a 区域的丝束电极被水饱和的土壤覆盖，b 区域被带裂纹的水泥覆盖，c 区域被水泥和土壤夹层覆盖，d 区域被正常湿度的土壤覆盖，e 区域被完好的水泥覆盖。

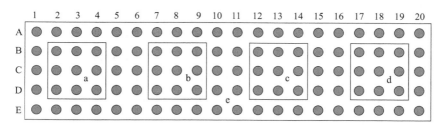

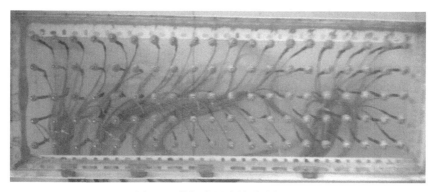

图 6-1 模拟水泥事故分布情况

6.2.1.2 测试及实验方法

（1）模拟水泥事故丝束电极（WBE）实验

使用 CST520 对 5mm×20mm 丝束进行腐蚀电位和腐蚀电流的采集，参比电极为饱和硫酸铜电极，并使用 Matlab 软件对数据进行处理。

图 6-2　CST520 丝束电极电位电流扫描仪

丝束电极（Wire Beam Electrode，WBE）测量是指将相互绝缘的金属丝阵列，有序紧密排列用于模拟整个金属表面的多电极技术。通过循环扫描丝束电极表面的电位与电流分布，用于表征裸露或涂层下的金属表面局部腐蚀分布特征和非均匀电化学溶解过程。

CST520 丝束电极电位电流扫描仪内置高阻电压跟随器和零阻电流计，可以精确测量任意单电极的电极电位以及短路原电池电流，无需担心外部极化可能会破坏微区腐蚀环境，因而特别适合金属在非扰动状态下自发腐蚀行为研究。

CST520 丝束电极电位电流扫描仪由高品质 CMOS 和 BiFET® 集成电路组成，采用高速单片机工业级控制芯片以及高精度 AD 转换器，前端采用低偏流运算放大器，内置二阶低通滤波器和 EMI 滤波器，可以防止浪涌电压冲击对设备的损坏，保障仪器在工业环境中的正常使用。

CST520 内置自动电流量程功能，设备固件采用 watchdog 来提高程序可靠性。仪器采用高亮度 LCD 显示电极行列位置以及测量的电流与电位值，并可将测量数据实时传送到上位机，具有测量精度高、稳定性好的优点。

（2）电化学阻抗谱（EIS）测量

本实验采用 PARSTAT 2273 工作站，使用三电极系统，工作电极为实验试片，参比电极为饱和硫酸铜电极，辅助电极为钛丝。电化学阻抗的扰动电位为 10mV，扫描频率范围为 100kHz～10MHz。测试结束后使用 zview 和 zsimpwin 软件进行数据分析。

6.2.2　几种材料的腐蚀特征

为研究 P110、N80Q、N80 三种材料的腐蚀特征，将三种材料埋在取自东莞试验站的土壤和取自东营试验站的土壤中，将两种土壤置于密闭的箱子中，箱子中放置一杯饱和乙酸铵溶液，以保证密闭空间的恒定湿度，埋样周期为 4 个月。

如图 6-3 为 P110 材料在东莞土壤中埋样 4 个月的腐蚀形貌，P110 试样腐蚀很严重，表面全部被腐蚀，而且有明显的腐蚀坑出现，腐蚀坑形状不规则。

如图 6-4 为 N80Q 材料在东莞土壤中埋样 4 个月的腐蚀形貌，N80Q 试样腐蚀很严重，表面全部被腐蚀，而且有明显的腐蚀坑出现，大部分腐蚀坑为圆形，且较 P110 试样的腐蚀坑小。

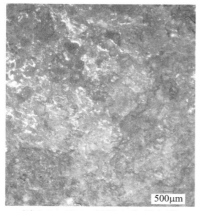

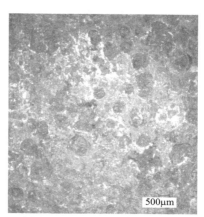

图 6-3　P110 材料在东莞土壤
中埋样 4 个月的腐蚀形貌

图 6-4　N80Q 材料在东莞土壤
中埋样 4 个月的腐蚀形貌

如图 6-5 为 N80 材料在东莞土壤中埋样 4 个月的腐蚀形貌，N80 试样腐蚀很严重，表面全部被腐蚀，而且有明显的腐蚀坑出现。

如图 6-6 为 P110 材料在东营土壤中埋样 4 个月的腐蚀形貌，P110 试样表面发生局部腐蚀，左上角区域有明显的腐蚀，有很大区域没有发生腐蚀。

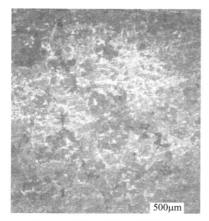

图 6-5　N80 材料在东莞土壤
中埋样 4 个月的腐蚀形貌

图 6-6　P110 材料在东营土壤
中埋样 4 个月的腐蚀形貌

如图 6-7 为 N80Q 材料在东营土壤中埋样 4 个月的腐蚀形貌，N80Q 试样腐蚀很严重，表面大部分被腐蚀，而且有明显的腐蚀坑出现，在右上角的位置有一块小区域没有发生腐蚀。

如图 6-8 为 N80 材料在东营土壤中埋样 4 个月的腐蚀形貌，N80 试样腐蚀比较严重，表面全部被腐蚀，而且有明显的腐蚀坑出现。

图 6-7　N80Q 材料在东营土壤　　　图 6-8　N80 材料在东营土壤
中埋样 4 个月的腐蚀形貌　　　　　中埋样 4 个月的腐蚀形貌

从三种材料在两种土壤中的腐蚀形貌可以看出，P110 在东莞土壤中较其它两种材料腐蚀严重，而在东营土壤中腐蚀最轻。N80Q 在东莞土壤中腐蚀程度一般，在东营土壤中较其它两种材料严重。N80 在东莞土壤中腐蚀程度和 N80Q 比较接近，在东营土壤中腐蚀为中等水平。

如图 6-9 所示，N80Q、N80、P110 三种材料在东莞土壤中的容抗弧均只有

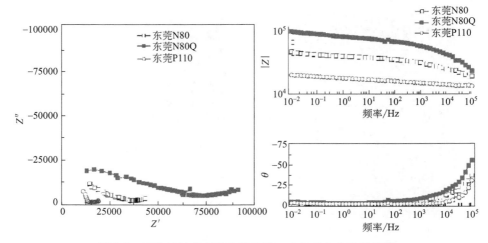

图 6-9　三种材料在东莞土壤暴露一个月的电化学阻抗谱

一个时间常数，而且容抗弧形状类似，说明其反应机理一致。其中，P110的容抗弧最小，表示其耐蚀性最差，这与P110在东莞土壤中腐蚀最严重的情况一致。如表6-1所示，三种材料在土壤中的自腐蚀电位比较接近。N80Q、N80、P110三种材料在完好水泥包覆条件下在0.02mol/L的NaCl溶液中的电化学阻抗谱如图6-10所示，三种材料的容抗弧形状类似，在低频区容抗弧均比较直，且均只有一个时间常数，说明三种材料在完好水泥中的腐蚀机理一致。三种材料在水泥包覆下的自腐蚀电位较土壤提高明显，因为水泥的碱性环境使三种材料发生钝化。

表6-1　三种材料在不同情况下的自腐蚀电位 E_{corr}　　　　单位：mV

环境	N80Q	N80	P110
东莞土壤	−554	−568	−578
完好水泥	−340	−301	−196

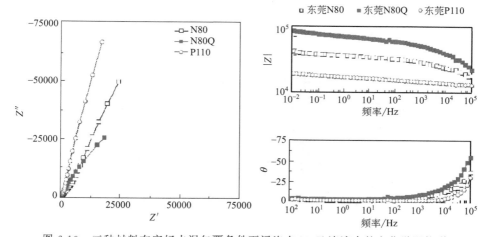

图6-10　三种材料在完好水泥包覆条件下浸泡在NaCl溶液中的电化学阻抗谱

6.2.3　模拟水泥事故对电流和电位分布特征

通过不同材料的腐蚀特点初步研究可见，其基本腐蚀特点相似，在土壤环境中为活化控制，在水泥环境为钝化特征。故此选用N80Q材料。

丝束扫描获得丝束电极电流分布和电位分布情况，电流为正即为阳极电流，表示此区域为腐蚀区，电流越大腐蚀越快，电流为负即为阴极电流，表示此区域不腐蚀。一般来说腐蚀电位越正，耐蚀性就越好，但因为不同区域覆盖介质存在差异，不能够从电位分布判断腐蚀情况。每个水泥事故区域选择一个特征电极进行电化学阻抗测量。a区（水饱和土壤区）选择D2电极，b区（水泥裂纹区）选择D8电极，c区（混浆区）选择D14电极，d区（正常湿度土壤区）选择

D18 电极，e 区（完好水泥区）选择 A16 电极。一般来说，容抗弧越大，耐蚀性就越好。

如图 6-11 所示，暴露 1d 后，a 区和 d 区的电流均为较大的正电流，也就是阳极电流，说明这两个区域腐蚀比较快。b、c、e 区均为负电流，不存在腐蚀，其中 c 区存在一个电流密度很大的阴极电流。根据电位分布图，可以看到 a、b、d 区电位较负，在对应 c 区极大阴极电流的位置电位最正。

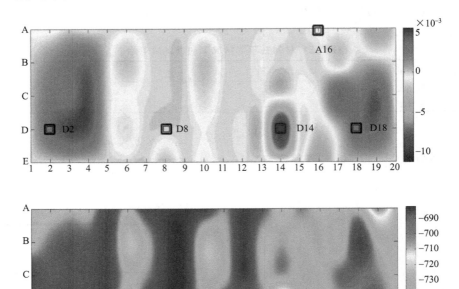

图 6-11　暴露 1d 丝束电极表面电流密度（上）和电位（下）分布

如图 6-12 所示，暴露 10d 后，阳极电流只存在于 a 区和 d 区，说明这两个区域腐蚀比较快。d 区阳极区域较 a 区小很多，电流密度也较小一些。b、c、e 区均为负电流，不存在腐蚀，其中 c 区、e 区均存在电流密度很大的阴极电流区域，D14 和 A16 两个位置。根据电位分布图，可以看到 a 区、b 区电位较负，d 区电位较 a 区明显偏正，在对应 c 区、e 区极大阴极电流的位置的电位均比较正。

如图 6-13 所示，暴露 21d 后，阳极电流只存在于 a 区和 d 区，说明这两个区域腐蚀比较快。a 区和 d 区并不完全是阳极，d 区阳极区域面积较 a 区小，但 d 区最大电流密度和 a 区相当。b、c、e 区均为负电流，不存在腐蚀，其中 b 区、c 区、e 区均存在电流密度很大的阴极电流区域，B10、D14、E20 等位置。根据电位分布图，可以看到 a 区、b 区、d 区电位较负，d 区电位较 a 区偏正，在对

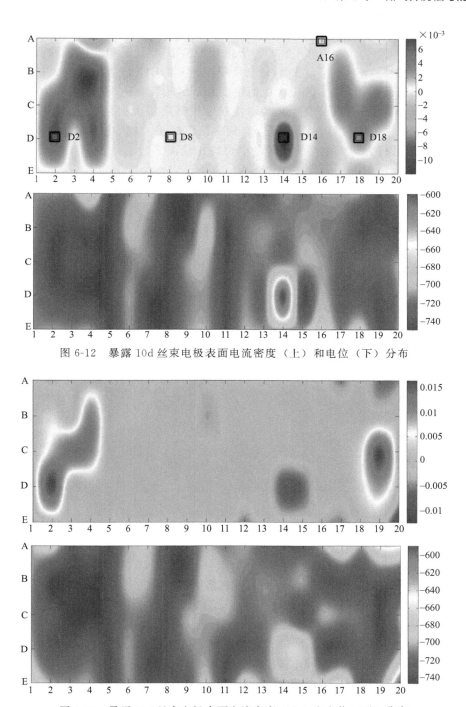

图 6-12　暴露 10d 丝束电极表面电流密度（上）和电位（下）分布

图 6-13　暴露 21d 丝束电极表面电流密度（上）和电位（下）分布

应 b 区、c 区、e 区极大阴极电流的位置的电位均比较正。

如图 6-14 所示，暴露 30d 后，阳极电流只存在于 a 区和 d 区，说明这两个区域腐蚀比较快。a 区和 d 区并不完全是阳极，d 区 B17 位置出现较大的阴极电流，两区阳极面积相当，a 区最大电流密度和 d 区相当。b、c、e 区均为负电流，不存在腐蚀，其中 b 区、c 区、e 区均存在电流密度很大的阴极电流区域，D2、D14 等位置。根据电位分布图，可以看到 a 区、b 区、d 区电位较负，在对应 b 区、c 区、e 区极大阴极电流的位置的电位均比较正。

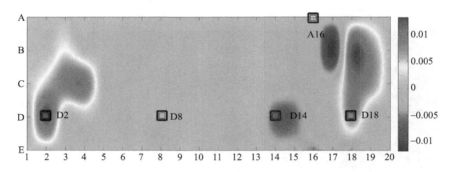

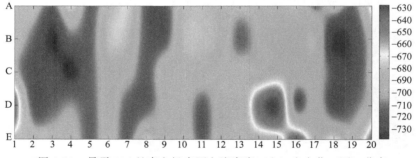

图 6-14　暴露 30d 丝束电极表面电流密度（上）和电位（下）分布

如图 6-15 所示，暴露 41d 后，阳极电流只存在于 a 区和 d 区，说明这两个区域腐蚀比较快。a 区和 d 区并不完全是阳极，d 区 B17 位置出现较大的阴极电流，d 区阳极面积较 a 区小很多，而且 d 区最大电流密度比 a 区小很多。b、c、e 区均为负电流，不存在腐蚀，其中 b 区、c 区、e 区均存在电流密度很大的阴极电流区域，B2、D14 等位置。根据电位分布图，可以看到 a 区、b 区、d 区电位较负，在对应 b 区、c 区、e 区极大阴极电流的位置的电位均比较正。

如图 6-16 所示，暴露 53d 后，阳极电流只存在于 a 区和 d 区，说明这两个区域腐蚀比较快。a 区和 d 区并不完全是阳极，d 区 C17 位置的阴极电流密度很大，a 区阳极区分散为两个小区域，d 区阳极面积较 a 区小很多，但 d 区最大电流密度比 a 区大很多。b、c、e 区均为负电流，不存在腐蚀，其中 b 区、c 区、e

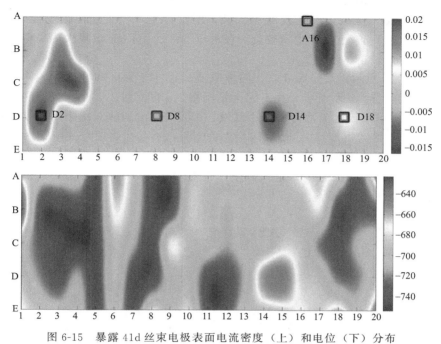

图 6-15　暴露 41d 丝束电极表面电流密度（上）和电位（下）分布

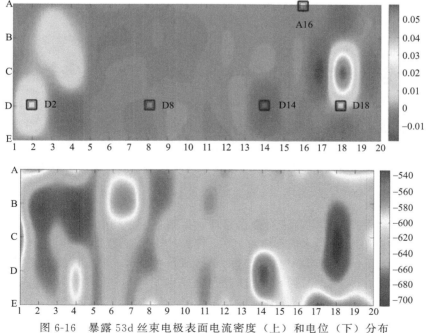

图 6-16　暴露 53d 丝束电极表面电流密度（上）和电位（下）分布

区均存在电流密度很大的阴极电流区域，B7、D14 等位置。根据电位分布图，可以看到 a 区、b 区、d 区电位较负，在对应 b 区、c 区、e 区极大阴极电流的位置的电位均比较正。

如图 6-17 所示，暴露 58d 后，阳极电流只存在于 a 区和 d 区，说明这两个区域腐蚀比较快。a 区和 d 区并不完全是阳极，d 区 C17、C19 位置的阴极电流密度很大，a 区阳极区分散为两个小区域，d 区阳极面积较 a 区小，但 d 区最大电流密度比 a 区大很多。b、c、e 区均为负电流，不存在腐蚀，其中 b 区、c 区、e 区均存在电流密度很大的阴极电流区域，D15、A18、E18 等位置。根据电位分布图，可以看到 a 区、d 区电位较负，在对应 b 区、c 区、e 区极大阴极电流的位置的电位均比较正。

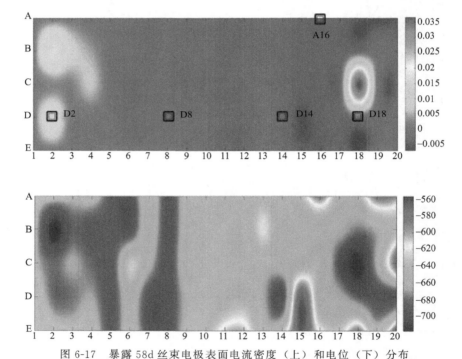

图 6-17　暴露 58d 丝束电极表面电流密度（上）和电位（下）分布

通过对丝束扫描的电流进行数据整理，得到各区平均电流密度随时间的变化情况，如图 6-18 所示，水饱和土壤区（a 区）和正常湿度土壤区（d 区）的平均电流密度均为正值，即阳极电流，这两个区域是腐蚀区，且 a 区腐蚀情况比 d 区严重。裂纹区（b 区）、混浆区（c 区）和完好水泥区（e 区）均为负电流，也就是阴极电流，这三个区域均没有腐蚀发生。

通过对丝束扫描的电流进行数据整理，得到各电极的平均电流密的分布情况，如图 6-19 所示，阳极电流只存在于 a 区和 d 区，说明这两个区域腐蚀比较

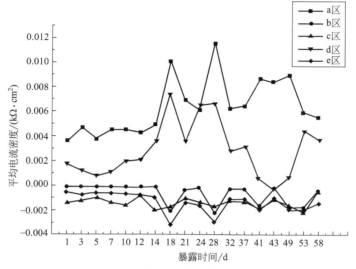

图 6-18　各区随时间平均电流密度

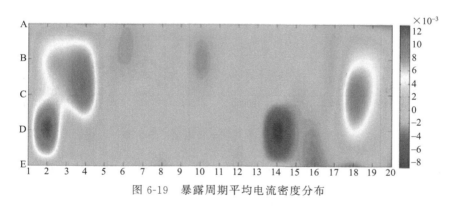

图 6-19　暴露周期平均电流密度分布

快。a 区和 d 区阳极面积相当，基本全部覆盖两块土壤覆盖区，但 a 区最大电流密度比 d 区大很多，说明 a 区局部腐蚀情况较 d 区严重很多。b、c、e 区均为负电流，不存在腐蚀，其中 b 区、c 区、e 区均存在电流密度很大的阴极电流区域，B6、B10、D14 等位置。

6.2.4　腐蚀过程中的电化学阻抗谱特征

如图 6-20 所示，暴露 1d 后，选取的五个特征电极的电化学阻抗谱均只有一个时间常数，且容抗弧形状相同，处在 e 区的 A16 的容抗弧最大，处在 b 区的 D8 的容抗弧次之，其它三个特征电极的容抗弧大小比较接近。对应电流分布图，容抗弧的大小很可能和 A16 和 D8 的电流密度较小，其它三处电流密度较大有很大关系。

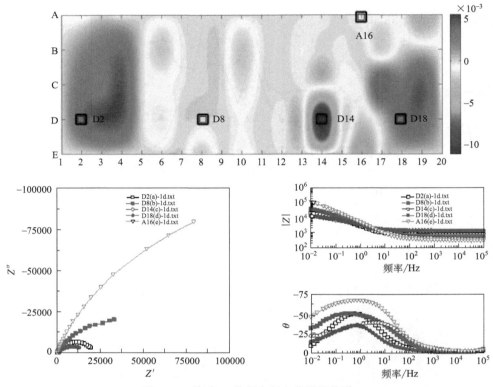

图 6-20 暴露 1d 特征电极电化学阻抗谱

如图 6-21 所示，暴露 10d 后，选取的五个特征电极的电化学阻抗谱均只有一个时间常数，且容抗弧形状相同，处在 e 区的 A16 的容抗弧最大，处在 b 区的 D8 的容抗弧次之，其它三个特征电极的容抗弧大小比较接近，但 D2 电极的容抗弧明显变大了。

如图 6-22 所示，暴露 21d 后，选取的五个特征电极的电化学阻抗谱均只有一个时间常数，但 D14 的容抗弧的形状发生了明显变化，D14 电极容抗弧形状较其它四个电极不同，处在 e 区的 A16 的容抗弧最大，处在 b 区的 D8 次之，其它三个特征电极的容抗弧大小比较接近。

如图 6-23 所示，暴露 32d 后，选取的五个特征电极的电化学阻抗谱均只有一个时间常数，处在 b 区的 D8 的容抗弧形状和其它四条不一样，且 D8 的容抗弧明显偏右，处在 e 区 A16 的容抗弧最大，处在 c 区的 D14 和 d 区 D18 次之，处在 a 区的 D2 的容抗弧最小。

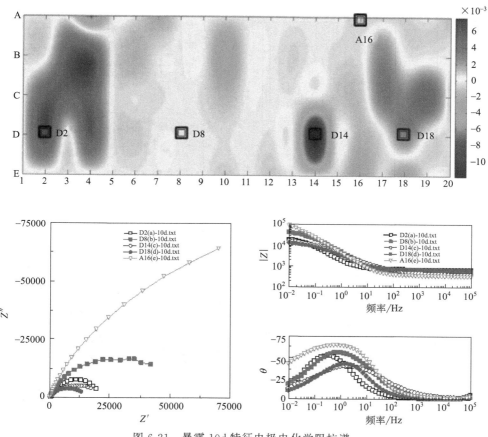

图 6-21　暴露 10d 特征电极电化学阻抗谱

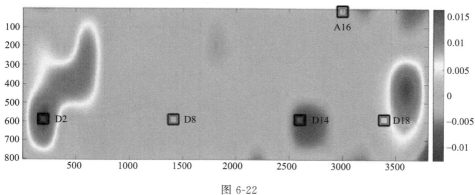

图 6-22

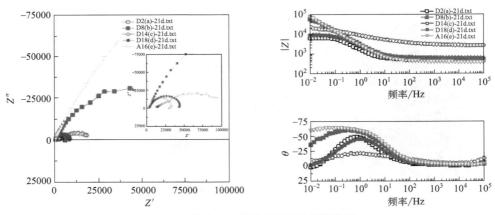

图 6-22　暴露 21d 特征电极电化学阻抗谱

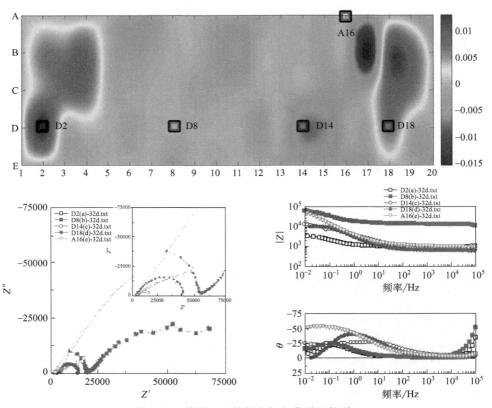

图 6-23　暴露 32d 特征电极电化学阻抗谱

如图 6-24 所示，暴露 41d 后，选取的五个特征电极的电化学阻抗谱均只有一个时间常数，容抗弧从左到右依次是 D2、D14、A16、D8。D2 的容抗弧最小，且 D2、D8、A16 的容抗弧形状类似。

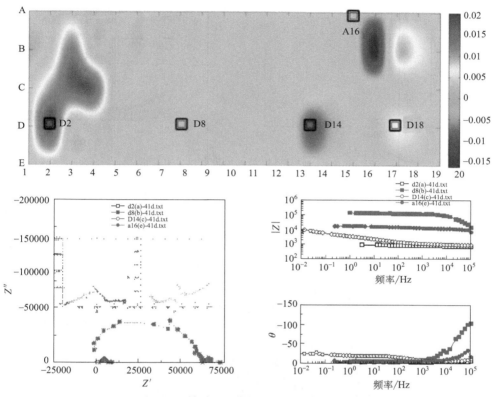

图 6-24　暴露 41d 特征电极电化学阻抗谱

如图 6-25 所示，暴露 53d 后，选取的五个特征电极的电化学阻抗谱均只有

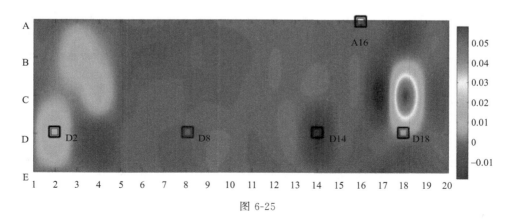

图 6-25

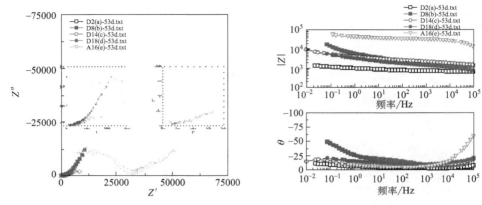

图 6-25 暴露 53d 特征电极电化学阻抗谱

一个时间常数，A16 的容抗弧在最后边，其他四个电极的容抗弧的位置比较接近，且 A16 的容抗弧最大，其次为 D8 的容抗弧，D2 的容抗弧最小，且 D2、D18、D14 的容抗弧形状类似。

如图 6-26 所示，暴露 58d 后，选取的五个特征电极的电化学阻抗谱均只有一个时间常数，A16 的容抗弧在最后边，其它四个电极的容抗弧的位置比较接

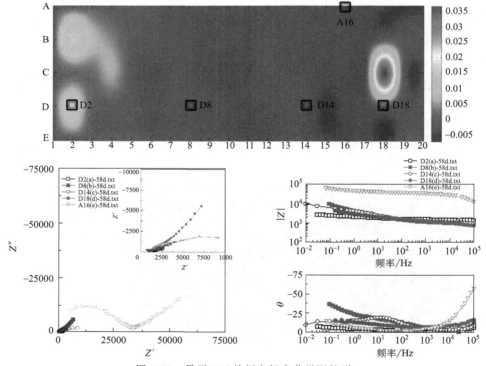

图 6-26 暴露 58d 特征电极电化学阻抗谱

近，且 A16 的容抗弧最大，其次为 D8 的容抗弧，D2 的容抗弧最小，且 D2、D18 的容抗弧形状类似。

6.2.5　腐蚀图像特征

图 6-27 所示的是利用三维立体显微镜观察到的腐蚀后的试样形貌，从图中可以看出，腐蚀主要发生在两块土壤区域，而水泥覆盖区没有明显的腐蚀发生，而且水饱和土壤区域腐蚀程度明显高于普通湿度的土壤区，实际腐蚀形式与实验分析结果基本一致。

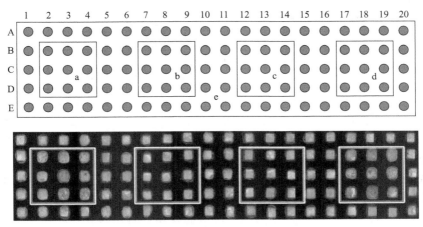

图 6-27　暴露 58d 丝束电极腐蚀形貌

6.2.6　腐蚀机理分析

① 阳极电流主要集中在两块土壤覆盖区域，水泥裂纹区、夹层区以及完好水泥覆盖区域主要为阴极电流。在夹层区（c 区）出现了一个阴极电流密度很大的阴极区域，这个区域一直是阴极电流，而且电流密度一直很大。在完好水泥覆盖区（e 区）基本都是阴极电流，电流密度比较小。

由此可知，在电化学过程中，两块土壤覆盖区作为腐蚀电池的阳极，水泥覆盖区作为腐蚀电池的阴极，腐蚀主要发生在两块土壤覆盖区。这是因为硅酸盐水泥含有大量的硅酸钙，水化时产生大量的 $Ca(OH)_2$，$Ca(OH)_2$ 溶解度低，很容易达到饱和，可认为孔隙液为 $Ca(OH)_2$ 的饱和溶液，具有较高的碱性，其 pH 值可达 13 左右，钢材处于这种环境下，会逐渐形成一层钝化膜，这层膜能阻止水和氧气的渗透，对腐蚀环境有一定的抵抗作用。

② 水饱和土壤区域（a 区）腐蚀电流明显高于普通湿度的土壤区（d 区）。说明水饱和土壤区域（a 区）的腐蚀比普通湿度的土壤区（d 区）严重，这是由于潮湿程度不同的土壤中氧浓度存在差异，从而形成氧浓差腐蚀电池所引起。

水饱和土壤区（a区）氧气不易渗入，属于缺氧区，相对来说，普通湿度土壤区（d区）是富氧区。当金属表面上形成氧浓差腐蚀电池时，与缺氧土壤接触的表面部分发生局部腐蚀。随着腐蚀过程的进行，金属表面不同区域的阳极行为发生了变化，而且富氧区与缺氧区的变化方向是相反的，与富氧土壤接触的金属表面区域的阳极溶解过程变得比原来的情况更加难以进行，而与缺氧土壤接触的表面区域的金属阳极溶解过程则变得比原来的表面更容易进行，这被称为腐蚀的次生效应。其原因是因为电化学过程中，阴极反应是氧的去极化过程，反应产物为 OH^-，生成的 OH^- 会使阴极附近溶液的 pH 值升高；而阳极过程中金属阳极直接参与反应，产物为金属阳离子，由于生成的金属离子的水解，使的阳极附近溶液的 pH 值降低。在缺氧区，阳极电流密度远大于阴极电流密度，金属离子的水解速度大于 OH^- 的生成速度，因此使缺氧区的溶液慢慢从中性变为弱酸性；在富氧区，阴极电流密度远大于阳极电流密度，OH^- 的生成速度大于金属离子的水解速度，因此使富氧区的溶液慢慢从中性变为弱碱性。

③ 随着腐蚀的进行，缺氧区阳极溶解速度增大，其原理如图 6-28 所示。图中，中间的一条阳极曲线是金属表面原来的阳极曲线。在缺氧土壤中 O_2 还原的阴极曲线是图 6-28 下部的曲线 1，在富氧土壤中 O_2 还原的阴极曲线是图 6-28 上部的曲线 2。如果金属单独与缺氧土壤接触，则腐蚀电位为原来的阳极曲线与阴极曲线 1 的交点所对应的电位 E_{corr1}，相应的腐蚀电流密度为 I_{a1}；金属单独与富氧土壤接触时，腐蚀电位为原来的阳极曲线与阴极曲线 2 的交点所对应的电位 E_{corr2}，腐蚀电流密度为 I_{a2}，$I_{a2} > I_{a1}$。当金属表面的一部分与缺氧土壤接触而另一部分与富氧土壤接触时，如果溶液中的欧姆电位降可以忽略不计，那么同时接触时，缺氧区与富氧区的腐蚀电位是一样的，均为 E_{corr}'。此时，如果原来的

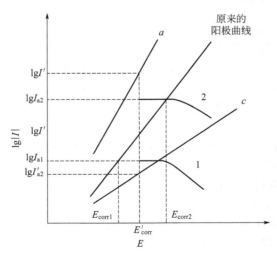

图 6-28　由于缺氧区和富氧区的阳极曲线变化而导致缺氧区阳极溶解加速的示意图

阳极曲线保持不变，这两部分表面的阳极溶解速度或者说电流密度就会互相一致，为 I_a'，但是由于腐蚀过程的次生效应，与缺氧土壤接触的金属表面区域的阳极曲线改变成为图 6-28 中的阳极曲线 a（阳极的溶解过程变得比原来更易进行），而同样由于腐蚀过程的次生效应，与富氧土壤接触的表面区域的阳极曲线改变成为图 6-28 中的阳极曲线 c（阳极的溶解过程变得比原来更难进行），虽然这时的腐蚀电位相同，均为 E_{corr}'，但它们的阳极电流密度却不相同：与缺氧区土壤接触的金属电极表面的阳极溶解电流密度为 I_{a1}'，与富氧区土壤接触的金属电极表面的阳极溶解电流密度为 I_{a2}'，I_{a1}' 远大于 I_{a2}'，因此，腐蚀主要发生在与缺氧区土壤接触的金属电极表面。

④ 在夹层区域（c 区），氧气更易渗入，其氧气含量较完好水泥区（e 区）要高，所以出现了阴极电流密度很大的区域。

6.2.7　实验总结

① 在模拟水泥事故实验中，建立了 5mm×20mm 丝束体系，利用 CST520 对 5mm×20mm 丝束进行腐蚀电位和腐蚀电流的采集工作，这种研究手段为模拟水泥事故提供了一种简便有效的研究方法。

② 阳极电流主要集中在两块土壤覆盖区域，水泥裂纹区、夹层区以及完好水泥覆盖区域主要为阴极电流。水饱和土壤区域腐蚀电流明显高于普通湿度的土壤区。而在完好水泥覆盖区基本都是阴极电流，电流密度比较小。说明腐蚀主要发生在两块土壤覆盖区域，且水饱和土壤区域的腐蚀明显比普通湿度的土壤区严重。这是由于混凝土孔隙液具有高碱性，套管在这种高碱性溶液中会逐渐形成一层钝化膜，防止套管腐蚀；而水饱和土壤与普通湿度的土壤之间构成氧浓差电池，加速了水饱和土壤区的腐蚀。

③ 混凝土中金属表面上绝大部分处于钝性状态，腐蚀速度小到几乎可以忽略不计，但在土壤区的表面区域，腐蚀速度则很高。而且腐蚀过程本身不会迅速消除或减弱金属表面不同区域之间的阳极溶解速度的差异。

④ 土壤中腐蚀速度也有差异，此时相对湿度大的区域腐蚀速度快，这种腐蚀速度不同的现象是由于供氧差异所造成的。其根本原因是不同部位的金属表面上阳极电流密度与阴极电流密度的不平衡所造成的。

6.3　腐蚀埋片实验研究

针对常用的储气井材料，在全国九个典型土壤环境进行现场埋片实验研究，采用失重法、XRD、四电极法测定土壤电阻率、EIS 等手段来研究两种碳钢在不同土壤中的腐蚀行为。

6.3.1 实验方法

6.3.1.1 实验材料及介质

选用 28Mn2、30CrMo 为实验用材,将两种材料切成 34mm×80mm 的片状试样。土壤介质分别为东莞、武汉、南京、南充、东营、石家庄、沈阳、大连的土壤,本实验取自深度为 1m 处的土壤。

6.3.1.2 埋片实验

埋片前将所有的试片用分析天平进行称重,然后将试片埋于不同实验站在 1m 深处的土壤中。埋片一年以后取出试片并进行机械和化学除锈,同时收集腐蚀产物。对化学除锈后的试样进行称重,对腐蚀产物进行 XRD 物相分析。使用扫描仪扫描试样观察试片的表面形貌,使用 DDC-Ⅱ型点腐蚀测试仪测量试片的最大腐蚀深度。

在衡量密度不同的各种金属时,以腐蚀深度来衡量是很方便的。可按下式将腐蚀的失重指标换算为腐蚀的深度指标:

$$vL = \frac{\bar{v} \times 8.76}{\rho}$$

式中　vL——腐蚀的深度指标,mm/a;

　　　ρ——金属的密度,g/cm^3;

　　　$\bar{v}$——失重腐蚀速度指标,g/(m^2·h)。

表 6-2　均匀腐蚀的三级标准

耐蚀性评定	耐蚀性等级	腐蚀深度/mm/a
耐蚀	1	<0.1
可用	2	0.1~1.0
不可用	3	>1.0

对于地下管道等,点蚀的危害往往比均匀腐蚀更加严重,所以研究试样的点蚀系数很有必要。将最大腐蚀深度除以腐蚀的深度指标即可得到试样埋片的点蚀系数。

6.3.1.3 四电极法测定土壤电阻率、氧化还原电位、腐蚀速率以及点蚀系数

使用弱极化技术,通过电化学探头进行现场测试,可以测得土壤的电阻率、土壤腐蚀速率、氧化还原电位。

6.3.1.4 电化学交流阻抗测试

本实验采用 PARSTAT 2273 工作站,使用三电极系统,工作电极为实验试

片，参比电极为饱和硫酸铜电极，辅助电极为钛丝，工作电极表面为圆形，面积为 $3.46cm^2$。电化学阻抗的扰动电位为 $10mV$，扫描频率范围为 $100kHz\sim10MHz$。测试结束后使用 Zview 软件进行数据分析。

通过波特图中 Z 在低频和高频区的模值，可以得到试样的极化电阻，从而了解到试样的腐蚀速率变化情况。

6.3.2　结果与分析

6.3.2.1　土壤性质分析

（1）土壤含水量分析

表 6-3 为各实验点土壤含水量情况，其中沈阳土壤试样水饱和，可以看到液态水，烘干实验取沈阳土样上表面的土。由表中数据可知，武汉、南京、东营、大连的土壤含水量在 20% 左右，沈阳埋片位置土壤为砂质土壤，所以即使水饱和其含水量也不是最高，南充和石家庄的土壤含水量在 17% 左右，东莞和西安的土壤最为干燥在 12% 左右。水分是使土壤成为电解质，构成电化学腐蚀的关键因素。由于土壤腐蚀性随着含水量的变化呈现出较为复杂的关系，随着土类的不同，上述这种对应关系也有所变化，而且含水量的变化还会影响到其它一些因素的改变，所以仅凭土壤含水量评价土壤的腐蚀性是不够的。

表 6-3　各实验点土壤含水量

实验站	东莞	武汉	南京	南充	东营	石家庄	西安	沈阳	大连
土壤样品重量/g	9.37	25.27	17.80	30.30	41.34	35.95	33.87	16.24	13.17
失水重量/g	1.09	5.13	3.53	5.18	7.89	6.21	4.29	2.61	2.63
含水量/%	11.6	20.3	19.8	17.1	19.1	17.3	12.7	16.1	20.0

（2）土壤电阻率分析

表 6-4 为不同实验站土壤的电阻率。大连、沈阳埋片位置因积水过多，没有完成对土壤电阻率的测量。由表中数据可知，东营实验站因处于盐碱地，土壤电阻率最低，只有 $2.4\Omega\cdot m$，其它实验站土壤电阻率均在 $20\sim35\Omega\cdot m$ 之间，其中东莞实验站土壤电阻率最高。土壤电阻率是一个综合性的因素，是土壤导电能力的反映，也是目前土壤腐蚀研究最多的一个因素。一般土壤电阻率越小，土壤腐蚀性越强。根据我国的标准，土壤电阻率低于 $20\Omega\cdot m$，土壤腐蚀性很强，土壤电阻率在 $20\sim50\Omega\cdot m$ 之间土壤腐蚀性为中等水平，土壤电阻率高于 $50\Omega\cdot m$，土壤腐蚀性处于较低水平。按照这个标准，东营的土壤腐蚀性很强，其它地方土壤腐蚀性为中等水平。因为土壤的含水量和含盐量决定着土壤电阻率的高低，但并不是呈线性关系，且不同土壤的含水量和含盐量也不相同，因此单纯使用电阻率作为评价指标会出现误判。

表 6-4　不同实验站土壤电阻率

实验站	东莞	武汉	南京	南充	东营	石家庄	西安
土壤电阻率/(Ω·m)	32.5	31.6	20.0	23.45	2.4	30.5	28.2

（3）土壤氧化还原电位分析

表 6-5 为不同实验站土壤的氧化还原电位，沈阳、大连因为积水问题没有测量。土壤氧化还原电位是以电位反映土壤溶液中氧化还原状况的一项指标。土壤氧化还原电位的高低，取决于土壤溶液中氧化态和还原态物质的相对浓度，影响土壤氧化还原电位的主要因素如下。①土壤通气性；②土壤水分状况；③植物根系的代谢作用；④土壤中易分解的有机质含量。一般来说土壤氧化还原电位越低，土壤腐蚀性越强。从这个角度看，西安实验站的土壤腐蚀性最强，武汉实验站土壤腐蚀性最弱。

表 6-5　不同实验站土壤的氧化还原电位

实验站	东莞	武汉	南京	南充	东营	石家庄	西安
氧化还原电位/mV	106	307	128	169	149	106	85

（4）不同实验站土壤的腐蚀速率

表 6-6 为测定的不同实验站土壤的腐蚀速率，可以看出石家庄和西安的土壤的腐蚀速率比较大，其次为南充的土壤，再次是东莞和南京的土壤，测得的武汉和东营的土壤的腐蚀速率处于较低的水平。

表 6-6　不同实验站土壤的腐蚀速率

实验站	东莞	武汉	南京	南充	东营	石家庄	西安
腐蚀速率/(mm/a)	0.104902	0.05842	0.09271	0.132842	0.064008	0.175006	0.17145

6.3.2.2　腐蚀形貌分析

根据各实验点两种试样埋片一年的腐蚀形貌图像，可以看出所有试样表面外层为土壤和腐蚀产物的混合物，去除外层混合物层表面有粘连比较牢靠的腐蚀产物，最内层有黑色的腐蚀产物，尤其是点蚀坑有明显的黑色的腐蚀产物。化学除锈以后，试样表面均有明显的点蚀，有些出现很大的腐蚀坑。如图 6-29 所示为埋片的典型腐蚀形貌图。

6.3.2.3　失重分析结果

（1）腐蚀速度的重量指标

表 6-7 为两种试片在 9 个实验站埋片一年的失重数据，因为试样表面积基本一致，可以直接通过失重数据判断试样的腐蚀程度。对于 28Mn2 试样，在南京、

图 6-29　腐蚀埋片的典型腐蚀形貌图

武汉、东营实验站土壤中腐蚀最为严重，在大连、沈阳、西安、南充实验站土壤中腐蚀为中等水平，在东莞、石家庄实验站土壤中腐蚀最轻。对于 30CrMo 试样，在武汉、东营实验站土壤中腐蚀最为严重，其次为在南京实验站土壤中，在大连、沈阳、东莞、南充实验站土壤中腐蚀为中等水平，在石家庄和西安实验站土壤中腐蚀最轻。综合两种试样的腐蚀情况，可以看出南京、武汉、东营实验站土壤腐蚀性比较严重，沈阳、大连、南充实验站土壤腐蚀性为中等水平，东莞、石家庄、西安实验站土壤腐蚀性较弱。

表 6-7　不同实验站两种试片埋片一年的失重数据　　　　　单位：g

实验站	东莞	武汉	南京	南充	东营	石家庄	西安	沈阳	大连
28Mn2	1.68	3.75	4.19	2.49	3.81	1.66	2.40	2.49	2.51
30CrMo	2.60	4.38	3.29	2.49	4.32	1.90	2.02	2.78	2.96

通过与表 6-3 中土壤含水量的对比，可以看出在含水量处于 12% 左右低含水量的土壤介质中试片腐蚀程度较低，如东莞、西安、石家庄的试样，在含水量在 20% 左右含水量相对较高的土壤中腐蚀最为严重，如武汉、南京、东营的试样，但大连实验站的试样在含水量 20% 的大连土壤中腐蚀没有那么严重。所以说，仅凭土壤含水量不能直接推断出土壤的腐蚀性。

通过与表 6-4 土壤电阻率的对比，土壤电阻率最低的东营实验站的土壤中试样腐蚀比较严重，土壤电阻率较高的东莞、石家庄、西安实验站的土壤中试样腐蚀比较弱，但武汉实验站土壤电阻率很高而试样腐蚀很严重，南京实验站土壤电阻率一般但试样腐蚀很严重。这说明仅凭土壤电阻率的高低不能推断出土壤的腐蚀性。

通过与表 6-5 土壤氧化还原电位的比较，氧化还原电位比较低的西安、东莞、石家庄实验站土壤中试样腐蚀较弱，氧化还原电位较高的武汉实验站土壤中试样腐蚀比较严重，氧化还原电位中等水平的南京、东营实验站土壤中试样腐蚀比较严重，从这里看氧化还原电位和土壤的腐蚀性没有太大关系，当然也可能是这几种土壤电阻率处于同等水平，这种差异对土壤的腐蚀性影响不大。

（2）腐蚀速度的深度指标

表6-8是不同实验站两种试片埋片一年的腐蚀深度指标，根据均匀腐蚀的三级标准，在这九个实验站28Mn2和30CrMo试样耐蚀性评定均属于耐蚀。因为所有试片面积基本一样，所以计算出来的腐蚀深度指标和失重数据是一致的。

通过表6-8与表6-6土壤腐蚀速率的比较，可以看出武汉和东营的两种试样埋片一年的腐蚀深度指标较土壤腐蚀速率大一些，其它地方（除沈阳、大连外）埋片一年的腐蚀深度指标较土壤的腐蚀速率小一些。因为实际埋片过程中，试样的腐蚀速度并不是不变的，因此实际的腐蚀速度和测得的土壤腐蚀速率有差距。此外，线性极化方法测得的土壤腐蚀速率是反映的均匀腐蚀状况，而实际过程局部腐蚀比较严重，因此线性极化测得的土壤腐蚀速率会有一定误差。

表6-8 不同实验站两种试片埋片一年的腐蚀深度指标 单位：mm/a

实验站	东莞	武汉	南京	南充	东营	石家庄	西安	沈阳	大连
28Mn2	0.0384	0.0850	0.0952	0.0568	0.0866	0.0383	0.0549	0.0580	0.0592
30CrMo	0.0595	0.100	0.0748	0.0571	0.0978	0.0439	0.0463	0.0641	0.0698

6.3.2.4 点蚀深度测试

表6-9为两种试片在九个实验站土壤埋片一年后的最大腐蚀深度，通过最大腐蚀深度与腐蚀深度指标作比可得到试样的点蚀系数。表6-10为不同实验站试样的点蚀系数。由表6-10可以看出，对于28Mn2试样，东营、西安、沈阳的试片腐点蚀最为严重，大连、东莞、石家庄的试片点蚀较弱，武汉、南京、南充点蚀为中等水平。对于30CrMo试样，西安、东莞、南京实验站试样点蚀比较严重，沈阳、武汉、石家庄实验站试样点蚀相对不严重，南充、东营、大连实验站试样点蚀为中等水平。

表6-9 不同实验站两种试片埋片一年后的最大腐蚀深度 单位：mm

实验站	东莞	武汉	南京	南充	东营	石家庄	西安	沈阳	大连
28Mn2	0.21	0.44	0.58	0.47	1.19	0.35	0.66	0.65	0.24
30CrMo	0.99	0.37	1.06	0.59	0.80	0.29	0.69	0.24	0.61

通过表6-10分别与表6-4、表6-5、表6-6比较，没有发现点蚀系数与土壤电阻率、土壤氧化还原电位以及土壤腐蚀速率这些单因子有直接的相关关系。

表 6-10　两种试样在不同实验站埋片的点蚀系数

实验站	东莞	武汉	南京	南充	东营	石家庄	西安	沈阳	大连
28Mn2	5.5	5.2	6.1	8.3	13.7	9.1	12.0	11.2	4.1
30CrMo	16.6	3.7	14.2	10.0	8.2	6.6	14.9	3.7	8.7

6.3.2.5　腐蚀产物 XRD 分析结果

表 6-11 汇总了各实验站试片埋片试验后表面附着物 XRD 的分析结果，在 XRD 检测中均检测到 SiO_2，C，$CaCO_3$ 等物质，这些物质都是土壤中的成分，经过一年埋片，这些物质和腐蚀产物胶结在一起，所以在表中不再一一列出 SiO_2，C，$CaCO_3$ 等物质。从表中可以看出，腐蚀产物基本含有 $FeO(OH)$，试样表面的红棕色就是 $FeO(OH)$ 的原因，埋片一年，$FeO(OH)$ 是主要的腐蚀产物，其它腐蚀产物比较少，再加上土壤的影响，所以 XRD 很难检测到其他产物。对西安的 28Mn2 试样表面内层的附着物进行 XRD，检测到了 Fe_3O_4，说明试样表面的黑色产物中含有 Fe_3O_4。

表 6-11　不同实验站两种试片表面附着物 XRD 检测结果

试样	28Mn2 试样	30CrMo 试样
东莞	$FeO(OH)$，FeS_2，$FeCr_2O_4$，Fe_3O_4，$CuFeS_2$	$FeO(OH)$
武汉	$FeO(OH)$	$FeO(OH)$
南京	$FeO(OH)$	$FeO(OH)$
南充	$FeO(OH)$	$FeO(OH)$，$CuFeS_2$
东营	$Fe(CO_3)$	$Fe(CO_3)$
石家庄	$CuFeS_2$	$FeO(OH)$，FeS_2，Fe_3O_4
西安	$FeO(OH)$，Fe_3O_4	$FeO(OH)$，Fe_3O_4
沈阳	$FeO(OH)$	$CuFeS_2$
大连	$CuFeS_2$，Fe_3O_4，$FeCr_2O_4$	$FeO(OH)$

$FeO(OH)$ 的生成，说明阴极反应主要为氧的去极化。Fe_3O_4 的生成和 $FeO(OH)$ 与 H^+ 之间的反应有很大关系。在东莞、南充、石家庄、大连埋片试样腐蚀产物中检测到铁的硫化物，说明土壤腐蚀中存在细菌腐蚀，在东营埋片试样表面腐蚀产物中检测到了 $Fe(CO_3)$，说明碳酸根参与了土壤腐蚀过程。

6.3.2.6　电化学分析

（1）自腐蚀电位分析

表 6-12 为两种试样在不同实验站土壤中原始试样的自腐蚀电位以及埋片一年后的自腐蚀电位，通过表 6-12 可以看出，两种试样经过埋片一年，自腐蚀电

位普遍正移，也就意味着试样耐腐蚀性提高，在沈阳、东营、石家庄土壤中试样埋片一年后自腐蚀电位没有明显的正移。

表 6-12　不同实验站两种试样原始试样初以及埋片一年的自腐蚀电位

单位：mV

实验站	28Mn2 原始	28Mn2 一年	30CrMo 原始	30CrMo 一年
南充	−568	−342	−563	−456
东莞	−530	−468	−528	−459
南京	−653	−481	−636	−394
武汉	−603	−336	−635	−365
石家庄	−661	−663	−664	−614
东营	−650	−696	−653	−717
沈阳	−773	−772	−766	−796
大连	−740	−692	−747	−689
西安	−534	−417	−489	−478

（2）电化学阻抗谱分析

根据各实验站单独分析的 EIS 结果，大多数情况下，腐蚀产物覆盖在试样表面会增加土壤电阻，导致其 Nyquist 曲线右移。在东营实验站的 28Mn2 试样以及南充 30CrMo 试样埋片一年的 Nyquist 曲线较原始试样靠左。很多试样的 Nyquist 曲线出现了扩散容抗，说明腐蚀为扩散控制过程。

表 6-13 为从电化学阻抗谱的波特图 Z 的模值得到的极化电阻 R_p，R_p 变小意味腐蚀速率变快。由表 6-13 可以看出，两种试样在大多数实验站经过埋片一年 R_p 变大，也就是埋片一年后腐蚀速率变慢。南京的 28Mn2 试样、南充的 28Mn2 试样、东营的 28Mn2 试样、石家庄的 30CrMo 试样、西安的两种试样、沈阳的两种试样埋片一年后 R_p 变小，也就是腐蚀速率加快。

表 6-13　由波特图得到的极化电阻 R_p　　　　单位：Ω

实验站	东莞	武汉	南京	南充	东营	石家庄	西安	沈阳	大连
28Mn2 原始	1975.0	89.350	655.89	11404	135.36	246.84	12433	171.40	168.63
28Mn2 一年后	17057	438.50	320.57	4205.6	106.67	421.18	790.00	148.91	333.01
30CrMo 原始	728.19	14.347	334.39	1724.9	71.940	1740.7	3002.7	177.34	108.55
30CrMo 一年后	29984	11246	462.95	7187.0	215.58	967.04	402.22	51.73	218.27

6.4 抗硫化氢腐蚀性能研究

委托北京工业大学强度检测所对储气井上应用最为广泛的三个钢级的材料 N80/1、N80/Q、P110 进行了硫化氢应力腐蚀性能试验及综合评定。具体的检测项目包括三种材料的静态拉伸试验、三种材料饱和硫化氢环境中的恒负荷拉伸试验。

6.4.1 试验材料基本性能

采用 zwick/roell Z100（德国）型拉伸试验机按 GB 228—2010《金属材料室温拉伸试验方法》对材料进行了拉伸试验，结果见到表 6-14。

表 6-14 力学性能试验结果

材料	试件编号	直径 /mm	抗拉强度 R_m/MPa	屈服强度 $R_{p0.2}$/MPa	断后伸长率 A/%
N80/1	1	5.0	938	616	20.2
	2	5.0	932	609	18.9
	平均值	5.0	935	612.5	19.55
N80/Q	1	5.0	824	696	22.5
	2	5.0	820	696	21.4
	平均值	5.0	822	696	21.95
P110	1	5.0	984	856	17.4
	2	5.0	958	853	17.3
	平均值	5.0	971	854.5	17.35

6.4.2 抗硫化氢应力腐蚀（SCC）性能检测

6.4.2.1 试验方法

① 试验依据　美国腐蚀工程师协会 NACE TM0177—2005 "Laboratory Testing of Metals for Resistance to Specific Forms of Environmental Cracking in H_2S Environments."

② 试验机　试验机采用 P1500 型恒负荷拉伸应力腐蚀试验机。

③ 试样　试验试样采用 ϕ5mm 拉伸试样。

④ 试验溶液　试验介质为美国腐蚀工程师协会 NACE 规定的标准酸性溶液（A 类溶液），即含有 5％氯化钠及 0.5％冰乙酸的水溶液中通入饱和硫化氢气体（$\geqslant 2300 \times 10^{-6}$）。

⑤ 试验浓度　溶液的硫化氢含量保持在 2300mg/kg 以上。

6.4.2.2　试验材料

N80/1、N80/Q、P110 三种中碳低合金高强钢。

6.4.3　应力腐蚀试验方法及过程

6.4.3.1　应力腐蚀试验装置

应力腐蚀实验室及恒负荷拉伸试验装置如图 6-30 所示。

图 6-30　应力腐蚀实验室及恒负荷拉伸试验装置

6.4.3.2　恒载拉伸试验过程

试验时，将一组拉伸试样加载到不同应力级别（加载方案制订以本所做的拉伸实验为参考，取每种试样屈服强度的平均值为基本依据），浸泡于饱和 H_2S 溶液中，记录其断裂时间；最长试验周期为 720h。

将 720h 不发生断裂的应力最高值定义为该规定浓度下抗 H_2S 应力腐蚀门槛值，表以 σ_{th}。

6.4.4　试验结果

三种材料恒负荷拉伸试验结果见表 6-15～表 6-17。应力腐蚀后试样断裂形貌见图 6-31。

表 6-15　N80/1 材料硫化氢环境恒负荷拉伸试验结果（$\sigma_s = 612.5\text{MPa}$）

H₂S 浓度	试件编号	加载应力/MPa	应力水平/σ_s	断裂时间/h	断否
饱和浓度	1#	490	0.80	30.0	断
	2#	429	0.70	31.5	断
	3#	368	0.60	36.0	断
	4#	337	0.55	81	断
	5#	306	0.50	561	断
	6#	276	0.45	>720	否
	7#	245	0.40	>720	否

表 6-16　N80/Q 材料硫化氢环境恒负荷拉伸试验结果（$\sigma_s = 696\text{MPa}$）

H₂S 浓度	试件编号	加载应力/MPa	应力水平/σ_s	断裂时间/h	断否
饱和浓度	1#	592	0.85	30	断
	2#	557	0.80	39.5	断
	3#	522	0.75	>720	否
	4#	487	0.7	>720	否
	5#	418	0.6	>720	否

表 6-17　P110 材料硫化氢环境恒负荷拉伸试验结果（$\sigma_s = 854.5\text{MPa}$）

H₂S 浓度	试件编号	加载应力/MPa	应力水平/σ_s	断裂时间/h	断否
饱和浓度	1#	598	0.7	4.0	断
	2#	513	0.6	7.0	断
	3#	427	0.5	6.25	断
	4#	342	0.4	13.25	断
	5#	256	0.3	11.6	断
	6#	171	0.2	25.0	断
	7#	85	0.1	>720	否

图 6-31　试件应力腐蚀断裂形貌

6.4.5 对应力腐蚀实验结果的综合分析讨论

6.4.5.1 N80/1、N80/Q、P110 材料硫化氢环境下应力-寿命曲线的数学模型

根据表 6-15～表 6-17 的试验结果，绘制 3 种材料在饱和硫化氢环境下的应力-寿命曲线如图 6-32～图 6-34 所示。

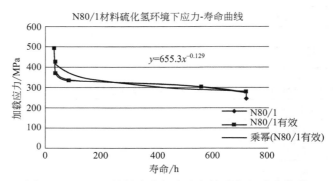

图 6-32　N80/1 材料硫化氢腐蚀条件下应力-寿命曲线

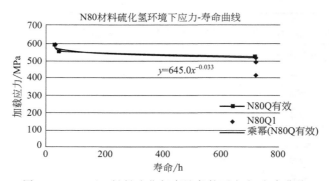

图 6-33　N80/Q 材料硫化氢腐蚀条件下应力-寿命曲线

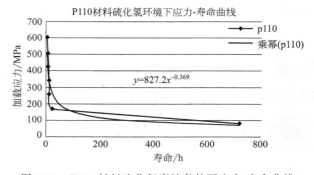

图 6-34　P110 材料硫化氢腐蚀条件下应力-寿命曲线

对各种材料的试验结果进行分析，分别得到应力-寿命曲线，并由此拟合出数学模型。如下所示：

N80/1：　　　　　　　　　　$\sigma = 655.3t^{-0.129}$　　　　　　　　　　(6-1)

N80/Q：　　　　　　　　　　$\sigma = 645.0t^{-0.033}$　　　　　　　　　　(6-2)

P110：　　　　　　　　　　$\sigma = 827.2t^{-0.369}$　　　　　　　　　　(6-3)

6.4.5.2　应力-寿命曲线数学模型在工程上的应用意义

应力腐蚀试验中，对一组试样进行不同应力级别的加载，得到各试样对应的应力-寿命点。试验中的加载级别再细，也不可能做到完全覆盖，同时，对于每一组多个加载的试样，还会有一些不合规律的偶然现象发生，这就是试验的局限性。

将所得数据点进行回归分析，得到应力-寿命模型的数学表达，在此基础上，可得到任意寿命下对应的加载应力。工程中，可根据设计中对寿命的要求，直接带入公式求出应力，或者根据已知应力，对寿命进行估算。

6.4.5.3　N80/1、N80/Q、P110 三种材料的应力腐蚀门槛值

实验测试所得应力腐蚀门槛值见表6-18。

考虑到实验加载中的阶梯分段性，应用以实验为依据建立的数学模型，将标准中规定的无限寿命720h分别代入式(6-1)～式(6-3)，得到各材料的计算门槛值，结果见表6-18。

表 6-18　N80/Q、N80/1、P110 三种材料实验门槛值与计算门槛值

材料	屈服强度 $R_{p0.2}$/MPa	实验值/MPa		计算值/MPa
N80/1	612.5	$0.45R_{p0.2}$	276	297
N80/Q	696.0	$0.75R_{p0.2}$	522	502
P110	854.5	$0.10R_{p0.2}$	85	77

在应力腐蚀试验中，加载均为阶梯型，以 $(0.5～1.0)R_{p0.2}$ 为应力极差，因此很难依靠实验找到非常精确的门槛值。

从准确性的角度考虑，应以数学模型中的计算门槛值为准。故得到：

N80/1：　　　　　　　　　　$\sigma_{th} = 297\text{MPa}_\circ$

N80/Q：　　　　　　　　　　$\sigma_{th} = 502\text{MPa}_\circ$

P110：　　　　　　　　　　$\sigma_{th} = 77\text{MPa}_\circ$

6.4.5.4　三种材料应力腐蚀性能的综合比较

三种材料有效数据的应力-寿命曲线比较见图6-35。

从图6-35中的应力-寿命曲线分布总图清晰可见，耐硫化氢应力腐蚀性能最

材料硫化氢环境下应力-寿命曲线总图

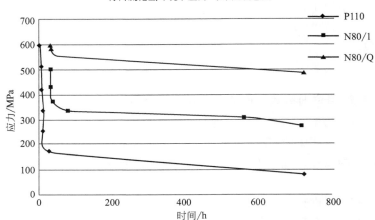

图 6-35　三种材料硫化氢环境下应力-寿命曲线总图

好的材料为 N80/Q。其在加载应力为 $0.75R_{p0.2}$（522MPa）时，经历 720h 的硫化氢腐蚀仍然没有发生脆性断裂。

应力腐蚀性能居中的是 N80/1 材料，其应力腐蚀门槛值为 297MPa。勉强达到 $0.45R_{p0.2}$ 的及格线。

硫化氢腐蚀性能最差的是 P110 材料，即使在加载应力只有 $0.2R_{p0.2}$（171MPa）时，只经过 25h 的硫化氢腐蚀便发生了断裂。

6.4.5.5　三种材料应力-寿命曲线

从表 6-18 及图 6-35 的应力-寿命曲线可见，三种材料有其共性：当加载应力相对门槛值较大时，应力-寿命曲线很陡，即虽然应力加载有较大范围，但是寿命分布均在很小范围内，即很短时间（40h 以内）就发生断裂。在接近门槛值时，应力-寿命曲线相对平缓，在门槛值附近，应力仅相差 $0.5R_{p0.2}$（小于 40MPa），而寿命相差 20 倍左右，即达到 720h 以上。

该现象意味着当材料所施加的应力在门槛值以下时，在硫化氢环境中应用是安全的，然而一旦应力稍稍超过门槛值，则在短短几十个小时之内，材料就会发生应力腐蚀脆断。

6.4.5.6　应力腐蚀试样的断口分析

将试样的拉伸断口与应力腐蚀断口相比较，结果见图 6-36。

对比拉伸试验和应力腐蚀试验的试件断口，可以明显看出，拉伸试样具有明显的颈缩，为典型的韧性断口，而应力腐蚀断口则为平断口，呈现典型的脆性断裂特征。

图 6-36   拉伸试验与应力腐蚀试验试件断口比较

对比 N80/Q、N80/1、P110 三种工程中常用钢材的实验结果，可以看出，P110 材料虽然屈服强度比较高（854.5MPa），但其抗硫化氢腐蚀性能极差，门槛值仅为屈服强度的 10%，故该材料完全无法应用于硫化氢环境，否则具有极大的安全隐患。

N80/Q 和 N80/1 属于同一种钢材经过不同的热处理得到的两种材料，但 N80/Q 材料的抗硫化氢腐蚀性能明显要优于 N80/1 材料。可见热处理方式的不同，造成材料的组织不一样，进而对其抗硫化氢腐蚀的性能有很大的影响。

6.5   油气井防腐技术

油气井套管腐蚀机理很复杂，常见的有电化学腐蚀、化学腐蚀、细菌腐蚀和氢脆，而最普遍的就是电化学腐蚀，主要由溶解氧、CO_2、H_2S、Cl^-、HSO_4^-、HCO_3^- 等造成，现场常见的是溶解氧、CO_2 和 H_2S 引起的套管损坏。

通过对近 20 年的资料调研表明，油套管的腐蚀控制研究一直是油气开采中的重要研究课题之一，并取得了一系列有价值的研究结果。目前控制油套管腐蚀的技术方法主要有选用或发展耐蚀材料、有机和无机涂料、金属镀层、加缓蚀剂、阴极保护等。

由于储气井有其自身特点，需要在借鉴油气井套管防腐技术基础上，研究开发适用于储气井的防腐措施。

6.5.1   选用耐蚀材料

合金化是提高金属材料耐蚀性的主要途径之一，添加不同的合金元素、调整元素含量和改变组织结构都有可能提高材料的耐蚀性。石油钢管厂家已经开发出了适用于各种腐蚀介质环境的耐蚀石油管材，如抗 SCC 的 NT-80s 钢、抗二氧化碳腐蚀的 NKCR9 钢、抗 SSCC 和 Cl^- 腐蚀的 SM2025 钢等，日本、美国和阿根廷等国家在这方面处于领先地位，我国宝钢也在研发相应的产品。应该根据不同的油气井具体环境进行理论和实验筛选，确定应该选用的材料，如在 CO_2 和 Cl^- 共存的严重腐蚀条件下，建议采用铬锰氮不锈钢、镍铬合金或钛合金作油管和套管材料。我国的套管材料很多靠进口，选用具有非常高耐蚀性的材料造成生产成本高，因此，对于一些产量较低的油气田，必须倡导低成本开发，一般并不宜选用耐蚀性很高的材料。

6.5.2　涂层技术

各类有机和无机涂层在油套管防护中应用的较为广泛，它不与介质中物质发生化学反应，主要作为隔离管道与腐蚀介质的物理屏障，起到减缓腐蚀的作用。常用的涂层涂料有环氧树脂防腐漆、酚醛树脂改性的环氧树脂漆、聚氨酯防腐漆、环氧聚氨酯漆等。这些防腐漆还常添加一些特殊填料，如玻璃鳞片、磁性氧化铁粉末、锌粉、活性石棉粉等，以提高防腐蚀效果。新近开发的纳米涂层具有防腐、防垢、防结蜡的三防特性，更适合在较恶劣的条件下使用。管内腐蚀防护因施工难度大，其应用受到了一定限制，尤其是对管径较小的油管。涂料涂层普遍存在结合力低、不能保护丝扣、不适应苛刻的力学环境等缺点。同时，在套管安装过程中和服役过程中涂层容易被刮伤，如果裸露出套管表面，将导致严重的局部腐蚀。另外，有机涂料还存在易老化和抗高温能力差等方面的不足，一旦漆膜鼓泡也会导致严重的局部腐蚀。

6.5.3　金属镀层

金属镀层包括电镀金属层、化学镀金属层、热浸镀金属层和热渗镀金属层等，不同的镀层工艺主要是为了获得不同的镀层结构和膜基结合力，从而寻求耐蚀性最好的镀层工艺。与涂层技术不同的是，金属镀层会与周围介质发生化学或电化学反应，依靠镀层的耐蚀性来决定对基材的保护作用。金属镀层可以分为阴极性镀层和阳极性镀层两类。阴极性镀层是指镀层在介质中耐蚀性比基材高，镀层起到屏障作用，从而延长基材的寿命。研究得最多的是镍基镀层，镍基合金在含硫化氢和二氧化碳的高温高压环境中具有很高的耐蚀性，而且镍基镀层还有很好的耐磨性。如叶春艳等叙述了化学镀 Ni-P 非晶层及其复合镀层的良好耐蚀性能，然而，若镀层存在孔隙或机械损伤缺陷，将会因大阴极（阴极性表面处理层）小阳极（裸漏的钢基体）作用导致基体材料的加速穿孔腐蚀，带来更大的潜在危险。这也对镀层的制备提出了很高的要求，必须完整地覆盖于基材整个表面。阳极性金属镀层则是指镀层的耐蚀性在使用环境中比基体还要低，利用镀层的腐蚀来保护基材。与阴极性镀层不同的是，即使阳极性镀层存在缺陷或者受到损坏，裸露的基材也不会与介质发生腐蚀反应，除非镀层消耗殆尽。但是阳极性材料也不能腐蚀太快。

6.5.4　加缓蚀剂

缓蚀剂可以在金属表面形成一层薄膜，从而改变钢铁表面微结构、荷电状态和隔离介质与基材的作用，使基材的腐蚀减缓。根据成膜情况，可以将缓蚀剂分为氧化型、沉淀型和吸附型三大类缓蚀剂。氧化型缓蚀剂是利用缓蚀剂与钢铁表面发生化学反应生成致密钝化膜，减缓腐蚀速率。沉淀型缓蚀剂可以与溶液中的物质反应生成沉淀膜聚集在钢铁表面或者它本身可以直接沉积在钢铁表面，起到物理隔绝作用。因为氧化膜和沉淀膜都易溶于酸性溶液中，而油气田环境一般为酸性，故它们可能被部分溶解，导致疏松膜层出现，从而使基材发生严重的局部腐蚀，同时可以看出这些膜层的覆盖度必须为1。吸附型缓蚀剂一般为有机物，特别是含N、O、S等杂原子的环状化合物或者是含不饱和键的物质，如咪唑啉、噻唑和炔醇。吸附型缓蚀剂以物理吸附或化学吸附作用在钢铁表面形成吸附膜，膜层一般较薄，而且不一定要全部覆盖于金属表面，只需要在表面活性点位置发生吸附就可以起到缓蚀作用，因此，油气井中大多使用吸附型缓蚀剂，因为即使加入量不足也不会加速基材的腐蚀，是一种较安全的防护方法。

利用缓蚀剂控制油管的腐蚀研究的较多，效果通常也较明显，但是其缺点是流失大、使用周期短、加药装置过多不利于安全生产，在储气井中使用难度较大。

6.5.5　阴极保护技术

阴极保护是指对套管提供负电流，通过阴极极化使其电极电位移至套管金属氧化还原反应时的平衡电位，从而阻止套管腐蚀的方法，它是一种控制金属电化学腐蚀的保护方法，在阴极保护系统构成的电池中，氧化反应集中在阳极上，从而抑制了作为阴极的被保护金属的腐蚀，阴极保护是一种基于电化学腐蚀原理而发展的电化学保护技术。

阴极保护技术有外加电流的阴极保护和牺牲阳极的阴极保护两类。

（1）外加电流的阴极保护

油水井套管阴极保护的研究应用起步较早，20世纪40～50年代以来，美国和中东产油国相继应用外加电流的阴极保护技术，该技术在单井应用较成功。我国的阴极保护技术在20世纪50～60年代开始应用，70～80年代在石油与船舶行业发展比较迅速，在阴极保护的引进、消化和二次开发方面有很大的提高，80年代在国内油田套管上应用了区域性的多井加管线阴极保护技术，但该技术限于理论上的不完整和油区环境难管理而被淘汰。

目前阴极保护在油田套管上得到广泛应用，其技术发展比较成熟。在诸如保护模型、数值计算方法、阳极距离与保护深度、干扰和效果评价等专题方面均做了较深入研究与应用。

（2）牺牲阳极的阴极保护

牺牲阳极保护技术是将电位比管道电位负的金属与被保护设备相连，使被保护设备成为阴极而受到保护，这种方法不需要专门的外加电源或设施。常使用的阳极有镁、铝、锌基合金。牺牲阳极可以做成各种形状来满足需求，如方块状、环形、带状阳极。但是该技术的关键是如何布置阳极和提高阳极的寿命。

单独将牺牲阳极应用于套管防腐理论上可行，实际应用难度较大，因为阳极消耗快，国外有关用牺牲阳极保护套管方面的报道较多，都局限于理论概念模型，对采用牺牲阳极和外加涂层联合防腐保护套管的工艺技术尚无先例。国内尚没有采用将牺牲阳极和涂层联合使用进行井下深层套管外防腐保护。并且，通常论述的地面管线牺牲阳极保护法是在距管线一定距离、在一定土壤深度埋入牺牲阳极。

6.6 储气井阴极保护

6.6.1 阴极保护标准

可参考埋地管道的如下标准进行：

GB/T 21448—2008《埋地钢质管道阴极保护技术规范》；

GB/T 21246—2007《埋地钢质管道阴极保护参数测量方法》。

6.6.2 储气井阴极保护案例

6.6.2.1 储气井组基本情况

实施阴极保护的储气井组位于江苏省江阴市某加气站内，使用单位为中国石油化工股份有限公司江苏江阴石油分公司。该储气井组共 3 口储气井，深度分别为 56m、56m、44m。规格为 244.48mm×11.99mm，套管材质为 N80-Q，2009年 11 月制造，2013 年 9 月由中国特种设备检测研究院进行首次定期检验。

该储气井组在建造完成后，委托中国特种设备检测研究院进行储气井水泥固井质量检测与评价。检测中发现，该储气井组井口下 0~10m 区段水泥固井质量差，结合当地天气条件，土质条件分析，该储气井组可能存在浅地层腐蚀情况。使用单位知悉后，为保护其储气井组正常生产运行，委托中国特种设备检测研究院在首次定期检验时，对其储气井组阴极保护系统进行检测。

6.6.2.2 阴极保护系统安装

为保护储气井组，结合当地土壤电阻率，经计算，约需要 60kg 牺牲阳极材料，购置了 3 块 22kg 铝镁合金牺牲阳极。

首先在距离储气井组 5m，挖一个 2m×0.5m×1.5m 的土坑（图 6-37），将阴极保护材料放入坑中，用铜芯导线将储气井与阴极保护材料连接，最后在将测试桩与阴极保护材料连接（图 6-38）。

图 6-37　阴极保护材料安放坑与储气井组位置图

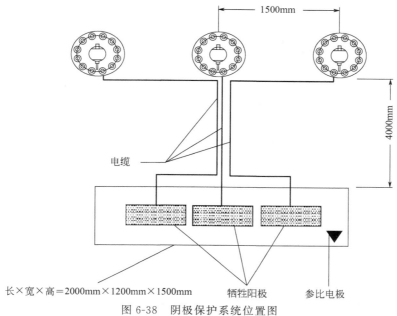

图 6-38　阴极保护系统位置图

6.6.2.3　阴极保护系统安装

当测试桩连接结束后，浇水，回填，开始测量第一天的阴极保护数据。阴极保护数据应至少连续测量 3 天，保证阴极保护系统正常运行，且在保护电位在安全范围之内（−850～−1200mV）。出具相关检测报告。见图 6-39。

经检测，该加气站阴极保护系统工作正常，能够达到保护要求。

图 6-39　测试桩安装完成

6.7　储气井防腐建议

储气井的防腐措施必须从生产（含设计、制造，安装、改造、维护）、使用、检验检测及其监督检查诸多方面全方位考虑，并制定贯穿始终的综合性措施。

（1）设计方面

对于加气站储气井的选址和井位要进行充分的地质情况调查，包括土壤岩性、含酸、含水、含氧、细菌等腐蚀性物质种类和含量，地下水系分布，是否有涵洞、暗河，总之避免将储气井建在腐蚀环境里，或者减少环境腐蚀因素影响。

（2）制造方面

采取各种措施保证较高的固井合格率，优先选用具有一定耐腐蚀性能的材料，包括井管、接箍、上下封头和排液管。排液管还要具有一定的强度和连接性能，避免在压力作用下发生变形、折断、脱落导致排液失效。

（3）安装方面

材料入井之前要做好表层防腐工作，防腐漆涂刷均匀；排液通道畅通并到达井底，以便能使积液全部排出。

（4）维护方面

要为储气井搭建临时性罩棚并做好井周排水工作，防止水分从井口周围地面渗入井管与水泥的微隙。

（5）检验检测方面

严格执行定期检验制度，以便及时发现储气井存在的腐蚀隐患，掌握腐蚀速率大小及变化，以便进行剩余寿命预测。

第7章

储气井使用管理与定期检验

7.1 储气井的使用管理

储气井属于压力容器的一种，应遵守压力容器使用管理的相关法规要求。

7.1.1 储气井使用单位职责

① 按照 TSG 08—2017《特种设备使用管理规则》和其它有关安全技术规范的要求设置安全管理机构，配备安全管理负责人和安全管理人员；

② 建立和实施岗位责任、操作规程、年度检查、隐患治理、应急救援、人员培训管理、采购验收等安全管理制度，并有效实施；

③ 定期召开压力容器使用安全管理会议，督促、检查压力容器安全工作；

④ 进行保障压力容器安全必要的投入。

7.1.2 储气井使用单位安全管理工作内容

① 贯彻执行本规程和压力容器有关的安全技术规范；

② 建立健全压力容器安全管理制度，制定压力容器安全操作规程；

③ 办理压力容器使用登记，建立压力容器技术档案；

④ 负责压力容器的设计、采购、安装、使用、改造、维修、报废等全过程管理；

⑤ 组织开展压力容器安全检查，至少每月进行一次自行检查，并且做出记录；

⑥ 实施年度检查并且出具检查报告；

⑦ 编制压力容器的年度定期检验计划，督促安排落实特种设备定期检验和事故隐患的整治；

⑧ 向主管部门和当地质量技术监督部门报送当年压力容器数量和变更情况

的统计报表，压力容器定期检验计划的实施情况，存在的主要问题及处理情况等；

⑨ 按照规定报告压力容器事故，组织、参加压力容器事故的救援、协助调查和善后处理；

⑩ 组织开展压力容器作业人员的教育培训；

⑪ 制定事故救援预案并且组织演练。

7.1.3 储气井技术档案要求

使用单位应当逐台建立储气井技术档案，包括：

①《使用登记证》；

②《特种设备使用登记表》；

③ 储气井设计、制造技术文件和资料；

④ 储气井安装、改造和维修的方案、图样、材料质量证明书和施工质量证明文件等技术资料；

⑤ 储气井日常维护保养和定期安全检查记录；

⑥ 储气井年度检查、定期检验报告；

⑦ 安全附件校验、修理和更换记录；

⑧ 有关事故的记录资料和处理报告。

7.1.4 储气井安全操作规程要求

储气井的使用单位，应当在工艺操作规程和岗位操作规程中，明确提出储气井安全操作要求，内容至少应包括：

① 操作工艺参数（工作压力、最高或者最低工作温度）；

② 岗位操作方法（开、停车的操作程序和注意事项）；

③ 运行中重点检查的项目和部位，运行中可能出现的异常现象和防止措施，以及紧急情况的处置和报告程序。

7.1.5 储气井日常安全检查的要求

① 储气井定期安全检查每月进行一次。定期安全检查内容主要为：

• 安全附件、装卸附件、安全保护装置、测量调控装置、附属仪器仪表是否完好；

• 各密封面有无泄漏；

• 其它异常情况等。

② 日常安全检查可由使用单位安全管理人员或操作人员进行。

7.1.6　储气井年度检查的要求

年度检查工作可以由储气井使用单位的专业人员或者取得特种设备作业人员证书的压力容器操作人员、安全管理人员进行，这些人不需要取得压力容器检验人员资格；年度检查也可以由压力容器检验人员进行。

年度检查工作可以由储气井使用单位安全管理人员组织经过专业培训的作业人员进行，也可以委托有资质的特种设备检验机构进行。

7.1.6.1　使用单位每年对储气井至少进行1次年度检查。

7.1.6.2　年度检查内容

（1）储气井安全管理情况检查

① 储气井的安全管理制度和安全操作规程是否齐全有效。

② 压力容器安全技术规范规定的设计文件、竣工图样、产品合格证、产品质量证明文件、监督检验证书以及安装、改造、维修资料等是否完整。

③《使用登记表》《使用登记证》是否与实际相符。

④ 压力容器作业人员是否持证上岗。

⑤ 储气井日常维护保养、运行记录、定期安全检查记录是否符合要求。

⑥ 储气井年度检查、定期检验报告是否齐全，检查、检验报告中所提出的问题是否得到解决。

⑦ 安全附件校验、修理和更换记录是否齐全真实。

⑧ 是否有储气井应急预案和演练记录。

⑨ 是否对储气井事故、故障情况进行了记录。

（2）储气井本体及其运行状况检查

① 储气井的产品铭牌、漆色、标志与标注的使用登记证编号是否符合有关规定。

② 储气井的本体、接口（阀门、管路）部位、焊接接头等有无裂纹、过热、变形、泄漏、损伤等。

③ 外表面有无腐蚀。

④ 储气井与相邻管道或者构件有无异常振动、响声或者相互摩擦。

⑤ 支承或者支座有无损坏，基础有无下沉、倾斜、开裂，紧固螺栓是否齐全、完好。

⑥ 排放（疏水、排污）装置是否完好。

⑦ 运行期间是否有超压、超温、超量等现象。

⑧ 储气井有接地装置的，检查接地装置是否符合要求。

⑨ 监控使用的储气井，监控措施是否有效实施。

（3）储气井若设有安全阀，应对其进行检查，检查包括以下内容。

① 选型是否正确。

② 是否在校验有效期内使用。

③ 杠杆式安全阀的防止重锤自由移动和杠杆越出的装置是否完好；弹簧式安全阀的调整螺钉的铅封装置是否完好；静重式安全阀的防止重片飞脱的装置是否完好。

④ 如果安全阀和排放口之间装设了截止阀，截止阀是否处于全开位置及铅封是否完好。

⑤ 安全阀是否泄露。

⑥ 放空管是否通畅，防雨帽是否完好。

（4）密封性试验

密封性试验时保压足够时间，储气井无异常响声，经过肥皂液或者其它检漏液检查无漏气、无可见的变形即为合格。对因温度影响而产生的压降，$\triangle P$ 不大于 1% 为合格。

7.1.6.3 对年度检查中发现的隐患应当及时消除。

7.1.6.4 储气井年度检查的结论

① 允许运行；

② 符合要求；

③ 基本符合要求。

7.2 储气井定期检验

7.2.1 主要检验依据

TSG 21—2016 固定式压力容器安全技术监察规程

GB/T 19285—2014 埋地钢质管道腐蚀防护工程检验

GB/T 19624—2019 在用含缺陷压力容器安全评定

GB/T 20657—2011 石油天然气工业套管、油管、钻杆和用作套管或油管的管线管性能公式及计算

GB/T 35013—2018 承压设备合于使用评价

GB/T 36212—2018 无损检测地下金属构件水泥防护层胶结声波检测及结果评价

JB 4732—1995 钢制压力容器—分析设计标准（2005 年确认）

JGJ 94—2008 建筑桩基技术规范

NB/T 47013—2015（适用部分）承压设备无损检测

7.2.2　通用要求

① 储气井定期检验程序包括检验前的准备、检验实施、缺陷及问题的处理、安全状况等级评定、出具检验报告等。

② 储气井一般于投用后 3 年内进行首次定期检验。以后的检验周期由检验机构根据储气井的安全状况等级，按照以下要求确定：

a. 安全状况等级为 1、2 级的，一般每 6 年检验一次；

b. 安全状况等级为 3 级的，一般每 3～6 年检验一次；

c. 安全状况等级为 4 级的，监控使用，其检验周期由检验机构确定，累计监控使用时间不得超过 3 年，在监控使用期间，使用单位应当采取有效的监控措施；

d. 安全状况等级为 5 级的，应当对缺陷进行处理，否则不得继续使用。

③ 制造完成后超过 3 年开始投用的，投用前应进行检验。

④ 有以下情况之一的储气井，定期检验周期应当适当缩短：

a. 介质及外部环境对储气井井管腐蚀情况不明或者腐蚀情况异常的；

b. 当腐蚀速率每年大于 0.2mm 时，检验周期一般不应超过 3 年；

c. 井筒内外表面存在明显腐蚀、机械损伤等缺陷的；

d. 井筒相对地面有明显上冒或下沉的；

e. 使用单位没有按规定进行年度检查的；

f. 检验中对其它影响安全的因素有怀疑的。

⑤ 因情况特殊不能按期进行定期检验的储气井，由使用单位提出书面申请报告说明情况，经使用单位主要负责人批准，征得上次承担定期检验的检验机构同意（首次检验的延期除外），向使用登记机关备案后，可以延期检验。对无法进行定期检验或者不能按期进行定期检验的储气井，使用单位应当采取有效的监控与应急管理措施。

⑥ 检验机构应对定期检验报告的真实性、准确性、有效性负责。检验和检测人员（以下简称检验人员）应取得相应的特种设备检验检测人员证书，应了解储气井损伤模式，具备材料、腐蚀等相关知识背景及检验检测相关的实践经验。

7.2.3　检验前准备

7.2.3.1　检验方案制定

检验前，检验机构应根据储气井的使用情况、损伤模式及失效模式制定检验方案。储气井的主要损伤包括土壤腐蚀、微生物腐蚀、大气腐蚀、湿硫化氢破坏、机械疲劳、腐蚀疲劳等；储气井潜在的失效模式包括韧性失效、脆性断裂、腐蚀、应力腐蚀开裂、接头泄漏、疲劳等。

7.2.3.2　资料审查

检验前，检验人员一般需要审查储气井的以下技术资料：

① 设计资料，包括设计图样、应力分析报告、风险评估报告等。

② 制造资料，包括产品合格证，质量证明文件，钻井记录、井管组装记录、固井记录、固井检测报告、监检证书（报告）等。

③ 改造或者重大修理资料，包括施工方案和竣工资料，以及改造、重大修理监检证书。

④ 使用管理资料，包括《使用登记证》《特种设备使用标志》和《使用登记表》，以及运行记录、开停车记录、介质中 H_2S 等杂质含量记录、运行条件变化以及运行中出现异常情况的记录等。

⑤ 检验、检查资料，包括定期检验周期内的年度检查报告和上次的定期检验报告。

其中第①、②、③项的资料，在储气井首次检验时必须进行审查，以后的检验视需要（如发生改造及重大修理等）进行审查。

7.2.3.3　现场条件

使用单位和相关的辅助单位，应当按照要求做好停机后的技术性处理和检验前的安全检查，确认现场条件符合检验工作要求，做好有关的准备工作。检验前，现场至少具备以下条件：

① 设置明显作业隔离区域，隔断储气井气源，排放、置换储气井内介质。

② 检验场地应满足检验用车、检验设备及辅助机具（包括起吊设备等）停靠、摆放的要求，水、电齐全。

③ 现场进行易燃易爆气体含量测定和分析，分析结果应达到有关规范、标准的规定。

④ 影响检验的附属部件或者其它物体，应按检验要求进行清理或者拆除。

⑤ 储气井井筒内壁已经清洗完毕，井壁不得残留油污。

⑥ 需要进行检验的表面，特别是腐蚀部位和可能产生裂纹性缺陷的部位，必须彻底清理干净，露出金属本体；进行无损检测的表面达到 NB/T 47013 的有关要求。

⑦ 现场配备必要的消防设备，并制定好应急救援预案。

检验用的设备、仪器和测量工具应具备防爆功能并在有效的检定或者校准期内。检验人员确认现场条件符合检验工作要求后方可进行检验，并且执行使用单位有关动火、用电、安全防护、安全监护等规定。检验时，使用单位压力容器安全管理人员、作业和维护保养等相关人员应当到现场协助检验工作，及时提供有关资料，负责安全监护，并且设置可靠的联络方式。

7.2.4　检验实施

7.2.4.1　检验项目

储气井定期检验项目，以宏观检验、井筒腐蚀检测、水压试验为主，必要时增加螺柱检验、表面缺陷检测、材料分析、水泥防护层胶结声波检测、密封性试验、土壤腐蚀性检测、阴极保护检测、强度校核、加固校核等项目。

检验现场至少用到井下电视、自动超声检测探头及相关的检测仪器，探头升降系统，地面显示系统，电路系统等，一般将检测系统组装在一辆工程车上，形成一辆检测工程车。图 7-1 为中国特种设备检测研究院开发的储气井检测工程车。

图 7-1　储气井检测工程车

7.2.4.2　宏观检验

宏观检验一般采用目视检测和井内视频检测结合的方法进行。

（1）结构检验

检查井口装置结构、井口装置与井筒的连接、井口是否可拆卸及打开通径等。

结构检验项目仅在首次检验时进行，以后的检验仅对发生变化的内容进行复查。

（2）外观检验

检查井筒内表面和外部可见部位有无腐蚀、裂纹、变形、机械损伤或热损伤（如焊疤、电弧损伤等），排液管有无腐蚀、变形、断裂等，防腐漆是否完好等。

具备条件时，检查井管最上螺纹或最上接箍螺纹有无腐蚀、机械损伤、热损伤等。

必要时，采用水准仪、全站仪或其它有效方法测量储气井本体的垂直位移量，检查结果与以前的检查结果进行比较，分析储气井本体垂直方向位移的累积量。

7.2.4.3 井筒腐蚀检测

采用水浸超声检测或电磁检测方法对井筒的腐蚀情况进行检测。对怀疑有较严重腐蚀的部位应详细记录深度位置、腐蚀面积、腐蚀深度等。

检测前，应采用相同规格、相同材质、相同热处理状态、相同或相近表面状态的有人工缺陷的对比样管，对仪器进行校准和灵敏度调节。

具备外部检验条件的井筒段，当怀疑有腐蚀减薄缺陷时，应采用测厚仪进行壁厚检测确定腐蚀状况。

7.2.4.4 螺柱检验

井口结构为法兰式的，对 M36 以上（含 M36）螺柱逐个清洗后，检验其损伤和裂纹情况，重点检验螺纹及过渡部位有无环向裂纹，必要时进行无损检测。

7.2.4.5 表面缺陷检测

应采用 NB/T 47013 中的磁粉检测或渗透检测方法（优先采用磁粉检测方法），对井筒和井口装置进行表面缺陷检测。

7.2.4.6 材料分析

材料分析根据具体情况，可以采用化学分析、光谱分析、硬度检测、金相分析等方法。材质不明的，应查明主要受压元件的材质。对于材质明确或已进行过此项检查，且已做出明确处理的，不再重复检验该项。

7.2.4.7 水泥防护层胶结声波检测

按照 GB/T 36212 对井筒进行水泥防护层胶结声波检测及评价。检测设备需要定期进行刻度，刻度井结构如图 7-2 所示。

如储气井在制造或定期检验中已进行过该项检测，以后检验中可不再重复进行。

7.2.4.8 土壤腐蚀性检测

采用 GB/T 19285—2014 中 4.2 及附录 A 的方法对储气井附近土壤的腐蚀性进行检测与评价。

7.2.4.9 阴极保护检测

采用 GB/T 19285—2014 中 6.1 及附录 I 的方法，对已安装阴极保护防护装置的储气井进行阴极保护效果检测与评价。

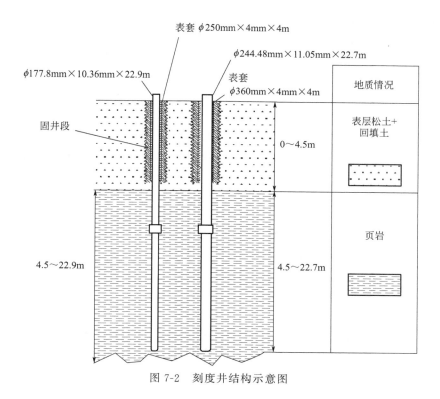

图 7-2　刻度井结构示意图

7.2.4.10　强度校核

（1）校核条件

储气井有以下情况之一的，应进行强度校核：

① 腐蚀深度超过腐蚀裕量；

② 名义厚度不明；

③ 结构不合理，并且已发现严重缺陷；

④ 检验人员对强度有怀疑。

（2）校核原则

强度校核遵循如下原则：

① 原设计已明确所用强度设计标准的，可以按该标准进行强度校核。

② 原设计没有注明设计标准或者无强度计算书的，按照当时有关标准进行强度校核。

③ 剩余壁厚按实测最小值减去至下次检验日期的腐蚀量，作为强度校核的壁厚。

④ 校核用压力，应不小于本次定期检验确定的允许（监控）使用压力。

⑤ 强度校核时的壁温，取设计温度。

⑥ 井筒直径按实测最大值或公称直径选取。

⑦ 存在疲劳损伤的，应进行疲劳强度校核。疲劳强度校核用 $S\text{-}N$ 曲线，可采用 JB 4732—1995（2005 年确认）附录 C 对应曲线。

⑧ 强度校核由检验机构或者委托有相应资格的压力容器设计单位进行。

（3）局部腐蚀减薄剩余强度校核

同时满足以下条件的储气井，可以进行局部腐蚀减薄剩余强度校核：

① 在实际工况下，储气井材料具有良好的延性，未发现材质劣化或劣化倾向。

② 储气井的最低工作温度不低于－20℃。

③ $D_o/D_i \leqslant 1.4$。

④ 局部腐蚀减薄缺陷的周围无裂纹等面型缺陷。

⑤ 局部腐蚀减薄的深度 C 小于壁厚 T 的 50%，且缺陷底部剩余最小壁厚 $(T\text{-}C)$ 不小于 2mm。

局部腐蚀减薄的剩余强度计算参照 GB/T 19624—2019 附录 H 进行。

（4）其它校核

当检验人员对井筒连接强度或井筒螺纹抗泄漏能力有怀疑时，可按照标准 GB/T 20657 的方法对井筒连接强度、井筒螺纹抗泄漏能力等进行校核。

7.2.4.11 加固校核

井筒相对地面有明显上冒或下沉的，应进行加固处理。检验之前或检验过程中对储气井进行加固处理后，应按照附录 A 进行加固校核。校核可由检验机构或者委托有相应资格的压力容器设计单位进行。

对于已经进行过该校核，并做出明确结论，且工况参数等未发生变化的，不需再重复该项目。

7.2.4.12 水压试验

水压试验应在全部检验项目合格后（除密封性试验外）进行。水压试验由使用单位负责或委托辅助单位实施，并做好相应安全防护措施；检验机构负责检验。

水压试验时试验用水的温度应不低于 15℃。

试验时至少安装两块压力表。压力表精度不低于 1.6 级，表盘直径不小于 150mm，量程应为试验压力的 1.5～3 倍。

水压试验的压力不低于本次定期检验确定的允许（监控）使用压力的 1.25 倍，试验压力下保压时间应不少于 1h。

水压试验的操作应当符合如下要求。

① 储气井中充满清水，滞留在储气井中的气体应排净，储气井外表面应当保持干燥。

② 当储气井壁温与水温接近时，缓慢升压至允许使用压力，保压足够时间检查（一般不少于 10min），确认无异常后缓慢升压至规定的试验压力，保压1h，然后降至允许使用压力，保压足够时间进行检查（一般不少于 10min）。

③ 检查期间压力应当保持不变，不得采用连续加压来维持试验压力不变，水压试验过程中不得带压向受压元件施加外力。

④ 水压试验完毕后，将储气井内部的水排放干净。

试验过程中经检查无压降、无异常响声，可见部位无渗漏、无可见变形，则水压试验结果为合格。

7.2.4.13　密封性试验

密封性试验应在全部检验项目合格后进行，由使用单位负责或委托辅助单位实施，并做好相应安全防护措施；检验机构负责检验。

试验压力为本次定期检验确定的允许（监控）使用压力，介质为氮气、惰性气体或天然气，稳压后保压时间不少于 24h。

试验用压力表精度不低于 0.4 级，表盘直径不小于 150mm，量程应为试验压力的 1.5～3 倍。

保压期间检查储气井及连接部位有无泄漏和有无异常现象。检查泄漏可采用气体泄漏报警仪或对连接部位、密封部位及附近地面涂刷或浇肥皂水的方法。

压降小于试验压力的 1%，且未发现泄漏，则试验合格。

7.2.5　缺陷及问题的处理

监控使用期满的储气井，或者定期检验发现严重缺陷可能导致停止使用的储气井，应当对缺陷进行处理。缺陷处理的方式包括采用修理的方法消除缺陷或者按照 GB/T 35013、GB/T 19624 的要求进行合于使用评价。

7.2.6　安全状况等级评定

（1）安全状况等级评定的基本原则如下。

① 安全状况等级根据储气井检验结果综合评定，以其中项目等级最低者为评定等级。

② 需要改造或者修理的储气井，按照改造或者修理结果进行安全状况等级评定。

③ 安全附件检验不合格的储气井不允许投入使用。

（2）主要受压元件材料与原设计不符、材质不明或者材质劣化时，按照以下要求进行安全状况等级评定。

① 用材与原设计不符，如果材质清楚，强度校核合格，经过检验未查出新生缺陷（不包括正常的均匀腐蚀），检验人员认为可以安全使用的，不影响定级；如果使用中产生缺陷，并且确认是用材不当所致，可以定为4级或者5级。

② 材质不明，对于经过检验未查出新生缺陷（不包括正常的均匀腐蚀），强度校核合格的（按照同类材料的最低强度进行），可以定为3级或者4级。

③ 发现存在材质劣化现象，并且已经产生不可修复的缺陷或者损伤时，根据损伤程度，定为4级或者5级；如果损伤程度轻微，能够确认在规定的操作条件下和检验周期内安全使用的，可以定为3级。

（3）井口装置主要参数不符合相应产品标准，但是经过检验未查出新生缺陷（不包括正常的均匀腐蚀），可以定为2级或者3级；如果有缺陷，可以根据相应的条款进行安全状况等级评定。

（4）水泥防护层胶结声波检测不合格或从未进行过该项检测，但经过加固处理且通过加固校核的，评为2级或3级；未加固或未通过加固校核的，评为4级。

（5）内、外表面不允许有裂纹。如果有裂纹，经打磨消除后形成的凹坑在允许范围内的，或通过局部减薄剩余强度校核的，不影响定级；否则进行应力分析，经过应力分析结果表明不影响安全使用的，定为2级或者3级，否则，定为5级。

（6）机械损伤、工卡具焊迹、电弧灼伤，以及变形的安全状况等级划分如下。

① 机械损伤、工卡具焊迹和电弧灼伤，打磨后按照（5）的规定评定级别。

② 井管或接箍螺纹存在损伤的，经过应力分析表明不影响安全使用的，定为2级或者3级；否则，定为4级或5级。

③ 变形不处理不影响安全的，不影响定级；根据变形原因分析，不能满足强度和安全要求的，定为4级或者5级。

（7）存在腐蚀减薄的储气井，按照以下要求划分安全状况等级。

① 均匀减薄，如果按照剩余壁厚（实测壁厚最小值减去至下次检验期的腐蚀量）强度校核合格的，不影响定级。

② 局部减薄，腐蚀深度超过壁厚腐蚀裕量的，表面打磨光滑、平缓过渡的，应确定腐蚀坑形状和尺寸，并且充分考虑检验周期内腐蚀坑尺寸的变化，按（5）的规定评定级别。

③ 局部减薄，腐蚀深度超过壁厚腐蚀裕量的，表面无法打磨光滑、平缓过渡的，按均匀减薄强度校核通过的，不影响定级；否则应进行应力分析，应力分析结果表明不影响安全使用的，定为2级或者3级，否则，定为5级。

④ 计算至下次检验期的腐蚀量时，应综合考虑土壤腐蚀性检测及阴极保护

测试结果，对腐蚀速率计算值进行修正。

（8）井筒连接强度校核不通过的，定为 5 级。

（9）井筒螺纹抗泄漏能力校核不通过的，定为 5 级。

7.2.7　检验报告

所有检验项目完成后，应根据综合安全状况等级评定结果确定定期检验结论和下次检验周期。

综合评定安全状况等级为 1～3 级的储气井，检验结论为符合要求，可以继续使用；安全状况等级为 4 级的，检验结论为基本符合要求，有条件的监控使用；安全状况等级为 5 级的，检验结论为不符合要求，不得继续使用。

检验机构应根据检验记录出具检验报告，检验记录应详尽、真实、准确，检验记录记载的信息不得少于检验报告的信息量。

第8章

储气井在线监测

物联网、大数据、云计算、移动互联网、人工智能等技术的发展拉开了第四次工业革命的大幕，正在给各行各业带来翻天覆地的变化，迅速改变着传统的经济模式、生产方式以及人们的工作、生活方式。为了应对新一轮科技革命和产业变革，各行各业都在积极行动，布局和谋划新模式、新业态。

特种设备行业正在孕育"智能检验""智慧监管""智能制造""现代化使用管理"等新业态的发展。特种设备领域也在探索现代通信、网络、数据库等技术的应用，2015 年，国务院办公厅印发《关于加快推进重要产品追溯体系建设的意见》文件（国办发［2015］95 号），要求各地开展气瓶、电梯等安全质量追溯体系建设，推动产品的制造、充装、检验等过程的信息化。近年来储气井的在线监测技术也正在逐步推广和完善。

8.1 智能网联特种设备

智能网联特种设备是在技术上融合传统技术与现代信息、电子、通信、计算机、智能控制等技术，管理上融合协同理论、过程控制理论、激励理论、多元共治理论，而形成的新型设备载体，其特点及创新性主要体现在以下几个方面。

（1）全生命周期全链条大数据信息集成

利用传感器监测技术、物联网监控技术、互联网信息监测技术、社交网络信息监测技术、移动互联网技术等对特种设备从设计、制造、经营、使用、充装、卸载、定期检验、维修、改造、报废等全生命周期全链条的相关信息进行采集、记录、存储，并上传至统一的云平台，集成为国家特种设备大数据，同时构建开放、共享、关联、融合的发展格局，向全产业链提供数据服务支撑，从而为特种设备安全保障和管理能力提升提供新动能。

（2）动态风险监测

基于全生命周期全链条大数据平台，可以对各类风险实现实时监测，不仅可

218

以对单体设备的失效风险进行监测，还可以对不同时间（不同周期、时段等）、不同空间范围（不同区域、单位、行业等）、不同应用领域（政府监管、技术检验、经济发展、社会治理等）的宏观安全风险进行实时监测，风险分析结果提供给政府监管部门、技术检验机构等，用于指导相应业务工作。

（3）及时预警

根据具体需要设计相应预警指标，基于全生命周期全链条大数据平台，可实时或定期地进行预警分析，对质量、安全、管理等方面规律性、趋势性和苗头问题做到早发现，并及时向相关单位发出警示。例如，针对设计制造单位的监管需求，可以设计产品出厂检验一次合格率作为预警指标，建立其统计分析模型，定期进行分析计算，一旦某企业指标异常，则自动进入警示企业名单，提示监管机构及时开展预警监管。

（4）快速应急

在特种设备一旦发生事故时，可实现快速应急响应。基于全生命周期全链条大数据平台，可快速实现对设备身份及质量、安全、管理等方面历史信息的追溯，为下一步开展应急处置和事故调查提供指导。通过在设备上加装的智能终端，自动采集事故特征参量数据，并上传至大数据平台的事故应急模块，通过分析计算和专家辅助决策系统，自动生成应急预案，指导人员疏散、逃生并启动水幕、关阀等应急措施。

（5）智能业务

在全生命周期全链条大数据平台基础上，通过开发智能化业务模块，可以实现特种设备生产、使用、检验等各环节业务办理及管理工作的智能化。例如，对使用管理环节，可以构建设备动态管理工作平台，实现使用登记、生产组织、设备调度、维护保养、检验检测、档案记录、人员控制、安全检查等日常管理工作的信息化、自动化，提高管理工作效率；通过对设备运行状况进行远程监控，可以及时发现设备出现的问题并进行在线维护保养。

8.2　基于智能网联的储气井监测系统

8.2.1　总体设计

8.2.1.1　系统构架规划与设计

储气井动态记录及预警控制器在 CNG 充装站的储气井上使用，采用自动采集技术，时实准确地对储气井内部气体压强、井管气体泄漏、井管窜动位移、井管窜动受力的动态检测，以此来监控该地下储气井的异常变化及安全隐患。并将数据上传到数据中心做数据处理和动态记录，如有安全隐患立即做出预警。该系统解决了地下储气井长期无有效监测措施的难题，为以后对储气井的定期检定、寿命研究等提供翔实的科学数据。

本系统采用 C 语言设计和实现，在 CPU 无虚拟模式下实现实时多任务（多进程），达到快速响应实时通信处理要求和实时采集储气井动态数据。流程如图 8-1 所示。

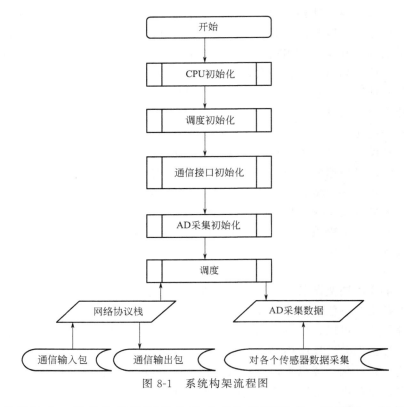

图 8-1　系统构架流程图

软件设计上一般单片机处理任务的方式为轮询模式，能满足一般任务的需求，但在本系统中要实现较短延时的快速通信和减少程序空转时间（降低系统功耗），则不能达到要求。

本系统设计采用实时任务处理方式，让 CPU 的定时器产生调度节拍，同时与外部事件产生中断相结合方式，在优先级高的任务间快速切换，在没有高优先级任务时，程序对低优先级任务轮询。

通过 AVR 单片机控制高精度 AD 转换器对传感器数据进行采集，再对采集的数据进行滤波和线性修正，以真实再现 CNG 地下储气井的异常变化及安全隐患。

最后将这些数据通过互联网上传到数据中心做动态记录及预警控制，其逻辑模块如表 8-1 所示，系统结构如图 8-2。

表 8-1　系统逻辑模块示意表

数据处理上传到数据中心		
调度		
以太网协议栈	各个传感器数据采集	
设备接口管理		
以太网硬件	AD 转换器硬件	传感器输入硬件接口

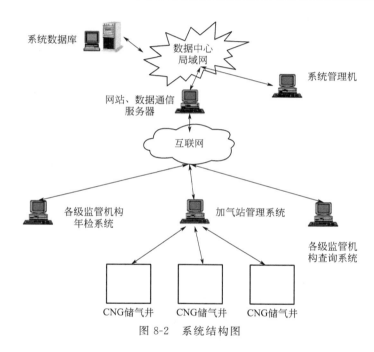

图 8-2　系统结构图

8.2.1.2　模块功能

（1）以太网硬件

以太网硬件 MAC 器件。

（2）AD 转换器硬件

高精度 AD（模数）转换器硬件 MAC 器件。

（3）传感器输入硬件接口

多路不同输入信号的传感器接口的硬件设计。

（4）设备接口管理

负责与以太网通信、初始化配置、终端配置，同时为上层提供一个屏蔽了硬件层的句柄。

（5）以太网协议栈

实现标准以太网的 TCP、UDP 协议。

（6）调度

处理输入输出任务，包括通信接口在内的事件。

（7）数据处理上传到数据中心

系统需要对 AD 采集的数据进行滤波和线性修正。

AD 数据滤波采用的是防脉冲干扰平均值滤波法即对一组数据去掉最大和最小值，剩下的求平均值。

线性修正对于不同的传感器需要不同的线性公式和系数，这些系数需要通过一些物理量进行标定，才能使系统测量精度达到设计指标。

在线监测及预警的装置（图 8-3），由可燃气体探测器、气体收集器、微位移检测器、气体压力传感器和数据采集控制器、横梁和支架等构成，对储气井是否存在泄漏、冒井、沉井、变形、腐蚀、部件松动等情况进行记录和监测。其中可燃气体探测器、微位移检测器、气体压力传感器的信号送到数据采集控制器，一方面数据采集控制器对这些数据进行处理，发现异常情况立即启动预警信号，另一方面，数据采集控制器将这些收集到的原始数据上传到数据中心，作为监管部门综合评估依据。

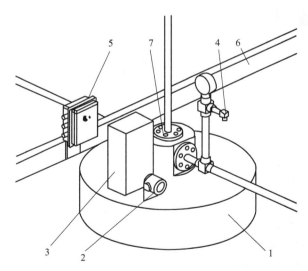

图 8-3 在线监测及预警的装置

1—气体收集器；2—可燃气体探测器；3—微位移检测器；4—气体压力传感器；

5—数据采集控制器；6—横梁；7—储气井口

应力传感器线性修正应用设计采用 INA126 实现应力传感器线输出差分信号

到单端信号的转换，参考信号电压为 2193mV DC，转换后的信号放大倍数为 85。当正确连接上应力传感器后，在受力情况下 INA126 的单端输出信号为 2193～4233mV DC；在拉伸情况下，INA126 的单端输出信号为 153～2193mV DC。若 INA126 的单端输出信号为大于 4998mV DC，则连接接口没有连接应力传感器或传感器损坏。

待测应力与电压的对应关系：

$$M = (V_i - V_0) \times K$$

式中　$V_0 = 2193$mV DC；$K = 500/(4233 - 2193)$kg/mV。

当 M 大于 0 时，为受压力状态；当 M 小于 0 时，为拉伸状态。

气体压力传感器线性修正应用设计采用输出信号端与地之间串联 250 Ω 电阻来实现 V/I 转换。当正确连接上气体压力传感器后，输出电压信号为 1000～5000mV DC。若输出电压信号小于 1000mV DC，则连接接口没有连接气体压力传感器或传感器损坏。

待测气体压力 P 与电压 V_i 的对应关系：

$$P = (V_i - V_0) \times K$$

式中　$V_0 = 1000$mV DC；$K = 35/(5000 - 1000)$MPa/mV。

可燃气体传感器线性修正应用设计采用输出信号端与地之间串联 250 Ω 电阻来实现 V/I 转换。当正确连接上可燃气体传感器后，输出电压信号为 1000～5000mV DC。若输出电压信号小于 1000mV DC，则连接接口没有连接可燃气体传感器或传感器损坏。

待测气体浓度 L 与电压 V_i 的对应关系：

$$L = (V_i - V_0) \times K$$

式中　$V_0 = 1000$mV DC；$K = 100/(5000 - 1000)$%LEL/mV。

位移测量线性修正应用设计。本系统的位移测量装置满足待测物位移变化量与弹簧受力呈线性关系，所以受力传感器的输出电压值 V_i 与待测物位移 S 的对应关系是

$$S = (V_i - V_0) \times K$$

式中，V_0，K 需要用单位长度和单位重量的压力进行预先标定，这是因为不同弹簧的弹性系数不同。只需要两组长度值和压力值便可计算出 V_0，K。

当所有数据都修正完成后再按固定数据包上传到数据中心。

8.2.2　系统实施

8.2.2.1　数据中心

数据中心存储所有储气井的采集数据，提供报警、数据挖掘、统计分析等功能，包括系统数据库、电子标签管理系统、动态监管主系统、接收采集数据的通

信中间件和提供管理的 WEB 系统。

（1）系统数据库

提供以省为单位的数据库，存储本系统的所有数据，包括储气井的基础数据和检验等监管相关数据等，最重要的是采集器采集并上传的监测数据。

（2）电子标签管理系统

为了加强储气井的监管，为每个储气井用一枚电子标签标识，上面记录储气井的基本信息、检验信息和巡查信息。同时也作为巡查人员的巡更标志。

电子标签管理系统负责管理系统内的电子标签，包括初始化和写入储气井信息，以及设置电子标签为黑名单等功能。

（3）动态监管主系统

提供储气井监管的各种功能，包括系统基础数据管理、信息发布、参数设置、监管预警、短信报警、数据挖掘及统计、储气井 GIS 管理等功能。

（4）通信中间件

负责接收采集上来的储气井相关数据，同时下载各种参数等数据。

8.2.2.2　使用单位系统

使用单位系统主要由硬件设备构成，负责完成采集储气井监管预警所需要的原始信号。采集设备及传感器 24h 不间断工作，为后台数据中心提供大量数据，以便为储气井的异常分析提供数据支持。从数据采集器到数据中心，所有的通信均为 TCP/IP 方式，数据传输快捷、容量大。

（1）传感器

用来采集储气井要求监测的数据，实现对储气井是否存在泄漏、冒井、沉井、变形、部件松动等情况进行实时详细记录，为后台提供诸如位移-冒井分析、气压-位移分析、泄漏-爆炸分析等，包括气体压力传感器、CNG 气体泄漏传感器。

由于 CNG 气体密度小，上升快，不容易检测到泄漏，通过在 CNG 气体泄漏传感器上加装漏斗型的气体采集罩，增强检测效果。

（2）数据采集器

采集各种传感器的数据，同时通过有线或无线的方式上传到智能传输器。同时记录最近一段时间的数据作为系统备份。

（3）智能传输器

接收数据采集器采集的数据，上传到数据中心，同时记录最近一段时间的数据作为系统备份。

在数据异常时，根据设置可自动声光报警和向管理人员发送短信。

（4）声光报警器

在检测到数据异常时，发出声光报警。

（5）储气井使用单位管理系统

提供储气井使用单位使用的软件系统，主要实现监测数据显示、异常预警、异常报警、历史数据分析、统计图表制作等功能。

8.2.3　应用案例

8.2.3.1　基本情况

（1）工程概述

阆中天然气公司七里 CNG 站储气井在线监测预警装置施工工程。

（2）施工内容

土建　储气井周围土方清理、电缆沟。

预制储气井在线监测预警装置水泥基础　由钢筋混凝土预制储气井在线监测预警装置水泥基础。

安装　安装储气井在线监测预警装置：安装在线监测预警装置支架、储气井动态记录及预警控制器、传感器、接线、气体收集器等。

调试　安装 CNG 站智能传输设备，调试该设备以达到完成本地数据的存储和向本地质量技术监督局数据中心的传输实时数据的功能。

（3）施工条件

环境条件　系统的施工需要使用电钻等产生火花的危险设备，为保证安全，在储气井进行改造、实施站内网络铺设等各个环节时，充装站必须做到停气、停电。

施工用电　施工中要使用的工程机械为有源设备，要求使用 220V 的稳压电源（包括三相电源），因此充装站必须具备工程用电条件。

网络接口　为实现对 CNG 储气井的实时动态监管，系统收集的信息需要通过互联网传送至设在本地质量技术监督局的数据中心，整个过程要求充装站具备网络接口，并保证网络的畅通。

8.2.3.2　实施过程

（1）土建概述

原先储气井周围土方以储气井为中心挖开长 1.5m、宽 1.5m，深 0.6m 的方坑。从储气井到机房挖电缆沟，电缆铺设完成以后，进行土方回填。最后预制储气井在线监测预警装置水泥基础，在储气井周围挖好的方形坑内放置一定数量钢筋，将混凝土浇筑其中，并且在混凝土未干之前，插入固定支架的地角螺杆和固定储气井动态记录与预警控制器及可燃气体浓度传感器的安装支架，四根地角螺杆一定要与地平面垂直且高度相当。如图 8-4。

（2）安装储气井在线监测预警装置

首先安装储气井支架、储气井动态记录及预警控制器、可燃气体浓度传感器；调整横梁水平，将应力传感器与弹簧置于储气井上封头与支架之间，安装好的结构如图 8-5。

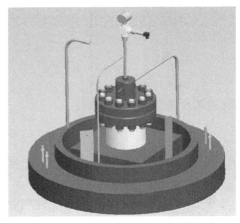

图 8-4　预警装置水泥基础图

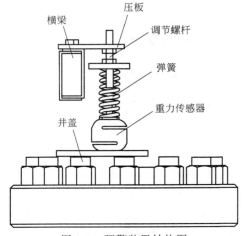

图 8-5　预警装置结构图

然后安装气体压力传感器。在安装之前必须将阀门关闭，然后安装气体压力传感器，注意密封，然后慢慢打开阀门，并检查有无漏气。接上各设备电缆。至此，形状如图 8-6。

安装气体收集器，如图 8-7，实物如图 8-8 所示。

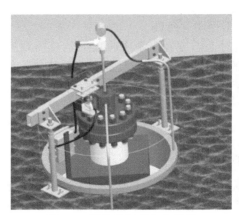

图 8-6　预警装置设备位置图

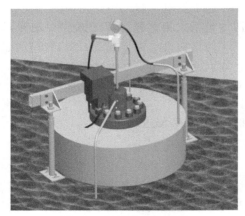

图 8-7　气体收集装置图

（3）调试

① 通电检查设备运行是否正常。

② 设置储气井动态记录及预警控制器参数。

③ 并调节应力传感器的弹簧压板，使其预压力为 50kg。

④ 检查储气井动态记录及预警控制器通信是否正常。

⑤ 在智能传输器（充装站上用于"气瓶电子标签动态监管集成系统"的设备）上安装储气井动态监管及预警系统传输通信软件并配置参数。

⑥ 重新启动智能传输器。

⑦ 检查数据中心有无数据，并确认数据无误。

图 8-8　监测系统实物图

8.2.3.3　功能测试

（1）自动采集储气井监测点数据测试

测试方法与结果　经过观察显示器上储气井内部气体压强、井管气体泄漏、井管窜动位移、井管窜动受力这几个数据，表明储气井动态记录及预警控制器都能正常自动采集数据。

（2）自动检测与连接测试

测试方法　通过手动方式模拟通信故障测试储气井动态记录及预警控制器自动检测与连接通信链路的功能。

结果　能正常通信，断网自动恢复。

（3）在线监测预警装置测试

测量与结果　经过结构设计师测试在线监测预警装置的各个机械部件安装都达到设计要求。

8.2.3.4　性能测试

系统属于一个动态采集、记录及预警系统，应主要测试系统的快速性、稳定性和准确性。

（1）快速性

本系统的快速性体现的是数据采集和数据传输。

测试方法　主要是传输数据截取，通过对 1s 内采集和传输的数据累计结果是 11 次，可计算出系统同时完成对四通到数据采集和传输的速率是 11 次/s。

结果　系统的响应速度是很快的。

（2）稳定性

本系统的稳定性主要是系统采集传输数据时系统对错误数据的处理能力。

测试方法　主要是传输数据查询，通过对一段时间内采集和传输的数据进行错误统计并观察系统是否出现误动作。

结果　系统在一周的稳定性测试内未出现误动作。

（3）准确性

系统准确性体现在系统采集数据精度是否满足设计要求。

测试方法　主要是对采集的数据进行误差分析。

结果　经过分析计算本系统的四种物理量数据采集精度都满足设计标准。见表8-2。

表 8-2　系统采集数据表

序号	气体压强 /MPa	气体泄漏 /LEL	窜动位移 /mm	窜动受力 /kg	备注
1	18.96	0.21	2.85	50.3	
2	18.9	0.21	2.91	50.3	
3	18.94	0.39	2.89	50.3	
4	19.01	0.06	2.91	50.3	
5	18.92	0.24	2.87	50	
6	19	0	2.91	49.7	
7	18.89	0.09	2.91	50.3	
8	18.92	0	2.89	50.3	
9	18.94	0.03	2.89	50.6	
10	18.94	0.54	2.89	50.6	
11	18.942	0.177	2.892	50.27	平均值
12	19	0	2.9	50	真实值
13	0.058	−0.177	0.008	−0.27	误差
14	35	100	10	500	满量程
15	0.17%	−0.18%	0.08%	−0.05%	精度（FS）

综合以上几点测试足以体现本系统设计的性能良好。

（4）可靠性测试

本系统是一个记录预警系统，要求系统有很高的可靠性，为此对系统的可靠性进行了测试。包括对硬件设备进行现场使用可靠性测试；对软件系统也进行相关测试。

网络采用 ADSL 及宽带，其可靠性取决于相关服务部门的网络质量，在使用过程中未发现有严重的影响系统可靠性的情况出现。

综合以上几点，以及以二个月的试运行测试结果，系统的可靠性达到投入应用的要求。

（5）安全性测试

储气井动态记录及预警控制器采用防爆设计满足目前国家防爆环境下电气设备的相关最低标准。

（6）测试局限性

系统测试虽然在真实环境运行中测试，但是由于投入运行时间相对较少，有待进一步测试。

8.2.3.5　系统评价

经过真实环境的试运行测试，对测试过程中发现的系统不足之处进行了修改和优化。从最终的测试结果分析，系统的功能和性能达到系统的设计要求。测试结果证明系统是一个可靠安全的系统，可以投入正式使用。见表 8-3～表 8-5。

表 8-3　系统软件测试验收表（空格表示未进行专门测试）

功能名称	功能测试结论	可靠性测试结论	安全性测试结论
储气井信息管理	√		√
动态视图	√		√
零点修正管理	√		
零点值查询	√		
预警管理	√		
预警值查询	√		
历史预警查询	√		
历史最值查询	√		
历史数据查询	√		
历史告警查询	√		

表 8-4　能传输设备测试验收表（空格表示未进行专门测试）

功能名称	功能测试结论	可靠性测试结论	安全性测试结论
与储气井动态记录及预警控制器设备通信	√	√	√
数据传输（上传/下传）	√		√

表 8-5　硬件测试验收表（空格表示未进行专门测试）

功能名称	功能测试结论	性能测试结论	可靠性测试结论	安全性测试结论
储气井内部气体压强采集	√	√	√	√
井管窜动位移采集	√	√	√	√
井管窜动受力采集	√	√	√	√
井管气体泄漏采集	√	√	√	√
与传输器连接	√		√	√

第9章

储气井典型案例

9.1 储气井的典型事故

储气井最早于1994年被提出并投入使用，总的说来，安全事故并不多，其主体埋置于地下的结构使其安全性能要高于地上的压力容器。但目前对储气井的安全还不能过早地下定论，毕竟应用时间还较短，只有20多年。

储气井最广受关注的安全事故是后来被称为"井筒飞出"的事故，尽管该事故只发生一起，但引起了较大的社会反响。事故发生于2005年四川宜宾，事故发生时，一加气站里的一口储气井的近100m长的井筒管串整体从地下飞出地面至空中，然后落到地面，将地面的汽车砸坏，图9-1和图9-2所示分别为储气井井筒飞出地面示意图和飞出井筒残骸及被砸坏的汽车。事故调查结果显示，"井

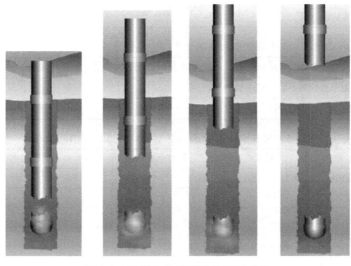

图9-1　储气井井筒飞出地面示意图

筒飞出"的根本原因在于没有固井，由于没有固井，储气井井筒受地下腐蚀性流体侵蚀造成穿孔，而井筒又没有被有效固定在井眼中，在腐蚀穿孔之后，气压形成的约 50t 的上顶力就直接将井筒顶出地面，并飞至空中，然后落到加气站附近的公共场所。

图 9-2　储气井飞出井筒残骸及被砸坏的汽车

"井筒飞出"事故一方面让人们开始重新审视储气井的安全问题，另一方面也引起了科技界及相关部门对储气井设计、制造及检验技术的关注。

储气井出现的安全事故案例还有排液管管口发生断裂和阀门脱落，造成排液人员被打伤，大量天然气泄漏，周围 1500 多名居民被紧急疏散至 500m 以外的地方。事故原因分析认为是排液管管口没有安装针阀，只有球阀，排液时高压流体排放过快过猛所致。

四川还曾发生一起"井筒飞出"未遂事故（图 9-3），一口储气井在工作过程中突然冒出地面，致使与储气井相连的管线被拉坏，而储气井内部气体则全部

图 9-3　因井下筒体断裂而突然冒出地面的储气井

泄放入大气，事故分析结果显示，该储气井也是由于位于地下的筒体发生了断裂，引起开裂部位上部的筒体受气体压力上窜，但由于受到地层一定的约束力而未飞出地面。

在用储气井的安全方面还存在上冒和下沉的问题，如图9-4所示为因上冒而报废的储气井，这类储气井虽没有发生井筒开裂，但由于没有有效固井，在井筒因受内压作用或温度发生变化而发生伸缩时，井筒和地层之间就发生相对运动，从而导致储气井发生上冒或下沉的现象，"上冒"井和"下沉"井都有发生飞出事故的潜在可能，中国特种设备检测研究院在调研和定期检验工作中，已发现多口明显上冒或下沉的储气井。此外，大量在用储气井存在腐蚀和泄漏现象。腐蚀有外腐蚀，也有内腐蚀。据调查，腐蚀严重的储气井在使用5年后，腐蚀减薄已达20%，而对某城市的59口储气井进行地面泄漏检查结果显示，约60%的储气井都有或多或少的气体泄漏。

图9-4　因上冒而报废的储气井

由于各种各样的原因，储气井的安全一直未引起足够的重视。储气井早期并未纳入特种设备安全监管体系，直到2008年底，原质检总局发布"637号"文，才正式要求对储气井严格按照Ⅲ类压力容器进行安全监察和管理。虽然现在"637号"文已经废止，为更好地说明储气井发展阶段的典型案例，作为当时重要的文件，"637号"文仍被本书引用。

9.2　储气井设计制造典型问题

9.2.1　设计方面的主要问题

9.2.1.1　设计本身存在的问题

（1）设计内容不完整
由于固井水泥环在保障储气井的安全方面有重要意义，相关文件将固井水泥环纳入了储气井的范围。因此，储气井设计的内容应当包括对固井水泥环的设计（结构和强度），设计文件应对裸眼井直径和深度、水泥牌号、水泥浆密度、水泥用量、扶正器安装数量和位置等提出明确要求。但是，仍有一些储气井的设计内容只包括对金属筒体部分的设计，而不包括对固井水泥环的设计。

（2）失效模式考虑不全面

部分储气井的设计没有对储气井可能涉及的强度失效，泄漏失效，腐蚀失效，疲劳失效，井筒上窜、下沉和飞出等失效模式进行全面考虑。

（3）设计载荷考虑不全面

储气井埋于地下，外部承受地层压力，内部承受气体的压力，制造过程中还承受自身重量、井筒旋转及上提下放产生的作用力、液柱静压力等，相关文件明确规定储气井设计应考虑整体强度（应考虑内压）、失稳（应考虑外压）、疲劳、低温脆断、腐蚀、刚性失效。但是，很多储气井的设计只考虑了内压载荷，与实际载荷情况有出入。

（4）设计参数确定不合理

主要表现在设计温度的确定不考虑使用地环境温度因素；不按标准规范要求确定材料的设计应力强度。

（5）应力分析计算方法不正确

储气井采用应力分析设计方法进行强度计算，螺纹连接部分是储气井的薄弱环节，但部分储气井应力分析计算建立的几何模型没有考虑螺纹连接，因此计算结果不能反映储气井的真实强度。

（6）不明确检验和试验的要求

部分储气井设计未明确检验和试验的要求，不符合《固容规》的要求，也给储气井的检验检测工作带来一定的难度。

（7）不考虑井管厚度负偏差

设计时不考虑井管厚度负偏差，选用的井管规格与实际不符。还有的设计在总图上不注明井管的设计壁厚。

9.2.1.2　制造与设计的符合性方面

（1）部分储气井无设计资料或设计资料不全

一些储气井缺少设计图纸或应力分析报告或部件图纸。也有一些储气井采用别的站的设计资料，但两个站的设计条件不同。

（2）现场制造与设计不符

主要包括井底封头结构与设计不符；井身结构与设计不符；表层套管规格及储气井深度与设计不符；所用水泥牌号与标准规范及设计不符合。

（3）设计变更未经原设计单位同意

制造单位对原设计的修改，应取得原设计单位同意修改的书面证明文件，并对改动部位做详细记载，一些储气井的制造对原设计做了修改，但现场缺少设计变更通知单。

（4）所采用的井口装置未经设计

9.2.2　材料方面的主要问题

（1）设计制造不按标准规范要求使用材料

设计不按标准要求选用材料，制造不按标准及设计要求使用材料。

（2）井管壁厚问题

制造不按设计要求对井管壁厚进行检测并记录，或是编制假检测记录。此外，还存在将检测壁厚小于设计壁厚的套管用于储气井的现象。

图 9-5　因操作不当造成井管损伤

（3）将存在损伤的钢管或井口装置用于储气井

由于所用工装不适合或是操作不当，在钢管运输或组装时，造成钢管、井口装置或井底装置出现划伤或其它机械损伤。图 9-5 为外壁存在划伤的钢管。

（4）水泥选用不规范

水泥的选用不考虑地质条件因素，制造企业不按标准和设计要求使用水泥。

（5）材料真实性不确定

储气井井筒套管的使用存在以下问题：不同加气站、不同储气井中的钢管炉、批号及编号均相同；钢管的标识及钢印与标准不符。

（6）缺少材质证书或质量证明文件

部分材料现场没有材质证书或质量证明文件，如井口装置、井底装置、螺栓、水泥、密封脂等。

（7）现场误操作导致井管管体损伤

在井管管体上施焊，造成井管损伤，如图 9-6 所示。

9.2.3　制造过程方面存在的主要问题

（1）不按标准要求组装井管

标准圆螺纹井管应严格按照 SY/T 5412—2016《下套管作业规程》的要求进行组装，螺纹上扣扭矩应控制在标准规定的范围内，过小则无法保证密封，过大

图 9-6 焊接造成井管管体损伤

则会损坏螺纹，制造单位应对入井钢管信息（包括下井序号、炉批号、编号、长度等）及上扣扭矩进行记录。但有少数储气井制造过程中，在组装钢管时，没有对上扣扭矩进行控制和记录（上扣时不采用液压大钳和扭矩表，仅采用人工拧紧的方法）。

（2）扶正器加装不符合要求

下井筒钢管时不加装扶正器，或者扶正器安装数量不符合要求，导致储气井井筒存在严重的偏心，如图 9-7 所示。

(a) 因不加装扶正器导致井筒不居中　　(b) 井筒不居中造成井筒和表管相贴合

图 9-7 因扶正器加装不符合要求造成的井筒不居中

（3）采用的固井工艺无法保证固井质量

国家文件明确要求储气井井筒和井壁之间的环形空间应当使用水泥进行全井筒封固，固井工艺应能保证该要求，但仍有部分储气井制造时采用"井口灌浆法"或"捆绑胶带法"等无法保证固井质量的工艺制造储气井,如图 9-8 所示。

图 9-8 储气井制造过程中采用"捆绑胶带法"固井

(4)制造企业实施耐压试验和固井的时间顺序不符合要求

耐压试验一般应在固井前进行,或在固井质量检测后进行,对耐压试验需要在固井后固井检测前进行的(因工艺原因),应要求制造企业在耐压试验前进行水泥浆候凝试验,并依照候凝试验确定耐压试验方案,保证耐压试验时间范围内水泥浆不会凝固。

(5)操作不规范

固井操作不严格执行固井工艺要求,有的甚至与固井工艺文件的要求大相径庭。

9.2.4 质量管理体系方面存在的主要问题

① 工艺文件不规范 制造现场不具备钻井、下套管、固井等关键过程的程序文件,或文件内容不齐全。按国家相关文件的要求,储气井制造企业应编制钻井、下套管、固井等关键过程的程序文件并有效实施,但部分储气井的制造现场不具备所要求的程序文件或文件的内容不齐全。

② 现场记录不规范 制造企业现场记录不全,或是事后补记,还存在一些记录造假的现象。

9.2.5 固井检测方面

(1)固井质量的检测与评价

依照相关文件的要求,所有新制造的储气井均应进行固井质量检测与评价,部分制造企业对制造的储气井不申报固井质量检测，少数地方检验机构对未经固井质量检测与评价合格的储气井发放监督检验证书。

（2）固井质量不合格的原因

从 2008 年原质检总局发 637 号文件开始，储气井固井质量得到了一个飞跃式的提高，但储气井固井质量仍需进一步提高。调查结果显示，造成固井质量不合格的首要原因是固井施工质量问题，具体表现为固井施工时不严格执行固井工艺文件的要求、井管组装及下井时不严格按照设计要求加装扶正器或加装扶正器的数量不足、不严格按设计要求使用水泥等。造成固井质量不合格可能的原因还有固井工艺不成熟、地层复杂、水泥浆漏失、井身质量差等。

以上问题，在 2011 年以前比较常见，随着储气井的安全监管的常态化，设计制造逐渐规范，设计制造环节的问题逐步减少。

9.3　储气井定期检验典型案例分析

从 2009 年初开始，受原质检总局委托中国特种设备检测研究院试点开展储气井定期检验工作。对储气井主要开展资料审查、宏观检查、硬度检测、磁粉检测、壁厚测定、井下电视检测、自动超声壁厚腐蚀检测等检验项目。通过开展检验，发现了储气井存在的不少问题，收集了一些检验案例。储气井检验问题及案例进行统计，并对典型案例进行分析与讨论。

2009～2016 年共收集案例 269 个，案例分布情况如表 9-1 所示。2017 年及以后的案例逐渐较少，且与之前的案例大体类似，故不再分析说明。

表 9-1　储气井定期检验案例统计表

年份	腐蚀减薄	焊疤及裂纹	硬度偏低	材料分层、材料不合格	井筒弯曲	筒体机械损伤	螺纹损伤	耐压试验异常或不合格	其中停止使用
2009	/	1(1)	/	/	/	1(1)	/	/	2
2010	3(3)	/	/	1(1)	/	/	/	/	4
2011	3(3)	/	/	/	/	/	3(2)	1(1)	6
2012	84(2)	/	10	1(1)	1	/	4	2(2)	5
2013	48	5	3	1(1)	/	/	2	2(2)	3
2014	36(1)	/	7	/	/	8	/	5(3)	4
2015	18	/	3	1	/	/	1	2(2)	2
2016	7	2	1	/	/	/	/	/	0
总计	199	8	24	4	1	9	10	12	26

注：括号内数字为停止使用案例数。

9.3.1　腐蚀减薄

9.3.1.1　缺陷特征

在对储气井进行外部检验时，发现有储气井井筒存在腐蚀，且常见于井筒外部。其中腐蚀深度最严重的达到规格壁厚的 65%，腐蚀形式不仅有单个局部腐蚀，还有多个局部腐蚀以及大面积均匀腐蚀。缺陷形貌如图 9-9～图 9-11 所示。

图 9-9　海口某加气站储气井
外表面的大面积腐蚀

图 9-10　四川遂宁某加气站储气井
外表面的大面积均匀腐蚀

图 9-11　甘肃兰州某加气站储气井外表面的多个局部腐蚀

9.3.1.2　产生原因

当储气井未进行水泥固井或固井质量较差，且未采取其它有效防腐措施时，储气井井筒直接与土壤接触，由于土壤的腐蚀性加上雨水或地下水的共同作用，井筒外部极易产生腐蚀减薄。另外，井内储存介质如果含有一定量的硫化氢等腐蚀性成分，内壁也会存在一定的腐蚀。

9.3.1.3 检验要点

目前主要采用宏观检查和水浸超声检测法对储气井进行腐蚀减薄的检测。需要测量腐蚀大小、深度、位置以及腐蚀区剩余壁厚，并作图说明。

9.3.1.4 处理方式

对最小壁厚进行强度评价，评价通过则不影响使用，否则降低工作压力（以下简称降压）使用或停止使用。评价可采取如下几种方法。

（1）常规评价方法

按照设计公式（目前在用的储气井一般采用标准 JB/T 4732—1995 设计），当作均匀腐蚀进行评价，评价用壁厚取实测最小壁厚（减去至下一检验周期产生的腐蚀量）。该方法具有普遍适用性，检验人员在现场即可进行，但是评价结果相对保守。

（2）《固容规》G_0 法

按照 TSG 21—2016《固定式压力容器安全技术监察规程》第 8.5.4 条评价。对局部腐蚀减薄，打磨成平滑过渡。将凹坑按其外接矩形规则化为长轴长度、短轴长度及深度分别为 $2A$（mm）、$2B$（mm）及 C（mm）的半椭球形凹坑，计算无量纲参数 G_0，判断凹坑是否影响定级。若 $G_0 < 0.1$，不影响定级。

因为本方法不适于存在疲劳的工况，而储气井一般存在疲劳，所以需要补充疲劳评价。只有当凹坑半长不大于 $1.4\sqrt{RT}$，则凹坑可按本方法评价；当凹坑半长大于 $1.4\sqrt{RT}$，则凹坑应按均匀腐蚀评价。

当评价不能通过时，缺陷属于超标缺陷。需委托有资质单位按超标缺陷评价方法进行安全评价。

（3）超标缺陷评价方法

对于超标缺陷，可以采用以下三种方法进行评价。由于储气井一般都存在疲劳工况，进行静强度评价的同时需要补充疲劳评价。

① 按 GB/T 19624 均匀腐蚀评价　按照 GB/T 19624—2019，将腐蚀缺陷当作压力容器均匀腐蚀，采用极限载荷方法进行评价。

对于圆筒形容器（储气井井筒）

$$p_{L0} = \frac{2}{\sqrt{3}} \sigma_s \ln\left(\frac{D_0}{D_i}\right)$$

式中，D_0 为井筒外径，D_i 为井筒内径，σ_s 为材料屈服强度，p_{L0} 为相同材料相同尺寸的无缺陷容器的塑性极限压力。

若工作压力 $p < p_{L0}/1.8$，则允许继续使用。

② 按 GB/T 19624 容器凹坑评价　按照 GB/T 19624—2019，将腐蚀缺陷当

作压力容器的凹坑进行评价。

对于圆筒形容器（储气井井筒）

$$p_L = (1 - 0.3\sqrt{G_0})p_{L0}$$

式中，p_{L0} 为相同材料相同尺寸的无缺陷容器的塑性极限压力；G_0 为无量纲参数，详见 GB/T 19624—2019。

若工作压力 $p < p_L/1.8$，则该凹坑缺陷是安全的或可以接受的。

③ 按 GB/T 19624 管道凹坑评价

按照 GB/T 19624—2019，将腐蚀缺陷当作管道的体积型缺陷进行评价。

$$p_{LS} = G_0 \times p_{L0}$$

式中，p_{L0} 为相同材料相同尺寸的无缺陷管道的塑性极限压力；G_0 为无量纲参数，详见 GB/T 19624—2019。

若工作压力 $p < P_{LS}/1.5$，则允许继续使用。

9.3.2 焊疤及裂纹

9.3.2.1 缺陷形貌

在对储气井进行外部宏观检查时，发现有储气井井筒存在焊疤，如图 9-12 所示。对焊接部位打磨光滑，进行磁粉检测，发现裂纹，如图 9-13 所示。

焊疤

图 9-12 东莞某加气站储气井井筒焊疤

9.3.2.2 产生原因

对发现的焊疤及裂纹进行分析并现场调查发现，是在储气井制造完成后，由于加气站内施工人员为设置导静电装置而在井筒实施了焊接。因储气井材料均为高强钢，可焊性较差，焊接（尤其是现场焊接后）后极易产生裂纹。

图 9-13　东莞某加气站储气井井筒焊疤打磨后磁粉检测的裂纹显示

9.3.2.3　处理方式

对焊接部位的裂纹进行打磨消除，直至磁粉检测无裂纹显示。对材料进行金相硬度等检测，并对材料进行综合评价。结合材料性能、剩余壁厚，对储气井井筒进行强度评价。如果评价不通过，可以降压后再评价或停止使用。

9.3.3　材料硬度偏低

9.3.3.1　缺陷描述

在对储气井进行外部宏观检查及硬度检测，实测硬度值参照 GB/T 1172—1999 标准进行换算，强度换算结果低于材料标准对应钢级要求。

9.3.3.2　处理方式

采用材料硬度值换算结果对应的材料标准（井管材料标准一般为 API 5CT 或其等效标准）中的钢级的强度指标，进行强度评价。如果不能通过评价，则降压后再评价或停止使用。

9.3.4　材料分层

9.3.4.1　缺陷特征

在对储气井进行外部宏观检查和壁厚测定时，发现储气井不规则层状缺陷，造成有效壁厚变小，且层状缺陷与自由表面夹角大于 10°。目前只在哈尔滨某加气站和西宁某加气站发现了该类缺陷。

9.3.4.2　处理方式

按照 TSG 21—2016，此类缺陷影响压力容器安全运行，停止使用。

9.3.5 井筒弯曲

9.3.5.1 缺陷特征

目前只在重庆奉节某加气站发现井筒明显弯曲现象。对该站部分储气井下电视检验时发现井深 38～41m 处井筒弯曲变形，弯曲度约 15°。

9.3.5.2 形成原因

结合储气井钻井经验进行判断，在储气井制造阶段，由于地层原因，钻井过程中井眼容易发生倾斜，致使下入的井筒产生弯曲。

9.3.5.3 处理方式

建立储气井弯曲井筒模型，进行受力分析，然后对储气井进行强度评价，评价通过则不影响使用。

9.3.6 机械损伤

9.3.6.1 缺陷特征

井筒外表面发现机械损伤，损伤形貌如图 9-14 所示。

9.3.6.2 形成原因

根据损伤形貌判断，损伤的形成可能是在制造过程中井管发生挤压或碰伤造成的，也可能是液压大钳在夹紧过程中对井筒外壁造成挤压或磨损造成的。

9.3.6.3 处理方式

对损伤部位进行打磨圆滑过渡，采用本书 9.3.1.4 的方法对最小壁厚进行强度评价。

9.3.7 螺纹损伤

9.3.7.1 缺陷特征

图 9-14 湖北某加气站储气井
井筒机械损伤

目前只在井管最上方检测发现螺纹损伤，主要有 2 种形式：①螺纹全部损伤，如图 9-15 所示；②螺纹沿管轴线方向划伤，如图 9-16 所示。除此之外，也存在螺纹部位被腐蚀的情况。

图 9-15 某加气站储气井螺纹全部磨损

图 9-16 某加气站储气井螺纹轴向划伤

9.3.7.2 形成原因

在井口改造过程中，更换接箍施工时由于施工控制不当造成对螺纹划伤或磨损。

9.3.7.3 处理方式

进行安全评定或者停止使用。

9.3.8 耐压试验异常或不合格

9.3.8.1 问题特征

参照 TSG 21—2016 进行耐压试验，耐压试验不合格。在现场检验时还有另一类异常现象：当第一次耐压试验时，压力无法稳定，一直下降，当降低到某个压力值时不再发生变化，但降低试验压力进行耐压试验则合格。

9.3.8.2 原因分析

经过分析，当压力升至试验压力时，储气井螺纹由于载荷作用而发生变形，变形超过了临界值导致泄漏，压力释放并降低，从而保不住压。当压力逐步降至一个值后，载荷变小，螺纹变形逐步减小，泄漏也逐步停止。

对于螺纹结构，由于承受疲劳载荷并受外部腐蚀环境影响，螺纹连接部位的密封性能将随着使用年限的增加而逐步受到削弱，最终导致密封失效。当前耐压试验是检验储气井螺纹密封性能最直接、有效的方法。虽然 TSG 21—2016 对压力容器已不再强制要求进行耐压试验，但对于螺纹连接的埋地容器，笔者建议储气井定期检验不能省略耐压试验这一综合检验项目。

9.3.8.3 处理方式

对于水压试验不合格的，停止使用。对于压力初始阶段保不住但最终稳定在某个压力值的,笔者建议可以重新采用较低试验压力值进行耐压试验,试验合格的允许降压使用。

9.4　结论与建议

① 对 2008 年原质检总局 637 号文件发布以来储气井设计制造和定期检验发现的问题和案例进行了统计,对主要典型案例进行了分析讨论,分析了形成原因,并提出了相应的处理方式。

② 腐蚀减薄为储气井最常见的失效形式,腐蚀缺陷应作为储气井检验关注的重点。

③ 在没有其它螺纹连接性能检验方法的情况下,耐压试验应作为储气井定期检验必须进行的检验项目。

第 10 章

储气井发展前景

随着人类向深空、深海的不断探索，向"深地"的研究也将不断推进，而地下压力容器是深地研究的一部分。储气井在地下压力容器中具有鲜明的特点，研究储气井能为研究地下压力容器、探索多元复合结构、完善压力容器理论体系积累宝贵的经验，奠定坚实的基础。

虽然储气井还存在一些问题，也面临来自大型气瓶组的竞争压力，但是储气井的优点仍旧十分明显，它具备常规压力容器所不具备的占地面积小、安全间距短、失效范围小、无静电、安全可靠性高、运营费用低等突出优势，这些优势将十分契合城市内 CNG 加气站和 H_2 加气站以及科研试验基地等工程的需要。此外，在国家强化监管后，新制造储气井的质量有了保证，在用储气井的安全隐患得以排除，相关技术瓶颈不断被突破，标准和法规工作也在不断完善。因此，可以预见，未来储气井的发展将会转入新的阶段，逐渐向高端产品迈进，并会有更多的创新和应用。

10.1　带动地下压力容器技术发展

10.1.1　加快技术研究

从前文的分析可以看出，我国科研人员在储气井技术方面取得了很多的成果和进步，推动了储气井产业稳步的发展。然而，储气井仍然面临着一些悬而未决的难题，如果这些难题不能在短期内有效地解决，将会影响储气井持续、健康发展的前景。因此在未来的发展中，应在以下几个方面开展深入研究。

① 针对储气井的特点，结合使用条件和所处环境，从材料、结构、连接、防腐、失效等几方面入手，针对储气井的材料适用性、结构抗疲劳性、螺纹连接性、地层土壤腐蚀性以及损伤模式和失效模式，借鉴实际的案例，开展充分的理论和试验研究，建立一套涵盖储气井设计、材料、制造、安装、检测、修理、改

造、风险评估、智能检验等环节的技术理论体系。

② 针对储气井的损伤模式和失效模式，重点研究：典型储气井井管材料的疲劳曲线、氢相容性性能、焊接性能，提高材料的适用性；储气井的复合结构承载力学模型，螺纹抗疲劳、抗泄漏性能，完善储气井的设计；水泥固井和检测技术，做到精准固井，达到厘米级的检测精度；阴极保护系统设计及保护效果测试技术，完善阴极保护技术对储气井的作用；小型缺陷电磁检测技术，做到有隐患能发现、不漏检、检的准；储气井的缺陷修理技术和降险措施，减少或避免储气井的降压或停用。另外，还要不断创新，研究和开发新型储气井。

③ 针对系统性和智能化保障，运用完整性管理技术，将制度与人员（管）、储气井（静）、压缩机（动）、仪器仪表（仪）进行一体化管理，关联性分析，总体评估系统运行的风险，降低故障和事故率，提升管理效能；同时运用物联网技术，开发储气井智能检验系统，实现基于云平台、大数据和人工智能的储气井检验新模式。

10.1.2　加快标准建设

到目前为止，在技术规范方面，只有固容规在材料和监督检验方面对储气井做了简要规定；而在标准方面，还没有出台一部专用的国家标准。就国际标准而言，无论 ASME 标准还是 ISO 标准，都没有适用储气井的技术内容。所以，我国应加快储气井标准的研制工作，重点研制储气井的产品标准、材料标准、检验与评估等标准，完善 GB/T 150、JB 4732 及有关加气站中关于储气井的标准，并将成熟的实践应用和科研成果转化为标准，填补技术空白，蓄势赋能，指导产业的良性发展。同时，在压力容器安全技术规范中补充有关储气井的技术内容，完善储气井的技术法规体系。总之，建立和完善储气井的标准对于推动我国地下压力容器乃至世界地下压力容器的技术进步都有十分重要的意义。

10.2　推进储气井技术创新

10.2.1　双管式结构

前面的章节多次提到，容易对储气井造成损伤的因素主要来自于地层环境，因此隔离地层环境就成为保护储气井最重要的目标。传统的做法是使用水泥固井的手段，通过向裸眼井与储气井井筒之间环空灌注水泥浆，并替换掉钻井液，最后在储气井和地层之间建立起一道"隔离墙"。这种方式效果很好，也非常有效，但是由于涉及多种工艺和因素，加上目前的固井水泥胶结质量检测技术还做不到厘米级的分辨率，因此水泥固井有时做不到百分之百的保护效果，不能实现通体的保障。

使用双管式结构对于解决这个难题是个很好的选择。见图 10-1，双管式结构就是采用双层套管，内层套管是储气井本体，外层套管与其外的固井水泥环用来隔离地层，而双套管之间可以灌注水泥进行刚性保护，也可以使用气体进行气封（如氮封）。这种结构的优点在于：储气井本体不受地层侵害，外部腐蚀损伤基本不会发生；而且，一旦接箍等部位出现泄漏，通过双层管间的环空气体监测很容易发现。目前，这种结构的储气井在工程中已经得到了多次实际应用。

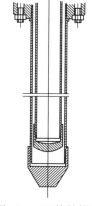

图 10-1　双管结构储
气井示意图

使用双管式结构的储气井并非都是新制造的，有一部分是通过修理改造"变身"的。有些储气井在使用一段时间后发生了严重的腐蚀或者泄漏，不能继续使用，而报废又很可惜，于是有的制造企业就会根据双管式结构的思路，在有问题的储气井内安装一个直径较小的井筒，比如在直径 7in（177.8mm）的井筒内安装直径 5in（127mm）的储气井井筒。当然，也存在新制造储气井时出现了严重的故障而失败，进而进行这样改造的情况。

使用没有水泥填充的双管式结构的储气井要注意几个问题，一是储气井的支撑问题，可以选择上部固定支撑、下部悬空或者上部不固定、底部支撑，当然也可以使用上下同时固定支撑的方式；二是储气井的变形问题，储气井的井筒在充放气过程中会发生明显的变形，在轴向上的变形量尤其大。为了应对井筒变形，要么在整个井体上留出充分的弹性变形空间，使其向上或向下自由伸展，要么采用全刚性约束的方法，不让井筒发生较大的变形。如对于上下都固定支撑的方式，就要求在井筒的环向增加多个刚性支撑，以防止井筒过度弯曲造成损伤。一般来说，考虑到成本及形变问题，双管式结构的储气井不宜过长。

10.2.2　使用阴极保护措施

根据持续的调查发现，截止到现在，新制造的储气井一般都没有安装阴极保护装置。究其原因，有三点：一是设计根本没有考虑；二是为了降低成本；三是不知道怎么做。众所周知，阴极保护在防腐方面有着重要的作用和价值，这项技术被广泛应用在埋地设备、石油储罐、航运工具、海上设施等，尤其在埋地管道中应用非常普遍，对于长输管道而言更是必选项。因此，将阴极保护技术应用于储气井应该是理所当然的事情。

然而，储气井确实不同于埋地管道，应用阴极保护措施不能完全复制埋地管道的做法，但可以针对储气井的特点研究制定专项的阴极保护工艺。储气井虽然采用的是螺纹连接，但经过研究和实践证明这对于电流传导没有任何影响。对于牺牲阳极阴极保护方法，可以采用钢管缠绕阳极带，或者就在地表安装。对于外加电流阴极保护方法，一般只能在地表施工。在地表安装的牺牲阳极装置或者外加电流装置，虽然都会存在一种情况：即非对称的保护模式，但这相当于埋地管道每个汇流点的单向保护，而且目前对于储气井也不存在因过保护造成防腐层剥离的问题。事实也说明，安装有阴极保护措施的储气井的防腐效果非常明显。总之，在不改变储气井现有技术要素的条件下，增加阴极保护是改善储气井防腐性能，保障储气井安全运行最有效的措施之一。

10.2.3　预制防腐

常规储气井采用的防腐措施主要依靠水泥，只有极少数的储气井在中国特种设备检测研究院的推动下安装了阴极保护装置。水泥防腐的效果与水泥浆组分、裸眼井质量、固井工艺、下套管施工、水泥成形状态以及水泥与钢管的胶结性等都有关，一旦某一环节或某一因素出了问题，水泥防腐的质量都会受到影响。

为了获得满意的防腐效果，完全可以借鉴埋地管道的做法。将石油套管在工厂内预制成防腐管，即在钢管外覆盖如三层 PE 的防腐层，现场的螺纹接头部分可以采用热收缩套。同时，可以依然保留水泥固井作业。这种措施可以非常有效地增强储气井的防腐能力，而且在金属管道与水泥之间增加了一层过渡层，对于提高水泥的胶结力以及融合水泥环的刚体，都起到积极的作用。

10.2.4　全焊接连接

根据目前的研究，储气井用的石油套管材料与氢的相容性还缺少充分的数据支持，储气井用于较高压力（如 45MPa 以上）的氢气储存有待试验与工程验证。另外，储气井采用了螺纹连接结构，如果储存更高压或者超高压的气体，密封性能也是一个挑战。要想满足这样的需求，就应采用性能更好的材料，并采用焊接的方式连接。即使不是为了储存更高压力的氢气或者其它气体，改变一下传统的储气井材料和连接方式，也会带来一些明显的好处，其中最大的好处是能大大提升储气井的密封性和连接强度，也会明显提高接头部位的抗弯能力。

当然，如果储气井能采用焊接连接，最好也采用预制好的防腐管，钢管管体外覆盖防腐材料，如三层 PE。焊接接头的防腐可以在现场制作，使用热收缩套。

此外，即使是石油套管，也不是都不能采用焊接的方式。有些研究和实践表明，部分石油套管的焊接性也较好，采用合理、恰当的焊接工艺，提供完善的保障措施，同样能获得质量良好的焊接接头。

10.2.5　分段设计

为了提高储气井的安全保障能力，降低各项成本，按照分段设计的原则，可以在几个方面进行改进，也可以综合使用。

10.2.5.1　螺纹加焊接连接

在一些特殊的情况下，如果对于地表钢管的低温性能要求高，就可以采用焊接性较好的材料，通过焊接连接，其余部分仍然采用螺纹连接，螺纹段与焊接段中间的过渡可以使用综合性能好的钢管或者接箍，上部钢管与井口装置的连接也可以进行焊接。

10.2.5.2　增加壁厚

对于储气井的腐蚀侵害，地表范围是风险较高的区域。为了延长地表管段的抗腐蚀周期，可以增加这一井段井管的壁厚。

10.2.5.3　增加水泥环厚度

水泥环厚度的增加可以有效抵御地层环境对储气井的影响。在建造储气井时，可以将表层套管的直径加大，让其容纳更多的水泥，这不但增加了储气井与地层的距离，也会因表层套管和加厚水泥环的存在，明显提升表层井管的承载能力。

10.2.5.4　使用防腐管

为了增强表层井管的防腐能力，除了采用增加水泥环厚度的方法外，还可以使用预制防腐管的方法。

10.2.6　金属加水泥复合式结构

在传统的储气井的建造过程中一般都使用水泥进行固井，在井筒外形成一个水泥环，水泥环的主要作用是隔离地层和把固储气井，但在承受内载方面，储气井的强度计算中并没有将水泥环考虑在内。这主要有这几方面原因：一是水泥环与钢管的强度、韧性、弹性模量等物理性能有很大不同，对载荷的响应也有很大差异；二是目前使用的水泥环的厚度较薄（比如 7 英寸的储气井的水泥环厚度平均为 19mm），水泥环内也没有设置钢筋网，因此较难承受高强度载荷的作用。所以，现在的储气井还不是一种严格意义上的金属加水泥复合式结构。

经过调研发现，在国外有一种储氢设备使用了金属加水泥复合式结构（Steel and Concrete Composite Vessel），也是埋在地下使用，可以看作是一种新型的储气井，见图 10-2。该设备内部为不锈钢和碳钢组成的多层复合钢板结构，外层为预应力水泥加固体，其中布有钢筋网，该设备的承载压力最高可以达到 86MPa。不锈钢材料在最里层可有效避免氢脆的危害，碳钢和水泥等材料的应用节省了不锈钢板材，从而大大降低了成本。根据有关研究，最佳载荷分配是金属复合层和水泥加固体各承担 50％的环向应力。此外，这种结构有很好的扩展性，既可以单独运行也可以进行模块化组合应用。

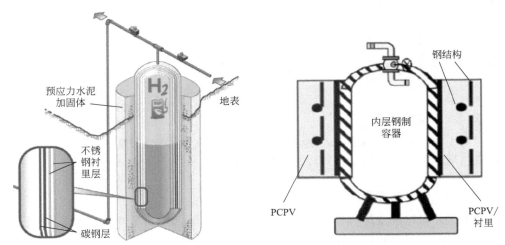

图 10-2　金属加水泥结构设备示意图

从以上案例可以看出，水泥刚体经过科学的设计完全可以发挥承受内载的作用。对于储气井而言，首先，要计算并试验测试储气井井筒在运行中的应力应变情况；其次，根据作用在水泥表面的载荷进行设计，选择合适的水泥材料；再次，设计水泥环中的钢筋网加强结构（可以用扶正器替代）；最后，在水泥环与金属壳体间设计过渡层，这一方面保证过渡层分别与水泥环和金属壳体有效地胶结，另一方面保证水泥环与金属壳体能同时承受载荷的作用。按照这个思路，可以制造增强的金属加水泥复合式结构的储气井（图 10-3），增大裸眼井直径，选用带覆盖层的井管，增加扶正器数量，调整水泥固井工艺，做成大厚度水泥环加薄壁井管的储气井结构。这样的设计不但可以提升储气井的承载能力，增加储气井的储气量，还可以节省金属材料，对保障储气井的安全也大有好处。

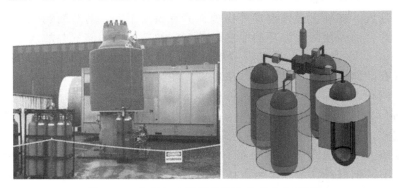

图 10-3　金属加水泥设备实物及组合示意图

10.2.7　瓶式结构

瓶式储气井实际上是一种与地层不接触式的结构，如图 10-4 所示。这种储气井一般采用大容积气瓶制造，垂直放入地下，可以采用全金属材料，也可以使用金属内胆加纤维缠绕复合材料，或者使用塑料内胆加纤维缠绕复合材料。井壁可以使用金属钢管，也可以采用水泥管或者塑料管。它与地面上的站用大型储气瓶相比具有占地面积小、排污效果好、安全距离小、受外部环境影响少等优点。这种储气井一旦发生严重失效，也是只有向上一个维度

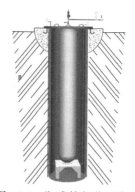

图 10-4　瓶式储气井示意图

的逃逸空间，而且还可以通过把固的方式将其释放的能量局限在地下，使之更加安全。

10.2.8　非金属复合式结构

除了金属加水泥复合式储气井外，还可以使用非金属材料制造的储气井。近来，在国外出现了一种非金属储气设备，形状很像一根长长的布袋，见图 10-5。其储气的本体是由非金属材料制作的"气囊"，在没有储气时气囊是瘪的，非常像我国 20 世纪下叶西南地区使用的气包车上的大气包。由于采用的是非金属材料，所以这个气囊的储气压力不高，一般不高于 1.6MPa。与储气井类似，这个大气囊同样要安装在地下，外部用钢管或水泥管作为井体架构，顶部使用水泥加固，图 10-6 为起吊、下管、浇筑的施工工程。从功能上看，这个设备具有蓄能器的作用。

图 10-5　非金属复合式储气井

另外，从几个显著的特征看，这种气囊式储气设备应该也算是储气井产品中

图 10-6　非金属复合式储气井安装过程

的一个品种。目前，在中国还没有这种形式的储气井，但可以按照这个思路设计出聚乙烯、聚丙烯等塑料材质或者橡胶材质的储气井，以用于中低压气体的储存，不但工艺简单，而且可以大大节省成本。

10.3　拓展储气井多领域应用

10.3.1　储气库

储气井最早的和最主要的应用是面向汽车加气站，但是储气井的贡献远远不局限于交通领域，其中一个比较大，而且有发展前景的应用就是储气库。

首先，是城市储气库。近年来，我国积极推进城镇化率，城市的规模在不断扩大，为了保障城镇燃气的供应，也为了治理城市空气污染的需要，全社会一直在大力推动清洁能源的应用，天然气产业得以快速发展。同时，以传统的球罐为主的城市燃气储备库也在悄然发生改变，不但有些国家早已不允许使用大容积的地面球罐，而且中国有的城市也早已不再使用大型球罐作为城市储气和调峰的储存设备，而是选择了储气井。天津市塘沽燃气有限公司就建成了世界上最大的使用储气井储存的城市燃气储气与调峰库（图 10-7），该站拥有 75 口 $10m^3$ 的储气井群，比同样储量的球罐节省了大量空间。此外，也有城市建设了以 LNG 储罐加储气井的储气库，综合利用了液化天然气储气密度高和压缩天然气输送方便的优势。随着我国天然气的利用量越来越大，城市储气库的建设将越来越多，储气井的应用也会越来越广泛。

其次，是工业储气库。有些工厂在生产过程中需要使用大量的燃气，为了在供气紧张的时候能保证充足的气源，确保顺利生产，也使用储气井建造了自己的

图 10-7 塘沽城市燃气储气库

储气库。但工厂的储气库的规模一般要比城市储气库小，储气井的数量也少。此外，还有些科研机构根据试验的需要，也建造了储气井数量不多的小型储气库。

10.3.2 氢能利用

近些年，氢能产业正在蓬勃发展，氢燃料电池技术和汽车技术不断取得突破。在日本、美国以及欧洲，每年都会新建几十座汽车加氢站。在我国，加氢站的数量也不断增加，有的地方还建设了"氢谷"产业基地。可以预见，在 21 世纪的第三个十年，氢能产业在我国以及其它发达国家肯定会有重大的发展。

我国在氢能方面的研究和利用起步较晚，有些高端技术还没有取得重大突破，无论是储氢效能还是储氢设备都还处于中等水平。前文已经提到，现在的加氢站储氢设备主要有两类：一类是多层结构的压力容器；另一类是大型储气瓶组。前者制造工艺复杂、成本高；而后者虽然制造工艺简单、成本低，但是对材料的化学成分和力学性能限制较多。最近出台的有关标准对于 Cr-Mo 钢大型气瓶的性能提出了严苛的规定，只有满足相关规定，储气设备的设计压力才允许超过 41MPa（600psi）。而在国外，已经有同类的设备应用到了 98MPa。

有些储气井使用的材料也是 Cr-Mo 钢，比如 P110，按照相关标准的规定，只要能满足有关规定，用来储氢是没有限制的，但可能要牺牲一些力学性能。另外一些材料虽然不是 Cr-Mo 钢，但如果各项指标也能满足储氢材料的专项技术要求，同时加强内表面的处理，消除缺口效应，储存氢气也没什么问题。目前来看，储气井储氢较突出的问题主要是螺纹结构的密封性，可以通过调整螺纹扣型或者其它方式进行改进。与储存天然气类似，储气井储氢也有很多优势：首先，没有静电、失效后果小、更安全；其次，占地面积小、安全距离短、综合成本低，在我国西南某地已经有了储氢储气井的应用（图 10-8）。随着我国氢能产业的快速发展，相信储氢储气井的数量也会越来越多。

图 10-8　储氢储气井

10.3.3　地热利用

地球本身的资源非常丰富，地热就是一类近乎取之不竭的资源。地球深处极度高温，并使地壳浅表层的温度升高。人类对地热大规模成熟的利用已经有了几十年的历史。通过将水注入到地下岩层，产生高温蒸汽，然后将其抽出至地面进行发电或者其它利用。

如果将储气井进行特殊的设计并加深加长，达到 3000m 以上，储气井底部的地层温度可能达到 120℃ 以上。将常温的气体压缩至储气井底部，通过特殊装置使其与地层进行热交换，以吸收地层的热量，再抽取到地面加以利用，也可供发电、取暖、加热、干燥、制冷以及农业等，同样具有可观的经济价值。

经过三十年的发展，储气井从汽车加气站拓展到了民用调峰站、工业储气库等领域，走过了"纵向生长期"，逐渐进入"横向发展期"。储气井展现了很多"技能"，为服务城市交通、环境保护、节能减排，缓解能源紧张，推动我国清洁能源战略的发展做出了巨大贡献。尽管储气井还存在着一些问题，但应该用发展的眼光来看待，随着研究的不断深入和技术的不断进步，很多问题将迎刃而解，而且还会收获很多意想不到的技术创新。储气井的发展需要全社会的协同，既要不断提高在材料、设计、制造、检验、修理、降险等方面的技术水平，也要不断完善法规标准体系和监管体系，更需要全社会的理解和支持。储气井具有鲜明的技术特点和中国特色，是一类典型的地下压力容器，它为世界承压设备的发展提供了一个中国思路，贡献了一个中国智慧，也创造了一个中国奇迹。

◆ 参考文献 ◆

[1] TSG 21—2016.固定式压力容器安全技术监察规程.

[2] TSG R0005—2011.移动式压力容器安全技术监察规程.

[3] TSG R0006—2021.气瓶安全技术规程.

[4] TSG 24—2015.氧舱安全技术监察规程.

[5] 石坤,段志祥,陈祖志,等.地下天然气储气井的现状有前景.中国特种设备安全.2014,30(6):5-10,49.

[6] 齐晓娣,崔晓云,杨翠娟,等.埋地式液化石油气储罐的设计.化工装备技术.2012,33(1):43-45.

[7] GB 50156—2012.汽车加油加气站设计与施工规范(2014版).

[8] 夏巍.常温压力存储液化烃覆土式储罐的设计与应用.石油工程建设.2018,44(3):1-6.

[9] 王惠勤.液化烃覆土式储罐的安全技术探讨及应用展望.石油化工安全环保技术.2012,28(4):39-43.

[10] 陈祖志,石坤,李邦宪.储气井设计问题的探讨.压力容器.2012,29(2):49-55,60.

[11] 李邦宪,陈祖志,石坤,等.储气井监督检验[M].北京:化学工业出版社,2011.

[12] API SPEC 5B. Specification for Threading. Gauging and Thread Inspection of Casing,Tube,and Line Pipe Threads[S].

[13] GB 9252—2017.气瓶疲劳试验方法[S].

[14] 刘培启,石坤,段志祥,等.上扣扭矩对储气井疲劳寿命的影响[J].压力容器,2013,30(4):14-17,28.

[15] API SPEC 5CT. Petroleum and natural gas industries—Steel pipes for use as casing or tubing for wells [S].

[16] 王杰,周永丽,焦锋,等.油井钢管圆螺纹接头机紧状态下的力学分析[J].石油矿场机械,2010,39(12):7-10.

[17] 雷宏刚,裴艳,刘丽君.高强度螺栓疲劳缺口系数的有限元分析[J].工程力学,2008,25(增刊):49-53.

[18] 王俐,张汝忻,邹家祥,等.API圆螺纹套管接头应力场分布实验[J].北京科技大学学报,2000,22(6):555-558.

[19] 赵启成,王振清,杜永军,等.油管螺纹应力应变场的有限元分析与检测[J].计量学报,2005,26(3):253-258.

[20] 陈祖志,石坤,李邦宪,等.储气井制造问题的探讨[J].压力容器,2012,29(8):49-54.

[21] 陈祖志,石坤,李邦宪,等.储气井损伤模式[J].化工设备与管道,2013,50(1):16-20.

[22] 刘清友,朱园园.高压地下储气井失效故障树的建立及定性分析[J].油气田地面工程,2008,27(3):8-10.

[23] 张琳.CNG加气站安全评价方法及应用研究[D].成都:西南石油大学,2007.

[24] 段志祥,石坤.水泥环和混凝土对储气井的加强与固定作用[J].油气储运,2013,32(3):287-290,294.

[25] 冉训,秦建中,谭小平,等.全井筒固井储气井应力分析及施工工艺[J].石油矿场机械,2009,38(1):54-58.

[26]　JGJ 106—2014.建筑基桩检测技术规范 [S].

[27]　JGJ 94—2008.建筑桩基技术规范 [S].

[28]　范智勇，石坤、李邦宪.高压储气井定期检验 [J].中国特种设备安全.2009，2 (10)：19-21.

[29]　JB 4732—1995.钢制压力容器-分析设计标准 [S].

[30]　GB/T 19624—2019.在用含缺陷压力容器安全评定 [S].

[31]　GB/T 1172—1999.黑色金属硬度与强度换算值 [S].

附录

附录 A 加固校核计算方法

A.1 符号

下列符号适用于本附录。

a——混凝土加固池长度，m；

b——混凝土加固池宽度，m；

D_3——裸眼井内径，mm；

D_i——井筒内径，mm；

D_o——井筒外径，mm；

d_s——钢筋直径，mm；

F_0——井筒内气体上冲力，kN；

F_1——混凝土抗剪切力，kN；

F_2——混凝土、井筒、固井水泥环的重力与阻力之和，kN；

F_3——钢筋能承受最大剪力，kN；

G_1——混凝土重力，kN；

G_2——井筒重力，kN；

G_3——混凝土与地层的摩擦阻力，kN；

G_4——固井水泥环重力，kN；

G_5——固井水泥环与地层的摩擦阻力，kN；

g——重力加速度，m/s²；

h——混凝土加固池深度，m；

L_j——本储气井外的第 j 口储气井深度，m；

l_i——水泥环外第 i 层土的层厚，m；

n——储气井数量；

n_s——钢筋根数；

p——工作压力，MPa；

q_s——井下各层土 q_{sik} 的最小值，kPa；

q_{sik}——水泥环外第 i 层土抗压极限侧阻力标准值，kPa；

z——本储气井编号；

ε——固井水泥填充系数；

ζ——减弱系数；

η_j——本储气井外的第 j 口储气井的固井水泥声幅检测（CBL）合格率；

λ——井下各层土 λ_i 的最小值；

λ_i——水泥环外土的抗拔系数；

ρ——混凝土密度，kg/m^3；

ρ_c——固井水泥密度，kg/m^3；

ρ_s——井筒材料密度，kg/m^3；

$[\sigma]_s$——钢筋屈服强度，MPa；

$[\tau]$——混凝土容许剪应力，MPa；

$[\tau]_s$——钢筋抗剪切强度，MPa。

A.2 参数取值

主要参数按如下要求进行取值：

① $[\tau]$ 按表 A.1 确定；

② ρ 应根据加固竣工资料中混凝土配比报告中数据计算确定；

③ ρ_c 取实测值或固井施工记录中的水泥浆密度值；

④ L_j 取第 j 口井的检测深度或施工记录中的井筒深度值；

⑤ q_{sik} 取实测数据或按标准 JGJ 94—2008 表 5.3.5-1 取值。取各层土 q_{sik} 的最小值 q_s 进行计算；

⑥ λ_i 按标准 JGJ 94—2008 表 5.4.6-2 取值。取各层土 λ_i 的最小值 λ 进行计算；

⑦ n_s 一般取储气井连线方向钢筋数量；

⑧ p 一般取本次定期检验确定的允许（监控）使用压力；

⑨ ζ_{F1}、ζ_{F3}、ζ_{G1}、ζ_{G2}、ζ_{G3}、ζ_{G4}、ζ_{G5} 具体取值根据实际情况确定，但不应大于 0.9。

表 A.1　混凝土容许剪应力取值

混凝土强度等级	C15	C20	C25	C30	C40	C50
容许剪应力[τ]/MPa	0.70	0.85	1.00	1.10	1.35	1.55

A.3　校核计算

A.3.1　混凝土对井筒的胶结校核

校核计算按如下要求进行：

① 储气井工作时井筒内气体的上冲力计算

$$F_0 = 0.25\pi10^{-3}D_i^2 p \tag{A.1}$$

② 井筒与混凝土脱离需克服的剪切力（胶结力）计算

$$F_1 = \pi\zeta_{F1}[\tau]D_0 h \tag{A.2}$$

③ 分项校核

若 $F_0 < F_1$，则该分项校核通过。

A.3.2　依靠重力和阻力抵消上冲力的校核

校核计算按如下要求进行：

① 混凝土重力计算

$$G_1 = 10^{-3}\zeta_{G1}\rho gh(ab - 0.25\pi10^{-6}nD_o^2) \tag{A.3}$$

② 井筒重力计算

$$G_2 = 0.25\pi10^{-9}\zeta_{G2}\rho_s g(D_o^2 - D_i^2)\sum_{j\neq z}L_j \tag{A.4}$$

③ 地层与混凝土之间的摩阻力计算

$$G_3 = \lambda\zeta_{G3}q_s(ah + bh) \tag{A.5}$$

④ 固井水泥环重力计算

$$G_4 = 0.25\pi10^{-9}\zeta_{G4}\rho_c g\varepsilon(D_3^2 - D_o^2)\sum_{j\neq z}\eta_j L_j \tag{A.6}$$

⑤ 固井水泥环与地层摩阻力计算

$$G_5 = 0.5\pi\times10^{-3}\zeta_{G5}\lambda q_s D_3\sum_{j\neq z}\eta_j L_j \tag{A.7}$$

⑥ 重力和阻力总和计算

$$F_2 = G_1 + G_2 + G_3 + G_4 + G_5 \tag{A.8}$$

⑦ 分项校核

若 $F_0 < F_2$，则该分项校核通过。

A.3.3　钢筋校核

$$F_3 = 0.125\pi \times 10^{-3} \zeta_{F3} [\sigma]_s d_s^2 n_s \tag{A.9}$$

若 $F_0 < F_3$，则该分项校核通过。

A.4　加固校核结果

如果 $F_0 < F_1$、$F_0 < F_2$、$F_0 < F_3$ 同时满足，则校核通过。否则，校核不通过。

附录 B 储气井定期检验报告

报告编号：

储气井编号			检验类别	（首次、定期检验）
制造单位				
使用单位				
使用单位地址				
储气井使用地点				

使用登记证编号		出厂编号	
使用单位统一社会信用代码		邮政编码	
安全管理人员		联系电话	
设计使用年限	年	投入使用日期	年　　　月
主体结构形式		运行状态	

性能参数	容积		m³	内径		mm
	设计压力		MPa	设计温度		℃
	使用压力		MPa	使用温度		℃
	工作介质					

检验依据	1. TSG 21—2016《固定式压力容器安全技术监察规程》

问题及其处理	

检验结论	储气井的安全状况等级评定：　级			
	（符合要求、基本符合要求、不符合要求）	允许（监控）使用参数		
		压力/MPa		介质
		温度/℃		其他
	下次定期检验日期：不超过　　　年　　月　　日			

说明	（包括变更情况）

检验人员：

编制：	日期：	检验机构核准证号：
审核：	日期：	（检验机构检验专用章或者公章）
批准：	日期：	年　　　月　　日